无人飞行器智能控制丛书

多旋翼无人机控制一体化技术

陈 建 王蒙一 张自超 著

科学出版社

北 京

内 容 简 介

　　非合作目标追踪是无人系统控制技术领域的重要研究方向之一,作者针对智能放牧系统研发需求,以无人机为放牧机器人主要执行平台,面向牲畜关键个体、牧群等非合作目标,针对无人机智能放牧所需通用、共性技术,即无人机追踪技术,系统深入地阐述了无人机滤波、导引与控制一体化技术的基本原理、发展与最新研究成果,以促进该技术发展以及指导相关专业人员提升设计能力。

　　本书可作为从事无人系统控制领域研究人员和工程师的参考书,也可供高等院校机械工程、农业工程、自动化、控制科学与工程、人工智能专业本科生和研究生参考。

图书在版编目(CIP)数据

多旋翼无人机控制一体化技术 / 陈建,王蒙一,张自超著. —北京:科学出版社,2024.6
　(无人飞行器智能控制丛书)
　ISBN 978-7-03-077957-1

Ⅰ. ①多… Ⅱ. ①陈… ②王… ③张… Ⅲ. ①无人驾驶飞机-飞行控制　Ⅳ. ①V279

中国国家版本馆 CIP 数据核字(2024)第 031539 号

责任编辑:胡文治　纪四稳 / 责任校对:谭宏宇
责任印制:黄晓鸣 / 封面设计:殷　靓

科学出版社 出版
北京东黄城根北街 16 号
邮政编码:100717
http://www.sciencep.com

南京展望文化发展有限公司排版
苏州市越洋印刷有限公司印刷
科学出版社发行　各地新华书店经销

*

2024 年 6 月第　一　版　开本:B5(720×1000)
2024 年 6 月第一次印刷　印张:16
字数:313 000

定价:130.00 元
(如有印装质量问题,我社负责调换)

前言 | Preface

　　非合作目标,是指在作业过程中,无法与己方无人机主动进行信息交互,相对运动模型无法精确建模的目标。非合作目标"无法主动进行信息交互"与"无法精确建模"的特征,导致针对其设计的追踪无人机,在进行生产作业、完成任务过程中,追踪目标具有相当的难度。在日趋成熟的农业无人机应用中,通常采用确定作业目标、形成导引指令、控制无人机抵达作业目标附近、完成作业的流程,并且可根据不同任务需求进行针对性调整。本书针对的非合作目标,特指放牧过程中的牲畜个体与牧群,所针对的追踪问题是指无人机能通过自身搭载的传感器对非合作目标进行感知(滤波),并自动计算出导引指令,通过合适的控制算法控制无人机在空间位置上完成对非合作目标的接近,并保持合适的相对位置。

　　本书针对智能放牧系统研发需求,面向基于无人机为放牧执行平台、放牧遥感与监测平台的共性技术,即无人机追踪技术,以牲畜关键个体、牧群等非合作目标为追踪目标进行系统性的研究。首先,"滤波、导引、控制及其一体化"的思路贯穿全书,基于此思路,完成非合作目标-无人机全状态耦合一体化模型的建立。其次,针对牲畜关键个体进行状态估计预测以及针对牧群进行状态估计滤波;针对控制律设计问题,首先对全状态耦合一体化模型进行简化,再建模描述非合作目标与无人机之间的相对运动关系,并构成简化的全状态耦合一体化模型,根据无人机动力学模型,基于四旋翼无人机欠驱动解算方法,分为位置环、姿态环,采用线性二次型调节器(linear quadratic regulator, LQR)方法,以导引律得到的参考信号计算偏差信号,构建无人机控制律。再次,基于 Model-free 的设计思路,以分离式设计完成无人机追踪滤波、导引与控制,保证追踪任务在建模不够精确、关键参数测不准的情况下能够完成目标追踪任务;研究滤波导引与控制一体化模型控制律设计,首先针对全状态耦合一体化简化模型,采用反馈线性化的方法将非线性耦合模型转变为线性非耦合的简单形式,再采用 LQR 控制方式,实现消耗能量的有效降低。紧接着以最优控制思路为基础,基于状态相关 Riccati 方程(state-dependent Riccati equation, SDRE)控制方法,针对非合作目标-无人机全状态耦合一体化模型,设计一体化控制律,以最低输出能耗控制无人机完成追踪任务,并以小规模牧群为非合作目标,完成实机验证。最后,以 Backstepping 控制为框架,基于命令滤波技术和神经网络技术实现无人机导引控制一体化系统追踪目标。

本书基本技术内容是自 2016 年至今研发设计突破性科研成果的汇集。针对上述核心要点,本书主要内容由以下四个方面组成。

1. 基本原理篇

针对非合作目标的滤波、导引与控制,分别基于不同坐标系,以滤波、导引、控制作用对象,即传感器、相对运动关系、无人系统动力学模型作为研究对象建立非合作目标-无人机全状态耦合一体化追踪模型。

2. 滤波与分离式设计篇

滤波与分离式设计篇主要分为三章内容,分别为针对关键个体与牧群运动状态估计的滤波研究、基于简化模型的无人机追踪导引与控制研究、基于 Model-free 设计方法的无人机追踪导引与控制研究,主要内容如下:

(1)针对关键个体与牧群运动状态估计的滤波研究。得到非合作目标-无人机全状态耦合一体化追踪模型后,针对感知关系方程式,从滤波的角度,分别针对牧群牲畜个体与牧群群体运动,相对应以混合驱动滤波、集中式信息滤波的方法进行预测、滤波。针对牧群牲畜个体,以混合驱动滤波稳定获取其运动状态观测值,并利用交互式多模型一步预测,以预测步输出作为传感器输出传递至导引模型。针对牧群群体运动,基于信息滤波新息加和式更新,利用集中式信息滤波,以牲畜个体检测结果为观测值进行新息加和式更新,以集中式信息滤波更新步输出作为传感器输出传递至导引模型。

(2)基于简化模型的无人机追踪导引与控制研究,实现无人机对非合作目标的追踪任务。首先围绕传感器坐标系构建一体化模型,并一体化描述非合作目标与无人机之间的相对运动关系,构成简化的全状态耦合一体化模型。其次,以简化的相对运动方程为基础,根据平行接近规则约束,分通道设计比例导引律,得到在惯性坐标系下沿坐标轴的速度输入信号。再次,根据无人机动力学模型,基于四旋翼无人机欠驱动解算方法,分为位置环、姿态环,采用 LQR 方法,以导引律得到的参考信号计算偏差信号,构建无人机控制律。

（3）基于 Model-free 设计方法的无人机追踪导引与控制研究。针对导引、控制两个任务,在不依赖于模型的条件下,对于导引任务,利用解耦与小角度模型设计方法,分为偏角、倾角、相对距离通道分别设计导引律。对于控制任务,以四旋翼无人机双环控制量解算理论为基础,通过自抗扰控制器(active disturbance rejection controller, ADRC),对四旋翼无人机位置环、姿态环进行控制,通过设定或解算出参考信号,利用 ADRC 生成控制律,控制无人机位置环、姿态环趋近于信号,完成面向不依赖模型设计方法的无人机追踪导引与控制研究。

3. 导引与控制一体化设计篇

导引与控制一体化设计篇主要基于建立的两种非合作目标-无人机全状态耦合一体化模型,应用基于反馈线性化的 LQR 控制技术、Riccati SDRE 控制技术、基于命令滤波的 Backstepping 技术设计控制器,主要内容如下:

（1）针对所建立的全状态耦合一体化简化模型,首先对一体化模型已有的状态量传递规则进行进一步明确,并且以状态空间方程形式描述不同通道、耦合的子系统,基于四旋翼无人机欠驱动理论,以一体化位置环与姿态环进行一体化模型分析。其次,面对耦合严重、形式复杂的一体化位置环,采用反馈线性化的方法,将非线性耦合模型转变为线性非耦合的简单形式,再采用 LQR 控制方式,实现消耗能量的有效降低。

（2）基于 SDRE 的无人机滤波导引与控制一体化研究。针对全状态耦合一体化模型,基于最优控制理论 SDRE 控制方法,设计一体化控制律。由于全状态耦合一体化模型维度多、阶数高,在得到全状态耦合一体化模型后,根据各部分模型特性,利用凑项法等,对状态量传递进行串联。根据可控性、可观性、稳定性条件,配合一体化模型的物理意义,以数值解法进行状态相关系数(state-dependent coefficient, SDC)参数化,满足可控性、可观性、稳定性要求。

（3）基于命令滤波神经网络 Backstepping 控制的无人机滤波导引与控制一体化研究。针对全状态耦合一体化模型,将其视作一类具有不确定非线性项的多输入多输出仿射非线性系统,结合命令滤波技术及神经网络技术设计自适应神经网络 Backstepping 控制器实现无人机在视线坐标系中跟踪目标。采用命令滤波技术避免 Backstepping 设计过程中产生的"微分爆炸"以及连续获得虚拟控制律的导数,同时也可避免对非线性系统的下三角形式的严格约束。系统中的未知非线性干扰由径向基函数(radial basis function，RBF)神经网络逼近。基于 Lyapunov 稳定性理论，证明所提控制方法可以确保跟踪误差的收敛，并且所有状态在闭环系统中保持有界。

4. 验证与结语篇

验证与结语篇针对非合作目标-无人机追踪试验进行硬件在环仿真及实机试验，并针对本书内容进行总结，提出本书主要创新点及研究展望。首先，对于硬件在环仿真，借助虚幻引擎搭建牧场数字孪生系统，聚焦于视觉系统的实现，满足硬件在环仿真中对无人机追踪任务的数字孪生式实现。对于牧场数字孪生系统的搭建，借助虚幻引擎 5 以及庞大的线上数字资源，以牧场地面、水体等环境要素以及树木、灌木、草地等实体要素为基础，基于环境资源完成牧场的搭建。而对于牲畜个体、牧群，以绵羊为对象，利用虚幻引擎非玩家角色系统，编程实现牲畜个体、牧群的采食、反刍、休憩等牧食行为。对于硬件在环仿真系统，以 Pixhawk 无人系统自驾仪硬件搭载 PX4 飞控固件，以 Rflysim 平台实现硬件在环仿真，并在牧场数字孪生系统中实现非合作目标-无人机追踪任务，分别对牲畜个体、牧群，基于全状态耦合一体化模型，采用一体化控制律完成硬件在环仿真。针对实机试验，以北京市顺义区太平庄村的小型牧群作为非合作目标验证对象，以搭载 Pixhawk 自驾仪与 PX4 固件的轴距为 680 mm 的无人机作为试验平台，对小型牧群进行追踪验证。

本书的研究成果为无人机目标追踪技术探索了"滤波、导引与控制一体化"的新途径，为追踪及监视非合作目标提供了新的设计理念，对于推动无人机滤波、导引、控制一体化设计技术，运动目标状态预测及估计技术，无人机抗扰控制技术，数字孪生技术在智能放牧系统及无人机控制技术中的应用具有重要意义。

本书的出版得到国家自然科学基金项目(51979275)、国家重点研发计划项目(2022YFD2001405、2017YFD0701003)的支持，也得到中国农业大学陈涛、谢朋洋、林洁雯、任志刚、徐心宇、徐韵哲、邓佳岷、王环哲、孙铭江、焦文池，北京电子工程总体研究所赵启伦、卢闯，北京航空航天大学任章，科学出版社胡文治的支持，在此一并致谢。最后，本书的作者将此书献给我们的父母，这盛世如你们所愿。

作者

2023 年 11 月

目录 | Contents

（一）基 本 原 理 篇

（二）滤波与分离式设计篇

（三）导引与控制一体化设计篇

（四）验证与结语篇

第1章

绪　论

1.1　研究背景及意义

非合作目标,是指在作业过程中,无法与己方无人系统主动进行信息交互,相对运动模型无法精确建模的目标。非合作目标"无法主动进行信息交互"与"无法精确建模"的特征,导致针对其设计的追踪无人系统在进行生产作业、完成任务过程中,追踪目标具有相当的难度。在日趋成熟的农业无人系统应用中,通常采用确定作业目标、形成导引指令、控制无人系统抵达作业目标附近、完成作业的流程,并且可根据不同任务需求进行针对性调整。本书针对的非合作目标,特指放牧过程中的牲畜个体与牧群。随着城镇化的推进,越来越多的牧民选择进城生活,牧区城镇化推动了牧民生计转型,促进了地区经济发展,专职从事畜牧生产的牧民人口逐渐减少,从而产生了推进智能放牧、以智能技术提高牧民生产力的契机,并在保障畜牧生产力的同时保护生态环境。我国"十四五"重点研发计划"畜禽新品种培育与现代牧场科技创新"重点专项指南中,"天然草原智能放牧与草畜精准管控关键技术"提出了对智能放牧的需求及自主放牧机器人的研发目标。

在智能放牧任务中,非合作目标就是牧群或牲畜个体。在传统农业、畜牧生产中,从业者需要操作作业机械,或直接依靠农具,建立与非合作目标的交互完成生产任务。针对智能放牧任务,无人系统自主与非合作目标,即牧群、牲畜个体建立交互的前提,是完成对非合作目标的追踪,从任意作业起始位置到达目标附近,并持续保持与目标合适的相对位置,在非合作目标与无人系统位置相对稳定时,建立交互。

因此,本书所针对的追踪问题,是指无人系统能通过自身搭载的传感器对非合作目标进行感知(滤波),并自动计算出导引指令,通过合适的控制算法,控制无人系统在空间位置上,完成对非合作目标的接近,并保持合适的相对位置。面对"十四五"自主放牧机器人的研发目标,本书所针对的非合作目标为牲畜个体和牧群。如图 1.1.1 所示,在以无人机为执行平台的智能放牧体系构想中,利用无人机灵活、立体的机动优势,获取牧场遥感信息、牧群信息,以及领头个体、掉队个体等牲畜个体信息,并利用吸引力法则建立与牲畜的交互,引导牧群移动或引导牲畜个体归群。目前,以无人机为平台搭载执行机构的研究已经逐步展开。基于以上构想,在智能放牧体系中,需要两个种类的无人机:感知无人机,负责追踪群目标,并获取草场遥感信息;导引无人机,负责追踪个体目标,获取个体目标运动信息,引导牲畜个体定向移动。因此,对于感知无人机,其追踪任务是需要沿着牧群前进方向行进,利用多源机载传感器进行持续感知。而引导无人机,其追踪任务是沿着个体的行进方向,建立交互并引导个体归群或引导群体定向移动。

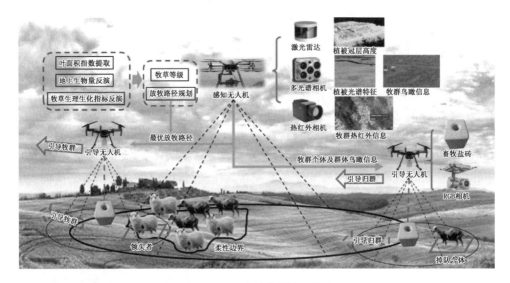

图 1.1.1　智能放牧体系示意图

因此,针对感知无人机、引导无人机的追踪任务,可分解为滤波、导引和控制三部分:

(1)滤波任务。本书考虑从广义滤波角度定义滤波任务,即从不同传感器中获取的数据中,滤出目标(牧群或牲畜个体)信息数据的过程。而在广义滤波任务执行过程中,借助基于卡尔曼理论基础的扩展技术,完成基于多运动模型的目标状态估计研究。滤波任务定义在传感器坐标系下,依托传感器坐标系下目标-机体关系,进行目标状态估计。

(2)导引任务。导引任务定义在视线坐标系下,建模以非合作目标-无人机相对运动关系为基础,并考虑空间相对运动中各阶耦合关系。并且在导引关系约束下,考虑不同接近规则,在完成导引任务条件下,根据不同任务需求、不同执行系统调整接近规则。同时,在导引任务设计时,考虑不基于现有导引关系模型完成导引任务的导引律设计。

（3）控制任务。控制任务定义在机体坐标系下，通过控制无人机，保证无人机实时调整位置、姿态，控制位置沿着导引指令进行伺服飞行，控制姿态始终朝向目标，或引导牧群或牲畜个体沿预定方向行进。同样，控制任务设计时，也考虑不基于现有无人机动力学模型完成控制律的设计。

由于滤波、导引和控制三个任务具有分离特性，在传统无人系统作业设计中，以上三个任务多是分离式设计。从分离式设计考虑，其优点在导引任务与控制任务上得到很好体现，即可采用不依赖于模型（Model-free）的方法设计导引任务与控制任务，使无人系统可在模型未知、参数未知条件下，完成作业目标。

但是，由于其 Model-free 方法的特性，在本书所针对的、以无人机为执行平台的智能放牧体系下，缺点如下：

（1）导引、控制效能缺陷。由于传统电动无人机滞空能力弱，在完成同样目标时，分离式设计无法保证尽可能减少由导引、控制导致的能量消耗，导致能耗较高，进一步降低放牧无人机续航能力。而续航问题一方面可以从动力源角度出发选用氢燃料电池、油动多旋翼无人机，增强其续航能力，如图 1.1.2 所示；另一方面需要设计合理的导引、控制律，掌控好"油门"与"刹车"。

(a) 氢燃料电池解决方案　　　　　　　　(b) 油动解决方案

图 1.1.2　长航时多旋翼无人机解决方案

（2）时滞缺陷。从无人机机载传感器检测到含有目标及背景的区域后，到解算出控制指令，控制无人机沿着导引指令飞行完成追踪任务时，由于检测耗时、计算耗时、传输耗时等，在追踪任务中会有严重的"亦步亦趋"的跟随趋势，使得整个追踪任务在时间上落后目标，无法通过主动预测建立交互。

针对导引、控制效能缺陷，利用一体化设计思想，配合最优控制理论，可以在完成追踪任务的条件下，进一步改善导引、控制效率。通俗来说，便是更合理地操控"油门"与"刹车"，让无人系统更"省油"。

针对时滞缺陷，一体化设计针对全状态耦合一体化模型，仅设计一个控制律，完成追踪任务。若无法对无人系统、运动关系进行有效建模,仅能采用分离式设计,并采用不基于精确模型的设计方案,需考虑分别设计导引律与控制律。相较于分离式设计,一体化设计在数据传输、控制律计算的时滞问题上有明显优势。

综上所述,本书在面对智能放牧发展的需求背景下,基于以无人机为平台搭建的智能放牧体系,针对以追踪目标、跟踪既定路径为任务的无人系统,以滤波、导引、控制一体化设计的方法,设计了以牧群、牲畜个体为目标的追踪系统,建立了非合作目标-无人机滤波、导引、控制一体化模型,并以最优控制理论为基础完成了一体化控制,同时考虑了在无法获取精确模型、关键参数未知情况下的导引与控制。

1.2 国内外研究现状

1.2.1 目标追踪与滤波研究现状

1. 视觉追踪问题研究现状

对于目标追踪任务,从坐标系角度分析,可以分为在传感器坐标系内完成的目标追踪任务与在惯性坐标系内完成的追踪任务,其中仅在传感器坐标系内完成目标追踪任务,称为视觉追踪(visual tracking)。视觉追踪任务是仅考虑在传感器坐标系内,在不区分目标物为何物的条件下,稳定提供其在传感器坐标系内的坐标的任务。同样,对于提供传感器坐标系内目标坐标的方法,基于检测的方法也是一种思路。理论上来说,百分之百准确率的检测算法是可以代替追踪算法的,如图1.2.1所示,但是追踪算法的提出便是用于克服遮挡、变形、背景杂波和光照变化等干扰因素,基于此特性,基于检测的方法更适合群目标的识别,而基于视觉追踪的方法更适合针对牲畜个体的锁定。

(a) 遮挡   (b) 变形   (c) 背景杂波   (d) 光照变化

图 1.2.1 视觉追踪任务的挑战[1]

典型的追踪算法分为两类:一类为生成式追踪算法,如 mean-shift[2];另一类为判别式追踪算法,其中最具代表性的有基于相关滤波的算法 KCF[3]、SAMF[4]。但是由于算法中特征提取部分由人为设定,其局限性较大,导致算法在泛化性能上表现不佳。随后,判别式追踪算法由于基于深度学习的方法的介入,算法表现提升了一个档次[5],运用海量数据提取的特征,所提取特征的泛化性得到保证,这也使得基于深度学习的追踪器各方面表现都超过基于相关滤波的追踪器。基于深度学习的追踪器的表现的提高,和追踪数据的丰富与完善有着密不可分的关系。从视频检测、追踪数据集的发展以及进一步的验证来看,数据越丰富,训练所得追踪器效果越好[6-11]。

2. 追踪目标状态估计研究现状

对于基于数据驱动的深度学习视觉追踪算法,除了从卷积神经网络框架等方面进行设计,高质量、大量的数据也不可或缺。基于以上研究,仅保证实时获取传感器坐标系内的目标位置(零阶信号),无法满足设计导引律、控制律的需求。因此,除在滤波层面考虑从传感器获得的牧群、牲畜个体信息,还要考虑其高阶(如一阶速度信号、二阶加速度信号)的估计与滤波。因此,引入基于卡尔曼滤波(Kalman filtering)的目标状态估计,以及基于模型的视觉追踪技术,可以弥补视觉追踪算法的不足。对于目标状态的估计,AlMuayazbellah 等[12]基于卡尔曼滤波器设计了一个全阶观测器,用于估计输出的高阶项与系统内部状态,并在电机控制、悬臂执行机构上进行了验证。对于目标高阶状态的估计,You 等[13]建立了基于卡尔曼滤波在随机丢包情况下的状态估计理论,分析了在高阶系统估计中误差协方差矩阵稳定的充分必要条件。因此,对于牧群、牲畜个体移动,利用其多阶运动信息,设计无人机导引律、控制律,相比于仅利用零阶位置信息,可以获得更好的效果。而且根据卡尔曼滤波估计的一步预测值,还能一定程度上弥补"被动跟踪、亦步亦趋"的时滞缺陷。

3. 牧群及牲畜个体运动状态感知与估计研究现状

在畜牧生产中,获取牧群、牲畜个体位置多采用基于检测的手段,对于不同牲畜,采用无人机获取的高空俯视图像提取牧群、牲畜个体位置,对于放牧过程中整个牧群具有非常大的优势。同样,利用基于检测的手段,Cao 等[14]完成了牧群的移动检测与计数,对于群目标的感知,基于检测的方法具有明显的优势,满足计数要求后,对于牧群实时状态感知更加合理,以上对牧群的监测的应用利用无人机机动能力强、感知立体、高空俯视的优势,而现阶段对于智能放牧体系的探索,仅限于获取牧群、牲畜个体运动信息与健康信息,尚未出现以交互为基础的成体系的智能放牧研究。而 Brennan 等[15]采用了可穿戴设备对牧群移动、牲畜行走轨迹进行监测,可穿戴设备采样在大范围自由采食放牧条件下,可靠性优于基于无人机机载传感器的方法,但是极大牺牲了采样频率,目前很难通过采样间隔过大的时空数据完成对牧群、牲畜个体的实时追踪。视觉追踪技术在畜牧养殖中,不止应用在放牧过程中,Su 等[16]利用视觉追踪技术实时监控在舍饲条件下牲畜的进食情况。以上对于牧群监测的研究,均以获取图像中各个牲畜在视野内位置作为任务完成条件,如何获取群运动趋势,以群为单位进行运动趋势的检测并未做深入探讨。受信息滤波以及基于信息滤波的多个智能体对一个非合作目标的观测启发,如图 1.2.2 所示,是否可以基于信息滤波进行一个智能体对多个目标的观测进行信息滤波,而得到群目标的运动状态,可进一步讨论。

(a) 多无人机协同感知   (b) 集中式信息滤波感知

图 1.2.2 协同感知与集中式感知

由于信息滤波为卡尔曼滤波的对偶形式,其新息过程为加和形式,换句话说,以加和形式进行的分布式滤波,可基于信息滤波新息过程进行搭建。Yang 等[17]基于信息滤波可加性搭建的分布式目标追踪系统还引入了事件触发机制,减少了通信压力,以分布式协同感知思路进行搭建,可得如图 1.2.2(a)所示感知框架,该框架主要是针对高价值单目标进行的多无人机协同感知,在多数情况下,单个牲畜相较于多架无人机,很难认定为高价值目标。所以,对于牧群运动状态估计,以图 1.2.2(b)所示的集中式信息滤波感知"一对多"的感知框架更为合理。在信息滤波实现过程中,在求信息矩阵与信息向量时,针对求逆等计算导致在滤波过程中数值稳定性差的特点,Liu 等[18]提出了基于方根无迹信息滤波的精度更高的方法,且同时考虑了数值稳定性更强的信息滤波形式。以上研究基础,可支撑完成集中式、基于信息滤波,且数值稳定性较好的群目标运动状态估计探索。

1.2.2 无人系统导引研究现状

1. 运动目标追踪导引研究现状

导引律的研究与设计主要集中在军事领域,主要作用对象为导弹与固定翼无人机等装备,但是其中蕴含的高效的导引接近原理,以及分析目标-无人系统相对位置、相对运动等理论基础是无人系统领域,不管是农业作业场景,还是通用道路自动驾驶领域,均可充分参考的[19]。

　　针对运动目标追踪导引的研究,通常根据作业对象不同、任务目标不同而不同,例如,以导弹为基础进行的研究,更多考虑追踪目标完成的结果与伴随目标完成时无人系统的终止状态,而非与目标持续保持某种状态。而对于无人系统,与目标保持某种状态是任务完成的一环。Peng 等[20]针对目标的护航需要,提出了一种基于事件触发机制的导引律,该导引律不仅考虑目标运动状态以及目标追踪状况,导引律输出的导引指令是围绕目标盘旋与跟随目标运动的合运动指令,该导引研究对于无人系统在地面或空中对掉队牲畜进行护航,并试图与之建立交互具有参考意义。由于牲畜作为十分不可控的非合作目标,欲与之建立交互,无人系统需要缓慢、可靠地接近牲畜个体,同样,Liu 等[21]针对月球着陆器设计的控制律,满足缓慢、可靠的接近过程,具有参考意义。Liu 等[22]针对物流无人机,提出了一种考虑多种约束的导引策略,使得物流无人机在避开障碍物的同时,更加有效地接近目标,这种导引策略同时考虑了已有地图信息与动态障碍物,其输出形式为以动态路线为基础的零阶形式。

　　2. 路径规划与导引研究现状

　　在农业应用中,作业场景为大田、牧场时,导引指令的提供,从追踪单一运动目标为导向转为以对大田、牧场的全覆盖路径生成为目标。基于此目标特征,以最优行进轨迹为规划目标的路径规划研究由此展开,由路径规划研究给出的导引指令多是零阶,即位置信息,无人系统作业问题由此转化为以零阶参考信号为指令的控制问题,这也是导引与控制问题的相通之处。薛镇涛等[23]以复杂农业地块约束、障碍物与禁飞区约束为多约束条件,提出了以凸划分优化为基础的全覆盖路径规划算法。杜楠楠等[24]主要关注在全覆盖路径规划中能量消耗的问题,基于最优理论实现了在长航时需求严苛时的路径规划,达成能量消耗最优。而在牧群感知作业的背景下,不管是以无人机空中机载设备获取牧群或牲畜个体目标位置,还是以可穿戴设备定位系统获取牧群或牲畜个体目标位置,均是以动态坐标为主要形式的参考信号,所以如图 1.2.3 所示,如何以合适的接近形式给出导引指令[25],并尽可能减少能量消耗,是本书关注的重点。

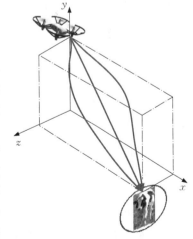

图 1.2.3　在追踪过程中由导引指令决定的不同接近形式

　　3. 未知环境导引研究现状

　　对于在未知环境进行导引,首先需要对环境进行初步感知。Zhang 等[26]仅以单目视觉作为感知外界的唯一手段,通过构建障碍物方位感知传感器,利用目标及障碍物方位信息进行导引指令的生成,完成了在环境未知且障碍物为动态情况下的稳定追踪与避障。Zhou 等[27]基于双目视觉传感器,开发了实时感知及导引算法,导引指令的生成是基于实时感知获取的地图,根据地图经过在线处理解算出行进三维路线,以及实时产生动态障碍物信息等。而 Singla 等[28]则开发了以深度强化学习为基础、在有限环境信息条件下的无人机避障算法,仅装备单目视觉,导引指令的产生依靠深度强化学习根据实时输入的单目信息产生,但是基于强化学习的方法,并不擅长解决动态障碍物问题。Sivaneri 等[29]设计的地面无人系统导引指令,是根据空中无人系统所提供的环境信息产生的,这样的空地协同设计保证了地面无人系统在无法获取卫星定位信息时,仍能稳定提供环境信息并生成导引指令。

在农业、畜牧业中,Hu 等[30]专注于利用双目立体视觉获取果实位置,以精确的位置导引机械手等执行机构进行草莓采摘,该研究是以采摘目标为导引,获取未知作业环境信息,生成导引指令指引执行机构完成采摘任务,导引指令的生成直接关系到自动采摘任务的完成质量。针对羊群、牛群等牧群,除了执行牧群监测任务,主要关注牧群在放牧过程中是否受到惊吓,并通过不断调整飞行高度,生成导引指令使无人机在满足牧群监测的前提下,尽量保持牧群不受惊、不四散而逃。李峥峥[31]主要研究了通过无人机与羊群建立交互的探索,其中,国外牧民自发进行的,利用无人机以驱赶、惊吓的方式引导羊群定向移动,以"驱赶"的方式是不可控的引导方式,在羊群受惊应激反应消退后,"驱赶"失效。同时,以"驱赶"方式建立交互,会使导引指令生成难度激增,且在不同牧场、环境信息未知或受限的条件下,无法保证无人机飞行安全。

1.2.3　无人系统控制研究现状

1. 无人系统导引、控制一体化研究现状

在进行导引研究综述时,段广仁等[32]的研究表明,在导引律与控制律的设计中,从控制角度出发,其中不存在不可弥合的阻隔。广义上来说,导引律是生成在环境空间坐标下、障碍物区域等约束下解算出的满足特定要求的行进指令,若生成的是零阶指令,则是轨迹规划问题;若生成的是高阶指令,则是以相对位置关系为基础的控制问题。

因此,从数学模型出发,将相对位置关系方程与无人系统模型视为一个系统,理论上则可通过设计一个控制律,使得一体化系统受控。但是,将导引与控制视为一个整体系统,从设计的角度,需要处理一个更加复杂的系统,而其优点在于减少了系统状态量传递环节,在同等情况下,一体化控制将获得更小的时滞,达到更优的任务效果。赵坤等[33]在设计导引控制一体化系统时,采用了一体化建模的方法,但是在设计控制器时,并未从一体化角度进行控制,而是以变结构控制方法控制导引部分,以自抗扰控制技术设计执行机构控制器。Ming 等[34]引入扩张状态观测器完成一体化建模、一体化控制,并取得了良好的跟踪效果。Wang 等[35]以基于估计得到的模型不确定性,设计了多种补偿输入,实现了终端约束下的稳定目标跟踪。由于导引与控制一体化模型复杂,在设计上,针对得到的全状态耦合一体化模型进行设计是具有一定难度的,采用部分一体化设计的研究也取得了不错的效果。

以上研究多为导引与控制一体化,而在实际应用中,导引的前置工作是滤波,滤波步骤多存在于传感器获取目标信息后,对其进行滤波处理,尽可能留下有用信息,而基于卡尔曼滤波理论,其滤波过程可以是预测、更新或平滑,对应卡尔曼滤波过程中的预测、更新、平滑过程。以滤波为基础的传感器模型是否能一体化建模,从而实现滤波、导引与控制一体化,是本书讨论的重点。

2. 针对无人系统不依赖于模型控制方法的研究现状

不依赖于模型的控制方法(Model-free)主要针对控制对象无数学模型或数学模型不精确的控制方法,通过系统辨识、误差反馈等手段完成控制律的设计,此类方法在面对控制对象数学模型不精确、关键参数无法获取情况时,有着巨大的优势。例如,面对由于物理结构改变导致动力学模型结构变化的无人系统,作为一种不依赖模型的控制方法,比例-微分-积分(PID)控制由于其结构简单、调参方便,得到了广泛的应用与深度的理论发展,而自抗扰控制技术[36],继承了 PID"基于偏差消除偏差"的核心思想,通过安排过渡过程、构造非线性反馈、观测内外扰动并补偿的思路,构建了自抗扰控制器(ADRC)。基于 ADRC 对内外扰动的观测与补偿优势,王术波等[37]结合间接迭代学习控制,对 ADRC 在面对无人机悬停任务时进行针对性调参,在微小型无人机上实现了不同程度的风扰情况下的稳定控制。Wang 等[38]基于 ADRC,开发了复合抗扰控制器,在不同的风扰、载荷扰动、螺旋桨部分失效的情况下,微小型无人机均能完成稳定飞行任务。由于 ADRC 较好的控制性能,以及不依赖模型的特性,得到更多的应用。因此,基于 ADRC 设计不依赖模型的无人机控制器,针对本书应用,具有重要参考意义,而其对干扰的抑制作用,可增强无人机抑制载荷扰动的能力。

参 考 文 献

[1]　Wu Y, Lim J, Yang M H, et al. Online object tracking: A benchmark[C]. The 26th IEEE Conference on Computer Vision and Pattern Recognition, Portland, 2013: 2411 – 2418.

[2]　Cheng Y Z. Mean shift, mode seeking, and clustering[J]. IEEE Transactions on Pattern Analysis and Machine Intelligence, 1995, 17(8): 790 – 799.

[3]　Henriques J F, Caseiro R, Martins P, et al. High-speed tracking with kernelized correlation filters[J]. IEEE Transactions on Pattern Analysis and Machine Intelligence, 2015, 37(3): 583 – 596.

[4]　Li Y, Zhu J. A scale adaptive kernel correlation filter tracker with feature integration[C]. The 13th European Conference on Computer Vision, Zurich, 2014: 254 – 265.

[5] Held D, Thrun S, Savarese S. Learning to track at 100 FPS with deep regression networks [C]. The 14th European Conference on Computer Vision, Amsterdam, 2016: 749 – 765.

[6] Bertinetto L, Valmadre J, Henriques J F, et al. Fully-convolutional siamese networks for object tracking[C]. The 14th European Conference on Computer Vision, Amsterdam, 2016: 850 – 865.

[7] Li B, Yan J, Wu W, et al. High performance visual tracking with siamese region proposal network[C]. The 31st IEEE/CVF Conference on Computer Vision and Pattern Recognition, Salt Lake City, 2018: 8971 – 8980.

[8] Li B, Wu W, Wang Q, et al. SiamRPN plus plus: Evolution of siamese visual tracking with very deep networks[C]. The 32nd IEEE/CVF Conference on Computer Vision and Pattern Recognition, Long Beach, 2019: 4277 – 4286.

[9] Russakovsky O, Deng J, Su H, et al. Imagenet large scale visual recognition challenge[J]. International Journal of Computer Vision, 2015, 115(3): 211 – 252.

[10] Real E, Shlens J, Mazzocchi S, et al. YouTube-BoundingBoxes: A large high-precision human-annotated data set for object detection in video[C]. The 30th IEEE/CVF Conference on Computer Vision and Pattern Recognition, Honolulu, 2017: 7464 – 7473.

[11] Lin T Y, Maire M, Belongie S, et al. Microsoft COCO: Common objects in context[C]. The 13th European Conference on Computer Vision, Zurich, 2014: 740 – 755.

[12] AlMuayazbellah M, Hassan K. Nonlinear observers comprising high-gain observers and extended Kalman filters[J]. Automatica, 2013, 49(12): 3583 – 3590.

[13] You K, Fu M, Xie L. Mean square stability for Kalman filtering with Markovian packet losses [J]. Automatica, 2011, 47(12): 5647 – 2657.

[14] Cao Y, Chen J, Zhang Z. A sheep dynamic counting scheme based on the fusion between an improved-sparrow-search YOLOv5x-ECA model and few-shot deepsort algorithm[J]. Computers and Electronics in Agriculture, 2023, 16(1): 5.

[15] Brennan J, Johnson P, Olson K. Classifying season long livestock grazing behavior with the use of a low-cost GPS and accelerometer[J]. Computers and Electronics in Agriculture, 2021, 181: 105957.

[16] Su Q, Tang J, Zhai J, et al. Automatic tracking of the dairy goat in the surveillance video[J]. Computers and Electronics in Agriculture, 2021, 187: 106254.

[17] Yang X S, Zhang W A, Yu L. A bank of decentralized extended information filters for target tracking in event-triggered WSNs [J]. IEEE Transactions on Systems Man Cybernetics-Systems, 2020, 50(9): 3281 – 3289.

[18] Liu G, Woergoetter F, Markelic I. Square-root sigma-point information filtering[J]. IEEE Transactions on Automatic Control, 2012, 57(11): 2945 – 2948.

[19] 周荻. 寻的导弹新型导引规律[M].北京: 国防工业出版社,2002.

[20] Peng Z H, Jiang Y, Wang J. Event-triggered dynamic surface control of an underactuated autonomous surface vehicle for target enclosing [J]. IEEE Transactions on Industrial Electronics, 2021, 68(4): 3402 – 3412.

[21] Liu X, Duan G, Teo K. Optimal soft landing control for moon lander[J]. Automatica, 2008, 44(4): 1097 – 1103.

［22］ Liu H, Li X M, Fan M F, et al. An autonomous path planning method for unmanned aerial vehicle based on a tangent intersection and target guidance strategy[J]. IEEE Transactions on Intelligent Transportation Systems, 2022, 23(4): 3061-3073.

［23］ 薛镇涛, 陈建, 张自超, 等. 基于复杂地块凸划分优化的多无人机覆盖路径规划[J]. 航空学报, 2022, 43(12): 403-417.

［24］ 杜楠楠, 陈建, 马奔, 等. 多太阳能无人机覆盖路径优化方法[J]. 航空学报, 2021, 42(6): 488-503.

［25］ 钱杏芳, 林瑞雄, 赵亚男. 导弹飞行力学[M]. 北京: 北京理工大学出版社, 2006.

［26］ Zhang Z, Wang S, Chen J, et al. A bionic dynamic path planning algorithm of the micro UAV based on the fusion of deep neural network optimization/filtering and hawk-eye vision[J]. IEEE Transactions on Systems, Man, and Cybernetics: Systems, 2023, 53(6): 3728-3740.

［27］ Zhou X, Wen X, Wang Z, et al. Swarm of micro flying robots in the wild[J]. Science Robotics, 2022, 7(66): eabm5954.

［28］ Singla A, Padakandla S, Bhatnagar S. Memory-based deep reinforcement learning for obstacle avoidance in UAV with limited environment knowledge[J]. IEEE Transactions on Intelligent Transportation Systems, 2021, 22(1): 107-118.

［29］ Sivaneri V O, Gross J N. UGV-to-UAV cooperative ranging for robust navigation in GNSS-challenged environments[J]. Aerospace Science and Technology, 2017, 71: 245-255.

［30］ Hu H M, Kaizu Y, Zhang H D, et al. Recognition and localization of strawberries from 3D binocular cameras for a strawberry picking robot using coupled YOLO/Mask R-CNN[J]. International Journal of Agricultural and Biological Engineering, 2022, 15(6): 175-179.

［31］ 李峥峥. 无人机带来"放牧革命"[J]. 农机市场, 2020(3): 59-60.

［32］ 段广仁, 侯明哲, 谭峰. 基于滑模方法的自适应一体化导引与控制律设计[J]. 兵工学报, 2010, 31(2): 191-198.

［33］ 赵坤, 曹登庆, 黄文虎. 基于自抗扰控制的弹头制导与控制一体化设计[J]. 宇航学报, 2017, 38(10): 1068-1078.

［34］ Ming C, Wang X, Sun R, et al. A novel non-singular terminal sliding mode control-based integrated missile guidance and control with impact angle constraint[J]. Aerospace Science and Technology, 2019, 94: 105368.

［35］ Wang W, Xiong S, Wang S, et al. Three dimensional impact angle constrained integrated guidance and control for missiles with input saturation and actuator failure[J]. Aerospace Science and Technology, 2016, 53: 169-187.

［36］ Han J Q. From PID to active disturbance rejection control[J]. IEEE Transactions on Industrial Electronics, 2009, 56(3): 900-906.

［37］ 王术波, 韩宇, 陈建, 等. 基于 ADRC 迭代学习控制的四旋翼无人机姿态控制[J]. 航空学报, 2020, 41(12): 319-331.

［38］ Wang S, Chen J, He X. An adaptive composite disturbance rejection for attitude control of the agricultural quadrotor UAV[J]. ISA Transactions, 2022, 129: 564-579.

（一）

基本原理篇

第2章

针对非合作目标的滤波、导引与控制一体化建模研究

2.1 引言

本章是本书研究的基础,为串联分析滤波、导引、控制等要素,基于传感器坐标系、视线坐标系、机体坐标系和惯性坐标系分别对各要素进行建模研究。首先,对于不同的传感器,基于传感器坐标模型,输出目标位于传感器坐标系内的位置,建立目标-传感器滤波模型。由于基于单目视觉原理的传感器不具备探索景深信息的能力,本章对单目视觉类传感器进行相对距离推算讨论。其次,基于视线坐标系,建立无人机-目标相对运动模型,并以加速度(二阶模型)定义模型阶次,并且初步讨论由相对运动关系约束得到的不同的接近规则,如追踪法、平行接近法等。再次,基于无人机机体坐标系,建立四旋翼无人机动力学模型,以此为基础进行无人机控制,改变无人机状态。针对无人机动力学模型,对其位置环、姿态环进行分析,并基于四旋翼无人机的欠驱动特性,对双环控制解算进行初步讨论。最后,利用各坐标系转换关系、三维空间中的几何关系并串联各状态量,建立无人机-目标高阶多维全状态耦合模型,基于此设计滤波、导引与控制一体化无人机追踪系统。

2.2 基于传感器坐标系的目标信息滤波建模研究

本节将讨论常用无人机机载传感器在目标感知中的传感器坐标系以及传感过程建模模式。目前多旋翼无人机机载传感器主要分为以下两类:输出以图像形式呈现的传感器和输出以点云形式呈现的传感器。

2.2.1 传感器坐标定义

目前,输出主要以图像形式呈现的传感器有单目视觉 RGB 相机、热红外相机、

双目视觉传感器和结构光传感器。以下传感器坐标系定义如图 2.2.1 所示。

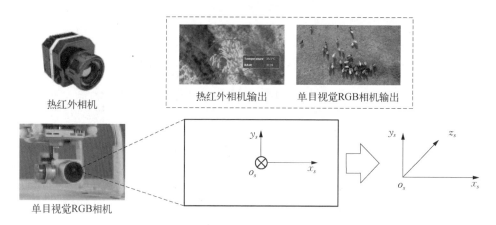

图 2.2.1　仅具有相对位置信息的传感器坐标系

如图 2.2.1 所示,单目视觉 RGB 相机、热红外相机输出均为图像。其中单目视觉 RGB 相机输出图像需要进一步进行处理得到目标(牲畜个体或牧群)信息,而热红外相机输出图像可根据温度信息分割出目标信息。但是,由于单目视觉 RGB 相机无法直接获取目标信息,所以需要根据透视规则推算目标与无人机间的相对距离与相对方位。传感器坐标系定义如图 2.2.1 所示,以图像中心点为坐标系原点 o_s,以图像纵轴向上方向为坐标轴 y_s 正方向,以图像横轴向右方向为坐标轴 x_s 正方向,以目标远离无人机机载传感器方向为坐标轴 z_s 正方向。

针对输出为深度图或视差图的传感器,如双目视觉传感器、结构光传感器等,所得输出信息可根据传感器标定,直接转换为传感器坐标系内的绝对坐标信息,同样,传感器坐标系定义如图 2.2.2 所示。

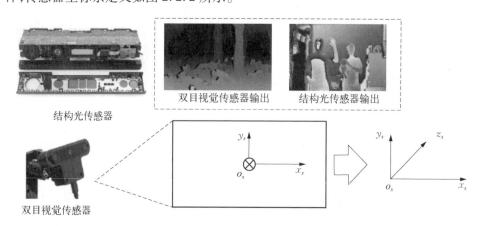

图 2.2.2　具有绝对位置信息(立体视觉类)的传感器坐标系

如图 2.2.2 所示,与以单目视觉图像为输出的传感器坐标系不同的是,深度图具有空间三维信息,通过传感器标定信息可直接得到这些三维信息。因此,针对以深度图或其他具有三维信息的以图像形式输出的坐标系,传感器坐标系定义为:以图像中心点为坐标系原点 o_s,以图像纵轴向上方向为坐标轴 y_s 正方向,以图像横轴向右方向为坐标轴 x_s 正方向,以目标远离无人机机载传感器方向为坐标轴 z_s 正方向,其取值为经过标定转换后的坐标值。

针对输出为点云的传感器,如激光雷达,为与以上基于深度图所定义的传感器坐标系匹配,激光雷达所得输出直接以点云坐标系进行转换,转换至直角坐标系,并与输出主要以深度图形式呈现的传感器进行空间匹配,得到以点云为输出形式的传感器坐标系[1,2],如图 2.2.3 所示。

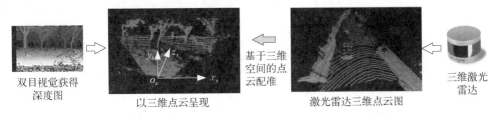

双目视觉获得
深度图

以三维点云呈现

基于三维
空间的点
云配准

激光雷达三维点云图

三维激光
雷达

图 2.2.3　具有绝对位置信息(以点云呈现)的传感器坐标系

如图 2.2.3 所示,将图像中心点所代表三维坐标的 x_s 轴与 y_s 轴信息,结合 z_s 轴零值,定义为坐标系原点 o_s。以图像纵轴向上方向为坐标轴 y_s 正方向,以图像横轴向右方向为坐标轴 x_s 正方向,以目标远离无人机机载传感器方向为坐标轴 z_s 正方向,其取值为经过标定转换后的坐标值。

2.2.2　针对单目视觉相对位置信息推算研究

目标相对位置的推算根据不同传感器输出略有不同,仅针对不具有相对位置获取能力的两类传感器,即热红外相机与单目视觉 RGB 相机进行讨论。如图 2.2.4 所示,热红外相机返回图像,可根据像素数直接推算,相同,若采用分割结果,也可以采用类似于像素数的方法进行相对位置推算。

推算过程为:根据分割结果、边界框确定目标形心,以形心为基础,代入传感器坐标系,得到 x_s 轴与 y_s 轴坐标,同时以像素数为单位,根据像素数变化得到 z_s 轴相对坐标值。与边界框一样,基于分割、像素数的推算方法可以将目标在二维平面内的运动描述清楚,对于无人系统追踪问题,目标的三维信息则无法通过传统边界框较为准确地体现。但是,在实际问题中,本书无法因为单目视觉图像不能提供准确的目标三维空间信息而舍弃单目视觉图像,这是因为:第一,以单目视觉图像为输出的传感器得到的数据类型包括但不限于 RGB 图像、光谱图像以及热红外图

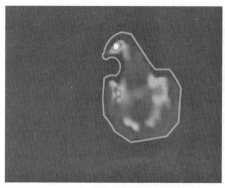

(a) 根据像素数推算　　　　　　　　(b) 根据边界框、分割结果推算

图 2.2.4　图像相对景深信息推算

像,针对不同任务,具有不可替代性;第二,目前,以单目视觉 RGB 相机为基础采集的数据集最丰富,质量最高,对比其他传感器有无可比拟的优势;第三,对于无人机,单目视觉 RGB 相机是被搭载最普遍的传感器,保留基于单目视觉 RGB 相机的方法,最具适用性。

相较于以像素数推算方法,基于边界框的方法,受到目标姿态改变的影响而导致 z_s 轴相对坐标值失真更小。不过,由于传统边界框包围的目标,在目标正面和侧面面积差距较大的情况下,以传统边界框面积为相对距离的度量单位时,相对距离失真更严重,如图 2.2.5 所示。

(a) T 时刻　　　　　　　　　　　(b) $T+1$ 时刻

图 2.2.5　3D(三维)边界框的设计

假设在某采样时刻间隔内,随着单位距离的靠近,目标面对摄像头姿态不变,即边界框长宽比不变。以不会变的边为基准,即目标羊的高为基准,可计算出边界框长宽比不变时目标距离变化时边界框的面积变化。以图 2.2.5 的长宽比不变图像,边界框的面积变化比计算公式为

$$\text{index} = \frac{A_{T1}}{A'_{T1}} \tag{2.2.1}$$

式中，A_{T1} 为矩形边界框的面积；A'_{T1} 为假设目标姿态不变时边界框的面积。将此面积比作为比较基准，可得 index ≈ 4.51，但是，$T+1$ 时刻，当目标距离变化且目标姿态同样变化时，面积比 index$' \approx 8.16$，利用最小包围圆作为边界框时，边界框面积变化比为 index$' \approx 6.05$。若按照此方法，可以屏蔽一部分由于目标姿态或者相机移动 z_s 轴相对坐标值的失真，面积变化的大小与目标距离的远近有关，因为各个视频数据参数不同，所以无法通过标定给出绝对距离。根据平面几何关系，传统边界框转换到 3D 边界框的方法如下：

$$\begin{cases} X_{3D} = X + 0.5W \\ Y_{3D} = Y + 0.5H \\ Z_{3D} = \sqrt{W^2 + H^2}/2 \end{cases} \tag{2.2.2}$$

式中，(X, Y, W, H) 为传统边界框的左上角坐标，用宽度 W、高度 H 描述，在 3D 边界框中，以圆形半径 Z_{3D} 代表相对距离数据，得到 3D 边界框 (X_{3D}, Y_{3D}, Z_{3D})。针对不同推算方法，本节均将其转换至 3D 边界框进行处理，输出均为 (X_{3D}, Y_{3D}, Z_{3D})。

2.2.3　基于卡尔曼滤波模型的目标运动状态建模研究

基于以上不同传感器所得的传感器坐标系，得到均为 3D 边界框 $z = (X_{3D}, Y_{3D}, Z_{3D})$ 的输出。在传感器坐标系下，对于非合作目标，考虑用离散非线性状态空间模型描述目标运动：

$$x_k = f_k(x_{k-1}, u_{k-1}) + w_{k-1} \tag{2.2.3}$$

$$z_k = h_k(x_k, u_k) + v_k \tag{2.2.4}$$

式中，u_k 表示 k 时刻已知的控制输入；w_{k-1} 表示 $k-1$ 时刻随机状态动态扰动带来的过程噪声；v_k 表示 k 时刻由传感器或观测过程带来的观测噪声。对于本书针对的无人机追踪问题，考虑到机载传感器的高频率扫描和无法与目标建立交互控制的特性，故输入 $u_k = 0$。因此，以上离散状态空间方程可线性化为

$$x_k = \Phi_{k-1}x_{k-1} + w_{k-1} \tag{2.2.5}$$

$$z_k = H_k x_k + v_k \tag{2.2.6}$$

以非合作目标状态空间模型为基础，假设过程噪声 w_k 与观测噪声 v_k 为零均值

不相关随机过程,且它们在 k 时刻的协方差分别为 Q_k 与 R_k,得到卡尔曼滤波过程如下[3]。

预测过程:

$$\hat{x}_{k(-)} = \Phi_{k-1}\hat{x}_{(k-1)(+)} \tag{2.2.7}$$

$$P_{k(-)} = \Phi_{k-1}P_{(k-1)(+)}\Phi_{k-1}^{\mathrm{T}} + G_{k-1}QG_{k-1}^{\mathrm{T}} \tag{2.2.8}$$

更新过程:

$$\hat{x}_{k(+)} = \hat{x}_{k(-)} + \bar{K}_k(z_k - H_k\hat{x}_{k(-)}) \tag{2.2.9}$$

$$\bar{K}_k = P_{k(-)}H_k^{\mathrm{T}}(H_kP_{k(-)}H_k^{\mathrm{T}} + R_k)^{-1} \tag{2.2.10}$$

$$P_{k(+)} = P_{k(-)} - \bar{K}_kH_kP_{k(-)} \tag{2.2.11}$$

式中,符号(-)表示变量的先验值(测量值中的信息被利用之前的值,即预测过程得到的值);符号(+)表示变量的后验值(测量值中的信息被利用之后的值,即更新过程得到的值);变量 $\bar{K}_k$ 为卡尔曼增益。其中,状态向量 x 与其估计 $\hat{x}$ 由目标运动模型决定,此处模型可建立为匀速直线运动模型、匀加速直线运动模型和转弯模型。得到估计输出,不管是预测过程 $\hat{x}_{k(-)}$ 还是更新过程 $\hat{x}_{k(+)}$,估计输出均为传感器坐标系下的二阶状态输出,即 $\hat{x} = [\hat{x}_s, \hat{y}_s, \hat{z}_s, \dot{\hat{x}}_s, \dot{\hat{y}}_s, \dot{\hat{z}}_s, \ddot{\hat{x}}_s, \ddot{\hat{y}}_s, \ddot{\hat{z}}_s]^{\mathrm{T}}$。

对于传感器坐标系中的非合作目标,滤波过程如图 2.2.6 所示。

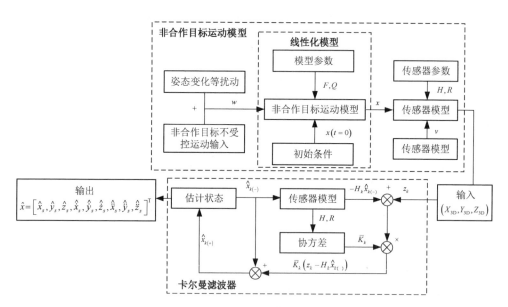

图 2.2.6　非合作目标运动模型滤波过程示意图

　　根据卡尔曼滤波理论,针对滤波模型,输入为由传感器得到的,在传感器坐标系内的三维坐标 $z = (X_{3D}, Y_{3D}, Z_{3D})$,而输出为 $\hat{x} = [\hat{x}_s, \hat{y}_s, \hat{z}_s, \dot{\hat{x}}_s, \dot{\hat{y}}_s, \dot{\hat{z}}_s, \ddot{\hat{x}}_s, \ddot{\hat{y}}_s, \ddot{\hat{z}}_s]^T$。

2.3　基于视线坐标系的目标-追踪者导引关系建模研究

2.3.1　无人机-目标相对运动关系建模

　　无人机-目标相对运动关系建模基于视线坐标系 $ox_{LOS}y_{LOS}z_{LOS}$ 与惯性坐标系 $oxyz$,本书希望最终所得全状态耦合一体化模型建立在惯性坐标系下。视线坐标系与惯性坐标系定义如图 2.3.1 所示。

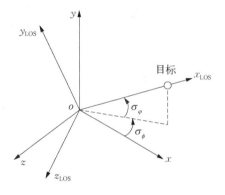

　　在图 2.3.1 中,假设以无人机重心作为惯性坐标系与视线坐标系原点,x_{LOS} 轴定义为目标与坐标系原点的连线,正方向为远离原点方向。定义 σ_φ 为视线倾角,σ_ϕ 为视线偏角,视线倾角 σ_φ 与视线偏角 σ_ϕ 正方向由右手定则确定。λ 为无人机与目标的相对位置矢量。根据相对运动关系[4],在视线坐标系中:

图 2.3.1　三维空间无人机-目标相对运动关系

$$\frac{\mathrm{d}\lambda}{\mathrm{d}t} = \frac{\partial\lambda}{\partial t} + \Omega_l \times \lambda \qquad (2.3.1)$$

式中,$\dfrac{\mathrm{d}\lambda}{\mathrm{d}t}$ 表示在惯性坐标系中相对位置矢量对时间的导数,即目标相对于无人机的相对速度矢量;$\dfrac{\partial\lambda}{\partial t}$ 则表示在动坐标系中(此处为视线坐标系中)相对位置矢量对时间的导数;Ω_l 是视线坐标系相较于地面坐标系转动的角速度矢量,则

$$\Omega_l = \begin{bmatrix} \cos\sigma_\varphi & \sin\sigma_\varphi & 0 \\ -\sin\sigma_\varphi & \cos\sigma_\varphi & 0 \\ 0 & 0 & 1 \end{bmatrix} \begin{bmatrix} 0 \\ \dot\sigma_\phi \\ 0 \end{bmatrix} + \begin{bmatrix} 0 \\ 0 \\ \dot\sigma_\varphi \end{bmatrix} = \begin{bmatrix} \dot\sigma_\phi\sin\sigma_\varphi \\ \dot\sigma_\phi\cos\sigma_\varphi \\ \dot\sigma_\varphi \end{bmatrix} \qquad (2.3.2)$$

由此,在惯性坐标系中,$\dfrac{\mathrm{d}\lambda}{\mathrm{d}t} = V_\lambda$,可得

$$\frac{\mathrm{d}\lambda}{\mathrm{d}t} = \begin{bmatrix} \dot\lambda \\ \dot\sigma_\varphi\lambda \\ -\dot\sigma_\phi\lambda\cos\sigma_\varphi \end{bmatrix} \qquad (2.3.3)$$

同样,有

$$\frac{\mathrm{d}V_\lambda}{\mathrm{d}t} = \frac{\partial V_\lambda}{\partial t} + \Omega_l \times V_\lambda$$

$$= \begin{bmatrix} \ddot{\lambda} - \lambda\dot{\sigma}_\phi^2\cos^2\sigma_\varphi - \lambda\dot{\sigma}_\varphi^2 \\ \lambda\dot{\sigma}_\phi^2\sin\sigma_\varphi\cos\sigma_\varphi + 2\dot{\lambda}\dot{\sigma}_\varphi + \lambda\ddot{\sigma}_\varphi \\ 2\lambda\dot{\sigma}_\phi\dot{\sigma}_\varphi\sin\sigma_\varphi - 2\dot{\lambda}\dot{\sigma}_\phi\cos\sigma_\varphi - \ddot{\sigma}_\phi\lambda\cos\sigma_\varphi \end{bmatrix} \qquad (2.3.4)$$

可得到在惯性坐标系中,目标相对于无人机的相对加速度矢量 a_λ 为

$$a_\lambda = \frac{\mathrm{d}V_\lambda}{\mathrm{d}t} = \begin{bmatrix} \ddot{\lambda} - \lambda\dot{\sigma}_\phi^2\cos^2\sigma_\varphi - \lambda\dot{\sigma}_\varphi^2 \\ \lambda\dot{\sigma}_\phi^2\sin\sigma_\varphi\cos\sigma_\varphi + 2\dot{\lambda}\dot{\sigma}_\varphi + \lambda\ddot{\sigma}_\varphi \\ 2\lambda\dot{\sigma}_\phi\dot{\sigma}_\varphi\sin\sigma_\varphi - 2\dot{\lambda}\dot{\sigma}_\phi\cos\sigma_\varphi - \ddot{\sigma}_\phi\lambda\cos\sigma_\varphi \end{bmatrix} = a_{\mathrm{Target}} - a_{\mathrm{UAV}}$$

$$(2.3.5)$$

将目标加速度 a_{Target} 与无人机加速度 a_{UAV} 投影至视线坐标系,整理得目标-无人机相对运动关系:

$$\begin{cases} \ddot{\lambda} = \lambda\dot{\sigma}_\phi^2\cos^2\sigma_\varphi + \lambda\dot{\sigma}_\varphi^2 + a_{x\mathrm{Target}}^{\mathrm{LOS}} - a_{x\mathrm{UAV}}^{\mathrm{LOS}} \\ \ddot{\sigma}_\varphi = -\dot{\sigma}_\phi^2\sin\sigma_\varphi\cos\sigma_\varphi - \dfrac{2\dot{\lambda}\dot{\sigma}_\varphi}{\lambda} + \dfrac{a_{y\mathrm{Target}}^{\mathrm{LOS}} - a_{y\mathrm{UAV}}^{\mathrm{LOS}}}{\lambda} \\ \ddot{\sigma}_\phi = 2\dot{\sigma}_\phi\dot{\sigma}_\varphi\tan\sigma_\varphi - \dfrac{2\dot{\lambda}\dot{\sigma}_\phi}{\lambda} - \dfrac{a_{z\mathrm{Target}}^{\mathrm{LOS}} - a_{z\mathrm{UAV}}^{\mathrm{LOS}}}{\lambda\cos\sigma_\varphi} \end{cases} \qquad (2.3.6)$$

式中,$a_{x\mathrm{Target}}^{\mathrm{LOS}}$、$a_{y\mathrm{Target}}^{\mathrm{LOS}}$、$a_{z\mathrm{Target}}^{\mathrm{LOS}}$ 为 a_{Target} 在视线坐标系下沿着 x_{LOS}、y_{LOS}、z_{LOS} 轴的分量;$a_{x\mathrm{UAV}}^{\mathrm{LOS}}$、$a_{y\mathrm{UAV}}^{\mathrm{LOS}}$、$a_{z\mathrm{UAV}}^{\mathrm{LOS}}$ 为 a_{UAV} 在视线坐标系下沿着 x_{LOS}、y_{LOS}、z_{LOS} 轴的分量。

另有惯性坐标系与视线坐标系的转换矩阵[5,6]:

$$L_l = \begin{bmatrix} \cos\sigma_\varphi\cos\sigma_\phi & \sin\sigma_\varphi & -\sin\sigma_\phi\cos\sigma_\varphi \\ -\sin\sigma_\varphi\cos\sigma_\phi & \cos\sigma_\varphi & \sin\sigma_\varphi\sin\sigma_\phi \\ \sin\sigma_\phi & 0 & \cos\sigma_\phi \end{bmatrix} \qquad (2.3.7)$$

该换算方法可将所得的无人机-目标运动关系、目标加速度 a_{Target} 与无人机加速度 a_{UAV} 换算至惯性坐标系。

2.3.2　无人机-目标接近规则分析

得到无人机-目标运动关系后,制定何种运动规则接近目标,解算出由该规则

决定的状态量关系,是本节要研究的内容。首先,将三维空间无人机-目标相对关系投影至二维平面,以 oxz 平面为例,如图 2.3.2 所示,得到平面内无人机-目标相对运动方程为

$$\begin{cases} \dot{\lambda} = V_T\cos\eta_2 - V_{\text{UAV}}\cos\eta_1 \\ \lambda\dot{\sigma}_\phi = V_{\text{UAV}}\sin\eta_1 - V_T\sin\eta_2 \end{cases} \quad (2.3.8)$$

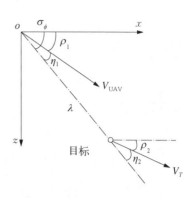

图 2.3.2　无人机-目标接近关系

注意,在二维平面内建立的运动关系,其中视线倾角 σ_φ 与视线偏角 σ_ϕ 是解耦的,与给出的式(2.3.6)在三维空间不符,但是本节仅根据二维平面运动关系推导得出无人机接近目标的运动规则,按照规则代入式(2.3.6)进行解算,得到相应状态。

此处给出三种典型接近规则关系如下。

(1)紧密跟踪法要求在接近过程中:

$$\eta_1 = 0 \quad (2.3.9)$$

(2)平行接近法要求在接近过程中:

$$\sigma_\phi = 常数, \quad \dot{\sigma}_\phi = 0 \quad (2.3.10)$$

(3)比例导引法要求在接近过程中:

$$\dot{\rho}_1 = K\dot{\sigma}_\phi \quad (2.3.11)$$

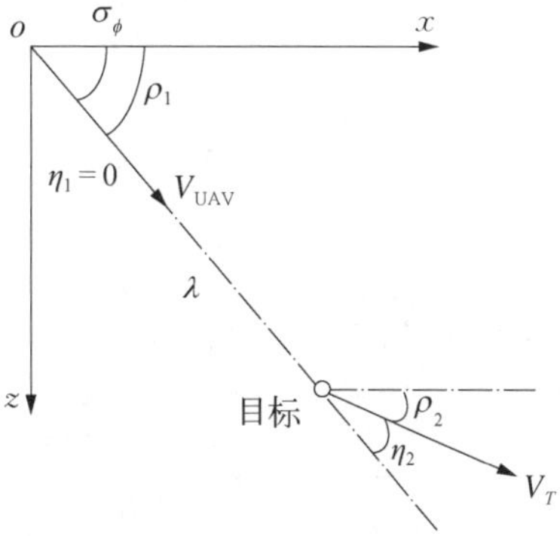

根据紧密跟踪法,可得接近关系如图 2.3.3 所示。如图所示,紧密跟踪法要求无人机速度方向动态保持在视线坐标系 x_{LOS} 轴方向,根据此约束易得在传感器坐标系内,需控制无人机,使得目标动态保持在传感器坐标系原点。

平行接近法跟踪接近关系如图 2.3.4 所示。平行接近法要求视线偏角 $\dot{\sigma}_\phi = 0$,根据此约束,在传感器与机体捷联情况下,要求目标在传感器坐标系内尽量保持位置不变,即可保持视线角为常数。在目标保持运动状态不变的情况下,无人机与目标会在速度延长线方向交会,但是如果目

图 2.3.3　紧密跟踪法接近关系

标改变运动方向,若目标位于传感器坐标系内测量边界,一旦目标改变运动方向,极易造成目标丢失。虽然平行接近法在接近关系上对于无人机机动能力、能耗控制更加友好,但是在实际应用中应考虑传感器测量范围。而比例导引法约束在紧

密跟踪法和平行接近法中间,若目标不改变运动状态,根据三种不同的接近规则,得到接近轨迹如图 2.3.5 所示。

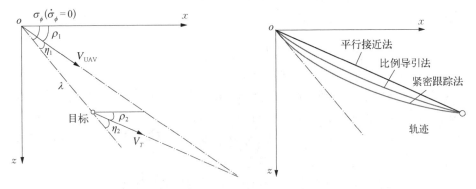

图 2.3.4　平行接近法跟踪接近关系　　　图 2.3.5　各接近规则生成轨迹

在一体化模型设计中,以不同约束为基础的不同接近规则需要根据传感器类型、任务要求而进行选择,通过约束条件得到。

2.4　基于机体坐标系的无人机动力学建模研究

2.4.1　基于 X 字型四旋翼无人机动力学建模研究

如图 2.4.1 所示,本节以四旋翼无人机为追踪执行者进行分析,首先,以 X 字型坐标系为无人机机体坐标系,如图 2.4.1 所示。

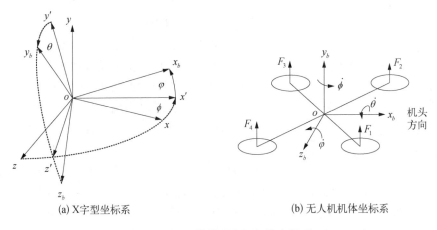

(a) X 字型坐标系　　　　　　　　　　(b) 无人机机体坐标系

图 2.4.1　四旋翼无人机机体坐标系

图 2.4.1 为四旋翼无人机机体坐标系定义,以无人机机头方向为 x_b 轴,远离机体方向为正方向,y_b 轴与 z_b 轴由右手定则确定。机体坐标系与惯性坐标系转换关系由如下矩阵描述:

$$L^b = \begin{bmatrix} \cos\varphi\cos\phi & \sin\varphi & -\cos\varphi\sin\phi \\ -\sin\varphi\cos\phi\cos\theta + \sin\phi\sin\theta & \cos\varphi\cos\theta & \sin\varphi\sin\phi\cos\theta + \cos\phi\sin\theta \\ \sin\varphi\cos\phi\cos\theta + \sin\phi\sin\theta & -\cos\varphi\sin\theta & -\sin\varphi\sin\phi\sin\theta + \cos\phi\cos\theta \end{bmatrix}$$
$$(2.4.1)$$

式中,φ 为俯仰角;θ 为滚转角;ϕ 为偏航角。如图 2.4.1 所示,各角度正方向由右手定则确定。根据 Magnussen 等[7]与全权[8]的研究,建立四旋翼无人机动力学模型为

$$\begin{cases} \ddot{x} = \dfrac{F_1 + F_2 + F_3 + F_4}{m}(-\sin\varphi\cos\phi\cos\theta + \sin\phi\sin\theta) - \dfrac{k_1}{m}\dot{x} \\[3mm] \ddot{y} = \dfrac{F_1 + F_2 + F_3 + F_4}{m}(\cos\varphi\cos\theta) - g - \dfrac{k_2}{m}\dot{y} \\[3mm] \ddot{z} = \dfrac{F_1 + F_2 + F_3 + F_4}{m}(\sin\varphi\sin\phi\cos\theta + \cos\phi\sin\theta) - \dfrac{k_3}{m}\dot{z} \\[3mm] \ddot{\varphi} = \dfrac{F_1 + F_2 - F_3 - F_4}{m} - \dfrac{k_4 l}{J_{zz}}\dot{\varphi} \\[3mm] \ddot{\theta} = \dfrac{-F_1 + F_2 + F_3 - F_4}{m} - \dfrac{k_5 l}{J_{xx}}\dot{\theta} \\[3mm] \ddot{\phi} = \dfrac{F_1 - F_2 + F_3 - F_4}{m} - \dfrac{k_6 l}{J_{yy}}\dot{\phi} \end{cases} \quad (2.4.2)$$

式中,F_1、F_2、F_3 和 F_4 分别表示各旋翼所产生的升力。当四个旋翼同时等量增加或减小转速时,四个力同时改变,无人机沿着 y 轴上升或下降;当 F_1 与 F_2 对应旋翼等量减小转速,而 F_3 和 F_4 等量增加转速时,无人机实现俯仰角 φ 改变,并沿着 x 轴进行平飞。当 F_2 和 F_3 对应旋翼等量减小转速,而 F_1 和 F_4 等量增加转速时,无人机实现滚转角 θ 改变,并沿着 z 轴进行平飞。当 F_1 和 F_3 对应旋翼等量减小转速,而 F_2 和 F_4 等量增加转速时,无人机实现偏航角 ϕ 改变,围绕 y 轴实现原地旋转。k_1、k_2、k_3、k_4、k_5、k_6 分别为三个平动空气阻力系数和三个转动空气阻力系数。J_{xx}、J_{yy}、J_{zz} 为机体各轴的转动惯量,m 为无人机质量,l 为无人机重心到各螺旋桨中心的距离。将四个旋翼产生的力的组合形式简化为四个输入 u_1、u_2、u_3 和 u_4 可得

$$
\begin{cases}
\ddot{x} = u_1(-\sin\varphi\cos\phi\cos\theta + \sin\phi\sin\theta) - \dfrac{k_1}{m}\dot{x} \\[2mm]
\ddot{y} = u_1(\cos\varphi\cos\theta) - g - \dfrac{k_2}{m}\dot{y} \\[2mm]
\ddot{z} = u_1(\sin\varphi\sin\phi\cos\theta + \cos\phi\sin\theta) - \dfrac{k_3}{m}\dot{z} \\[2mm]
\ddot{\varphi} = u_2 - \dfrac{k_4 l}{J_{zz}}\dot{\varphi} \\[2mm]
\ddot{\theta} = u_3 - \dfrac{k_5 l}{J_{xx}}\dot{\theta} \\[2mm]
\ddot{\phi} = u_4 - \dfrac{k_6 l}{J_{yy}}\dot{\phi}
\end{cases}
\tag{2.4.3}
$$

2.4.2　基于双环控制的四旋翼无人机控制分配解算

由 2.4.1 节可知,离散时变无人机动力学模型为欠驱动:状态量为六维,分别为在惯性坐标系下的空间位置 x、y、z,以及姿态状态俯仰角 φ、滚转角 θ、偏航角 ϕ,而输入仅为 u_1、u_2、u_3 和 u_4。因此,四旋翼仅能跟踪四个期望指令,而剩下的两个期望指令由其他状态量解算得出。此处将四旋翼无人机状态分为两个环路,分别为位置环与姿态环,得控制闭环结构如图 2.4.2 所示。

如图 2.4.2 所示,x_d、y_d、z_d、ϕ_d 表示由导引指令生成的期望位置与期望偏航

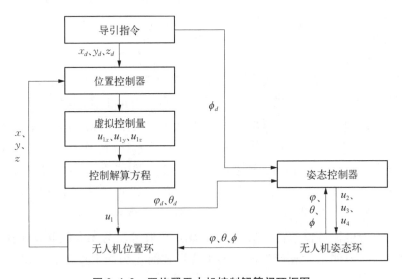

图 2.4.2　四旋翼无人机控制解算闭环框图

角。期望指令送至位置控制器,得到三维虚拟控制量 u_{1x}、u_{1y}、u_{1z},表示实际控制量 u_1 在惯性坐标系下投影至各轴的分量。根据几何关系与动力学模型,可得到控制解算方程为

$$u_1 = \sqrt{u_{1x}^2 + u_{1z}^2 + (u_{1y} + g)^2} \tag{2.4.4}$$

$$\varphi_d = \arctan\left(\frac{-u_{1x}\cos\phi_d + u_{1z}\sin\phi_d}{u_{1y}}\right) \tag{2.4.5}$$

$$\theta_d = \arctan\left(\frac{u_{1x}\sin\phi_d\cos\varphi_d + u_{1z}\cos\phi_d\cos\varphi_d}{u_{1y}}\right) \tag{2.4.6}$$

将以上解算出的期望指令输入姿态控制器,得到控制输出为 u_2、u_3、u_4,输入无人机姿态环后,得到当前时刻姿态状态 φ、θ、ϕ,输入姿态控制器和无人机位置环;对于姿态控制器,其暂存当前时刻姿态状态 φ、θ、ϕ,等待下一轮期望指令输入;对于无人机位置环,结合解算出的输入 u_1 与当前姿态状态 φ、θ、ϕ,积分得到当前位置状态 x、y、z。由此根据时变采样时间 T 更新迭代实现四旋翼无人机的控制。

2.5　基于惯性坐标系的无人机追踪全状态耦合一体化模型研究

2.5.1　目标-无人机追踪全状态耦合模型状态量传递

根据 2.1~2.4 节的建模细化,得到目标-无人机追踪全状态耦合模型状态量传递框图如图 2.5.1 所示。

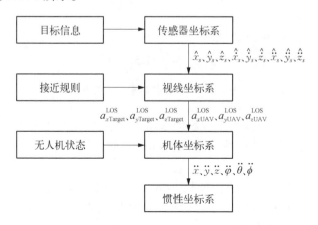

图 2.5.1　全状态耦合模型状态量传递框图

如图 2.5.1 所示,目标被传感器捕获后,经过滤波,得到目标在传感器坐标系内的估计位置、速度和加速度。传递至视线坐标系内,得到目标-无人机相对运动模型后,输出为视线坐标系内目标-无人机相对加速度。由于目标为非合作目标,目标状态是不可控的,输出在视线坐标系下的无人机加速度,需控制无人机位置环,满足目标-无人机相对运动要求。各坐标系下,输出状态由各状态量牵线搭桥,根据几何关系可实现相互转换,除式(2.3.7)与式(2.4.1)得到坐标系转换关系,传感器坐标系通过以下几何关系完成状态量的串联。

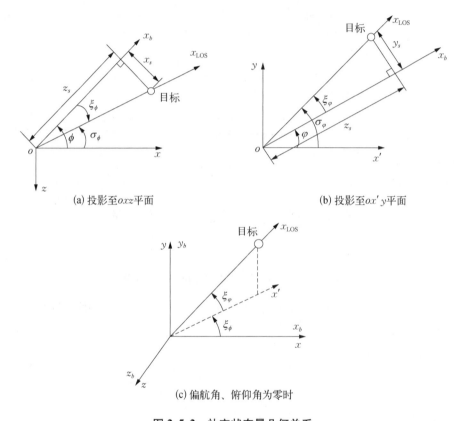

(a) 投影至 oxz 平面   (b) 投影至 $ox'y$ 平面

(c) 偏航角、俯仰角为零时

图 2.5.2　补充状态量几何关系

如图 2.5.2 所示,为方便展示各状态几何关系,将视线坐标系、机体坐标系和惯性坐标系投影至惯性坐标系 oxz 平面与 oxy 平面。目标被检测的一般情况下,有如下假设。

假设 2.5.1　传感器与机体捷联,且检测范围内目标稳定被检测。

假设 2.5.2　目标不在传感器坐标系中原点,即机体坐标系机头方向(x_b 轴)不与视线坐标系 x_{LOS} 轴重合。

可以得到以下结论：对于惯性坐标系 oxz 平面，由于传感器与机体捷联，假设传感器景深方向（z_s 轴方向）与机头（x_b 轴）方向一致，则目标与机体的偏角可由传感器测量得出（注：根据传感器坐标系定义，传感器得出目标景深距离即视线坐标系 x_{LOS} 轴上距离，并投影至惯性坐标系 oxz 平面与 oxy 平面），即根据三角关系可得由于目标不在传感器坐标系原点所带来的传感器倾角 ξ_{φ} 与传感器偏角 ξ_{ϕ} 为

$$\xi_{\varphi} = \arctan \frac{y_s}{\sqrt{x_s^2 + z_s^2}} \tag{2.5.1}$$

$$\xi_{\phi} = \arctan \frac{x_s}{z_s} \tag{2.5.2}$$

$$\lambda = \frac{z_s}{\cos \xi_{\varphi} \cos \xi_{\phi}} \tag{2.5.3}$$

由此可以得到一般情况下视线倾角 σ_{φ} 与视线偏角 σ_{ϕ} 为

$$\sigma_{\varphi} = \varphi + \xi_{\varphi} \tag{2.5.4}$$

$$\sigma_{\phi} = \phi - \xi_{\phi} \tag{2.5.5}$$

式中，俯仰角 φ 与偏航角 ϕ 由机载位姿传感器得出。根据传感器坐标系默认正方向的定义的不同，易得图 2.5.2（b）中 y_s 与 ξ_{φ} 取值为正。至此，状态传递由式（2.5.4）、式（2.5.5）、式（2.3.7）和式（2.4.1）完成。

若传感器景深方向（z_s 轴方向）与机头（x_b 轴）成一定角度，假设安装过程默认不绕 z_s 轴（或 x_b 轴）进行旋转，如图 2.5.3 所示，则预先测出安装偏角 E_{ϕ}、安装倾角 E_{φ}，并利用如下转换矩阵，将传感器取值转换至与机头一致后进行计算。

$$\begin{aligned}
L(E_{\varphi}, E_{\phi}) &= \begin{bmatrix} \cos E_{\varphi} & \sin E_{\varphi} & 0 \\ -\sin E_{\varphi} & \cos E_{\varphi} & 0 \\ 0 & 0 & 1 \end{bmatrix} \begin{bmatrix} \cos E_{\phi} & 0 & -\sin E_{\phi} \\ 0 & 1 & 0 \\ \sin E_{\phi} & 0 & \cos E_{\phi} \end{bmatrix} \\
&= \begin{bmatrix} \cos E_{\varphi} \cos E_{\phi} & \sin E_{\varphi} & -\cos E_{\varphi} \sin E_{\phi} \\ -\sin E_{\varphi} \cos E_{\phi} & \cos E_{\varphi} & \sin E_{\varphi} \sin E_{\phi} \\ \sin E_{\phi} & 0 & \cos E_{\phi} \end{bmatrix}
\end{aligned} \tag{2.5.6}$$

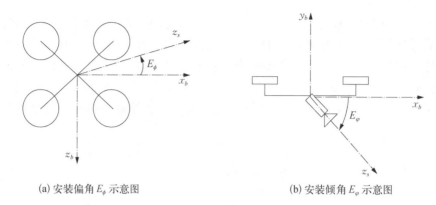

(a) 安装偏角 E_ϕ 示意图　　　　　　　(b) 安装倾角 E_φ 示意图

图 2.5.3　传感器安装角示意图

2.5.2　无人机追踪全状态耦合一体化模型

根据以上推导,可以得到针对非合作目标的无人机追踪全状态耦合一体化模型状态传递关系为

$$
\begin{cases}
\hat{x}^s_{k+1(-)} = \mathrm{KF}(\hat{x}^s_k,\ z^s_k) \\
\dot{x}_{\mathrm{LOS}} = f_1(x_{\mathrm{LOS}},\ h_1) + [\hat{a}^{\mathrm{LOS}}_{\mathrm{Target}} - a^{\mathrm{LOS}}_{\mathrm{UAV}}] \cdot [1 \quad 1/\lambda \quad 1/\cos\sigma_\varphi]^{\mathrm{T}} \\
\dot{x} = f_2(x,\ u_1) \\
\dot{x}_b = f_3(x_b,\ u_2,\ u_3,\ u_4)
\end{cases}
\tag{2.5.7}
$$

式中, $\hat{x}^s_{k+1(-)}$ 为传感器坐标系下的目标运动状态估计先验值(预测值);目标运动的估计状态为 $\hat{x}^s_{k+1} = [\hat{x}_s,\ \hat{y}_s,\ \hat{z}_s,\ \hat{\dot{x}}_s,\ \hat{\dot{y}}_s,\ \hat{\dot{z}}_s,\ \hat{\ddot{x}}_s,\ \hat{\ddot{y}}_s,\ \hat{\ddot{z}}_s]^{\mathrm{T}}$; KF 代表卡尔曼滤波过程,输入为观测值 z^s_k 与当前时刻的观测向量,即传感器采集目标信息,这里传感器采集信息为一阶,所以 $z^s_k = [X_{3\mathrm{D}},\ Y_{3\mathrm{D}},\ Z_{3\mathrm{D}}]^{\mathrm{T}}$ 。得到估计值后,通过式(2.5.1)~式(2.5.5)的推导转换至视线坐标系,得到视线倾角 σ_φ 与视线偏角 σ_ϕ ,再根据传感器目标景深定义,得到相对距离 λ ,至此目标状态量转移至 $x_{\mathrm{LOS}} = [\lambda,\ \sigma_\varphi,\ \sigma_\phi]^{\mathrm{T}}$ 。在视线坐标系内,得到目标与无人机相对加速度关系由 $[\hat{a}^{\mathrm{LOS}}_{\mathrm{Target}} - a^{\mathrm{LOS}}_{\mathrm{UAV}}]$ 项表示,其中 $\hat{a}^{\mathrm{LOS}}_{\mathrm{Target}}$ 可由 $\hat{x}_s$ 向量加速度分类通过几何关系转换至视线坐标系得到,而 $a^{\mathrm{LOS}}_{\mathrm{UAV}}$ 可以通过定义在惯性坐标系下的无人机位置环离散数据通过二次差分得到,即本模型第三行 $x = [x,\ y,\ z]^{\mathrm{T}}$ 。而无人机双环控制的特性,需同时考虑姿态环,即 $x_b = [\varphi,\ \theta,\ \phi]^{\mathrm{T}}$ 。 h_1 表示在视线坐标系下定义的接近关系, f_1 、 f_2 和 f_3 由式(2.3.6)与式(2.4.3)确定。

得到式(2.5.7)无人机追踪全状态耦合一体化模型状态传递关系后,将其归纳至状态空间方程形式有

$$\begin{cases} \dot{x}_0 = M_0 x_1 + N_0 + w_0 \\ \dot{x}_1 = M_1 x_2^* + N_1 + w_1 \\ \dot{x}_2 = M_2 x_2 + G_2 u + N_2 + w_2 \end{cases} \quad (2.5.8)$$

式中，

$$x_0 = \begin{bmatrix} x_s \\ y_s \\ z_s \end{bmatrix}, \quad x_1 = \begin{bmatrix} \dot{\lambda} \\ \dot{\sigma}_\varphi \\ \dot{\sigma}_\phi \end{bmatrix}, \quad x_2 = \begin{bmatrix} \dot{x} \\ \dot{y} \\ \dot{z} \\ \dot{\varphi} \\ \dot{\theta} \\ \dot{\phi} \end{bmatrix} = \begin{bmatrix} x_2^* \\ \dot{\varphi} \\ \dot{\theta} \\ \dot{\phi} \end{bmatrix}, \quad x_2^* = \begin{bmatrix} \dot{x} \\ \dot{y} \\ \dot{z} \end{bmatrix}, \quad u = \begin{bmatrix} u_1 \\ u_2 \\ u_3 \\ u_4 \end{bmatrix}$$

$$(2.5.9)$$

$$M_0 = \begin{bmatrix} 0 & 0 & -\lambda\cos\xi_\varphi\cos\xi_\phi \\ 0 & \lambda\cos\xi_\varphi & 0 \\ \cos\xi_\varphi\cos\xi_\phi & 0 & 0 \end{bmatrix} \quad (2.5.10)$$

$$N_0 = \begin{bmatrix} \lambda\cos\xi_\varphi\cos\xi_\phi\dot{\phi} + \dot{\lambda}\cos\xi_\varphi\cos\xi_\phi - \lambda\dot{\xi}_\varphi\sin\xi_\varphi\sin\xi_\phi \\ -\lambda\dot{\varphi}\cos\xi_\varphi + \dot{\lambda}\sin\xi_\varphi \\ -\lambda(\dot{\xi}_\varphi\sin\xi_\varphi\cos\xi_\phi + \dot{\xi}_\phi\sin\xi_\phi\cos\xi_\varphi) \end{bmatrix} \quad (2.5.11)$$

$$M_1 = \begin{bmatrix} \dfrac{k_1}{m} & 0 & 0 \\ 0 & \dfrac{k_2}{\lambda m} & 0 \\ 0 & 0 & -\dfrac{k_3}{\lambda m\cos\sigma_\varphi} \end{bmatrix} L_l^{-1} \quad (2.5.12)$$

$$N_1 = \begin{bmatrix} \lambda\dot{\sigma}_\phi^2\cos^2\sigma_\varphi + \lambda\dot{\sigma}_\varphi^2 + a_{x\text{Target}}^{\text{LOS}} \\ -\dot{\sigma}_\phi^2\sin\sigma_\varphi\cos\sigma_\varphi - \dfrac{2\dot{\lambda}\dot{\sigma}_\varphi}{\lambda} + \dfrac{a_{y\text{Target}}^{\text{LOS}}}{\lambda} \\ 2\dot{\sigma}_\phi\dot{\sigma}_\varphi\tan\sigma_\varphi - \dfrac{2\dot{\lambda}\dot{\sigma}_\phi}{\lambda} - \dfrac{a_{z\text{Target}}^{\text{LOS}}}{\lambda\cos\sigma_\varphi} \end{bmatrix} + L_l^{-1}\begin{bmatrix} 0 \\ \dfrac{1}{\lambda}g \\ 0 \end{bmatrix}$$

$$+ \begin{bmatrix} -\cos\sigma_\varphi\cos\sigma_\phi & \sin\sigma_\varphi\cos\sigma_\phi & -\sin\sigma_\phi \\ -\dfrac{\sin\sigma_\varphi}{\lambda} & -\dfrac{\cos\sigma_\varphi}{\lambda} & 0 \\ -\dfrac{\sin\sigma_\phi}{\lambda} & \dfrac{\tan\sigma_\varphi\sin\sigma_\phi}{\lambda} & \dfrac{\cos\sigma_\phi}{\lambda\cos\sigma_\varphi} \end{bmatrix}\begin{bmatrix} u_{1x}^\# \\ u_{1y}^\# \\ u_{1z}^\# \end{bmatrix} \quad (2.5.13)$$

$$M_2 = \begin{bmatrix} -\dfrac{k_1}{m} & 0 & 0 & 0 & 0 & 0 \\ 0 & -\dfrac{k_2}{m} & 0 & 0 & 0 & 0 \\ 0 & 0 & -\dfrac{k_3}{m} & 0 & 0 & 0 \\ 0 & 0 & 0 & -\dfrac{k_4 l}{J_{zz}} & 0 & 0 \\ 0 & 0 & 0 & 0 & -\dfrac{k_5 l}{J_{xx}} & 0 \\ 0 & 0 & 0 & 0 & 0 & -\dfrac{k_6 l}{J_{yy}} \end{bmatrix} \qquad (2.5.14)$$

$$N_2 = \begin{bmatrix} 0 & g & 0 & 0 & 0 & 0 \end{bmatrix}^{\mathrm{T}} \qquad (2.5.15)$$

$$G_2 = \begin{bmatrix} -\sin\varphi\cos\phi\cos\theta + \sin\phi\sin\theta & 0 & 0 & 0 \\ \cos\varphi\cos\theta & & 0 & 0 & 0 \\ \sin\varphi\sin\phi\cos\theta + \cos\phi\sin\theta & 0 & 0 & 0 \\ 0 & & 1 & 0 & 0 \\ 0 & & 0 & 1 & 0 \\ 0 & & 0 & 0 & 1 \end{bmatrix} \qquad (2.5.16)$$

对于式(2.5.8)，w_0、w_1 和 w_2 分别代表作用于状态量 x_0、x_1 和 x_2 上的干扰项。对于式(2.5.11)，ξ_ϕ、ξ_φ、$\dot{\xi}_\varphi$ 和 $\dot{\xi}_\phi$ 的取值由式(2.5.12)与式(2.5.13)进行推算。对于式(2.5.13)，在解算过程中，代入无人机位置环动力学模型后，将虚拟输入 $\begin{bmatrix} u_{1x}^{\#} & u_{1y}^{\#} & u_{1z}^{\#} \end{bmatrix}^{\mathrm{T}}$，对其标#号并视为一般变量处理。对于式(2.5.13)中 $a_{x\mathrm{Target}}^{\mathrm{LOS}}$、$a_{y\mathrm{Target}}^{\mathrm{LOS}}$ 和 $a_{z\mathrm{Target}}^{\mathrm{LOS}}$ 取值可由目标状态估计值转换至视线坐标系得到。

至此，针对非合作目标的无人机追踪全状态耦合一体化模型建模完毕。

2.6 针对机载设备感知数据的定向增强研究

2.6.1 仿鹰眼视觉点云、图像数据增强

2.5节以图像为基础介绍了传感器坐标系中不同传感器如何获取感知数据，获取到图像、点云等数据后，需要针对特定数据进行增强。针对不同数据，其增强的核心思想是不同的。对于图像数据，主要考虑针对其动态范围、像素情况进行针

对性增强,而对于点云数据,则可以针对其密度以及三维点云特征进行增强。而双目视觉传感器,既可以以图像为基础进行环境、目标感知,又可以将输出深度图转换为点云进行处理。

基于双目视觉传感器的此类优势,根据图 2.6.1 仿鹰眼感知增强设计,本节提出仿鹰眼视觉增强,从两个角度出发对图像及点云数据进行增强。如图 2.6.1 所示,面对复杂的作业环境,基于光学及图像原理的传感器都容易受到光照条件的影响。在复杂环境中,双目视觉的应用主要受限于:① 远距离空间三维信息感知精度不足,尤其是目标距离信息;② 容易受到环境及光照的影响,在强光直射或弱光条件下,无法稳定感知。本书受仿鹰眼视觉启发,从两个方向出发:① 在不增加硬件的条件下,提高双目视觉分辨率以实现空间三维信息高精度感知,模拟鹰眼高分辨率成像;② 设计自适应高动态范围(high dynamic range, HDR)算法,模拟鹰眼根据环境自适应调节进光量,提高双目视觉在复杂环境下的稳定性。

图 2.6.1　仿鹰眼感知增强设计

ROI 指感兴趣区域

首先,对于仿鹰眼高分辨率成像感知设计,如图 2.6.2 所示。

如图 2.6.2 所示,仿鹰眼高分辨率成像感知设计主要分为两部分:第一部分,训练数据采集完成后,对谱归一化网络进行生成对抗训练;第二部分,借助完成训练的谱归一化残差网络,输出重建后双目视觉图像。最后通过立体匹配算法,结合高分辨率标定数据,输出高精度空间三维信息,即深度图与三维点云。

根据双目立体视觉原理,将双目立体视觉 z_s 轴(景深信息)误差定义为 $\tilde{z}_s$,则有

$$\tilde{z}_s = z_s - f_{X_C} \frac{B}{D} \tag{2.6.1}$$

式中,z_s 为景深信息真实值;f_{X_C} 为相机焦距在相机坐标系 X_C 轴下的等效焦距,若相机不进行变焦,则该值不变;B 为双目立体视觉基线距;D 为双目视觉视差(像

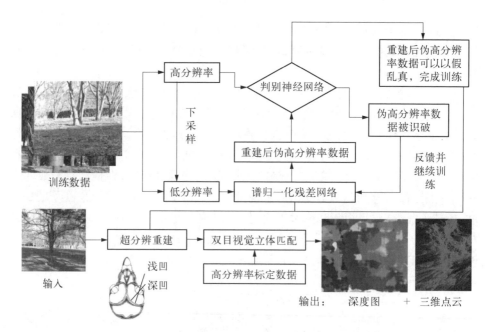

图 2.6.2　仿鹰眼高分辨率成像感知设计

素），$D \in [D_{\min}, D_{\max}]$。标准双目视觉面对较远距离障碍物时，误差主要由视差以单位像素变化不足以描述景深远近变化导致，因此针对视差变化率，亚像素优化可描述为

$$\frac{\partial D}{\partial X_C} = a_1 x^N + a_2 x^{N-1} + \cdots + a_{N+1} \tag{2.6.2}$$

式中，a_1，a_2，$\cdots$，a_{N+1} 为常数，由亚像素拟合方案确定，一旦确定，则该拟合曲线一般不改变。所以针对不同目标，拟合曲线泛化性弱。基于仿鹰眼高分辨率成像感知，利用超分辨重建技术路线，得到

$$\frac{\partial D}{\partial X_C} = \mathrm{HE}_{\mathrm{SR}}(X_C, G), \quad D \in (\delta D_{\min}, \delta D_{\max}) \tag{2.6.3}$$

式中，$\mathrm{HE}_{\mathrm{SR}}(\cdot)$ 表示随着不同极线位置 X_C，通过仿鹰眼高分辨率成像；根据重建网络 G 得出不同高分辨率的双目视觉图像，得到在重建比例 δ 下的扩展值域 $D \in (\delta D_{\min}, \delta D_{\max})$ 范围下的新的视差映射关系，该映射关系中，视差变化率得益于视差值域扩展、超分辨率重建网络良好的泛化性，该变化率对描述远距离景深变化更精确。若双目传感器硬件空间大小不受限，改变双目基线距 B 也是通过构造新的视差映射关系改善感知精度。若配合构造亚像素优化，误差将进一步下降。但是由于映射关系的改变，需要配合该分辨率的新的标定参数。

而针对图像动态范围的增强，可正向作用于视差图与深度图的质量。视差图

由双目立体匹配代价函数产生,在图像噪声影响下,代价函数可表示为

$$f = \min_{D_i} C(N_L + \mu, \ N_R(D_i) + \kappa) \tag{2.6.4}$$

代价函数意为以左目邻域 N_L 为基准,极线约束下,在右目邻域 $N_R(D_i)$ 集内寻找令代价值 C 最小的视差 D_i,左右目噪声 μ、$\kappa \sim N(0, \delta^2)$,噪声强度 δ^2 由作业天气等因素决定。立体匹配过程遵循赢者通吃规则,即在极线约束下,代价值最小处邻域产生左右目匹配视差值 D_i。 通常代价值 C 的计算可以是归一化互相关等经典立体匹配算子,也可以是神经网络输出。光照、阴影等干扰容易使图像特征较弱的邻域产生误匹配,通过仿鹰眼自适应 HDR 感知可增强图像特征,减少干扰对代价计算的影响,以左目为例:

$$\frac{N_L}{N_L + \mu} < \frac{\mathrm{HE_{HDR}}(N_L)}{\mathrm{HE_{HDR}}(N_L) + \mu} \tag{2.6.5}$$

式中,$\mathrm{HE_{HDR}}(\cdot)$ 表示仿鹰眼自适应 HDR 增强,即通过提高信噪比,在不改变代价计算结果的前提下削弱噪声干扰。

2.6.2　仿鹰眼高分辨率成像感知设计

本节利用生成对抗网络得到超分辨率输出图像,考虑生成对抗网络训练极易陷入判别神经网络强而生成网络弱的训练不平衡的问题,以经过在其他数据集上成功训练的残差网络权重模型初始化生成网络,以随机初始化方法初始化判别神经网络,并基于谱归一化(spectral normalization)方法设计生成网络与判别神经网络,进一步抑制网络梯度消失。谱归一化核心公式为

$$\frac{\partial \mathrm{Net}(G, D)}{\partial W} = \frac{1}{\sigma(W)}(\hat{E}(\delta h^{\mathrm{T}}) - \hat{E}(\delta^{\mathrm{T}} W_{\mathrm{SN}} h) \cdot u) \tag{2.6.6}$$

式中,$\partial \mathrm{Net}(G, D)/\partial W$ 表示生成网络 G 与对抗网络 D 在任意权重 W 方向的梯度;$\sigma(W)$ 表示网络权重 W 的谱范数;$\hat{E}$ 表示求期望;h 表示网络任意隐藏层或隐藏层组合;δ 表示生成网络 G 与判别神经网络 D 在谱归一化权重 W_{SN} 方向的梯度;u 表示任意梯度方向向量,进一步可得

$$\frac{\partial \mathrm{Net}(G, D)}{\partial W} = \frac{1}{\sigma(W)}(\hat{E}(\delta h^{\mathrm{T}}) - \theta \cdot u) \tag{2.6.7}$$

上述推导将谱归一化期望视为一个自适应归一化系数 θ,从而惩罚任意隐藏层组合 h 趋向于梯度集中的任意向量方向。以谱归一化技术为基础并不改变网络设计,因此可以把经过在其他数据集上成功训练的残差网络权重模型初始化生成网络,本节谱归一化残差块设计如图 2.6.3 所示。

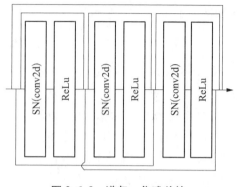

图 2.6.3　谱归一化残差块

图 2.6.3 中，SN(conv2d) 为谱归一化 2D(二维) 卷积层，ReLu 为 ReLu 激活层。基于谱归一化的生成神经网络参考超分辨率生成对抗网络(super resolution generative adversarial network，SRGAN)进行设计，并利用已成功训练的权重模型初始化生成网络。判别神经网络利用两个谱归一化残差块，后接一层全连接层完成搭建，并进行随机初始化。

对于生成对抗训练，其过程可定义为

$$\min_G \max_D E_{I^{TA}}[\log D(\text{img}^{TA})] + E_{I^{LRI}}[\log(1 - D(G(\text{img}^{LRI})))] \quad (2.6.8)$$

即生成网络生成重建后伪高分辨率数据 $G(\text{img}^{LRI})$ 交给判别神经网络 D 判断此数据为重建后伪高分辨率数据还是真实数据，随着训练的进行，判别神经网络 D 分辨能力更强，生成网络生成重建后伪高分辨率数据更接近真实高分辨率数据。

迁移生成对抗训练损失函数设计如下：

$$l = l_C + \gamma l_{\text{Gen}} \quad (2.6.9)$$

式中，l_C 为内容损失；l_{Gen} 为对抗损失；γ 为损失权重。图像内容由 VGG19 输出特征图定义，内容损失 l_C 定义如下：

$$l_C = \frac{1}{WH} \sum_{x=1}^{W} \sum_{y=1}^{H} \left(\phi(\text{img}^{TA})_{x,y} - \phi(G_{\theta_G}(\text{img}^{LRI}))_{x,y} \right)^2 \quad (2.6.10)$$

式中，ϕ 表示 VGG19 网络；W、H 为 VGG19 输出的特征图宽、高。对抗损失定义如下：

$$l_{GD} = \sum_{n=1}^{N} -\log D(G(\text{img}^{LRI})) \quad (2.6.11)$$

$D(G(\text{img}^{LRI}))$ 代表经过超分辨率重建的图片 $G(\text{img}^{LRI})$ 经过判别神经网络 D 认定是从高分辨率图像中随机采样得到的目标图像块的概率；利用高分辨相机在不同时段、光照状况的林地中采集；img^{LRI} 表示低分辨率图像输入，由 img^{TA} 下采样 η 倍得到，img^{TA} 表示高分辨率图像输入。

生成对抗训练学习率初始值为 10^{-4}，步长为 16，使用 Adam 优化器，为防止过拟合，指数衰减学习率在训练步数为 10^4 时生效，训练中若梯度消失，则调整损失权重 γ 重新进行迁移训练，本书取 $\gamma = 0.001$ 且训练 37 500 步得到稳定的谱归一化生成网络作为仿鹰眼高分辨率成像网络 G，将左右目图像输入 G 获得高分辨率图

像,并根据双目立体视觉得到新的视差映射关系:

$$\mathrm{HE}_{\mathrm{SR}}(X_C,\ G)=\mathrm{SM}(G(\mathrm{img}\,L),G(\mathrm{img}\,R)) \tag{2.6.12}$$

式中,$\mathrm{SM}(\cdot)$ 表示双目视觉立体匹配;$\mathrm{img}\,L$、$\mathrm{img}\,R$ 分别表示未优化前双目视觉左右目图像数据。

2.6.3　仿鹰眼自适应 HDR 感知设计

本书仿鹰眼自适应 HDR 感知设计的基础,是将图像通过滤波,分解为光照-反射模型:

$$S(x,\ y)=I(x,\ y)R(x,\ y) \tag{2.6.13}$$

式中,$S(x,\ y)$ 表示图像坐标为 $(x,\ y)$ 的单通道值;$I(x,\ y)$ 表示图像坐标为 $(x,\ y)$ 的光照分量;$R(x,\ y)$ 表示图像坐标为 $(x,\ y)$ 的反射分量。光照分量可由高斯滤波器进行估计:

$$I(x,\ y)=\sum_{i=0}^{K}\sum_{j=0}^{K}L(x-i,\ y-j)\times W(x,\ y) \tag{2.6.14}$$

式中,$W(x,\ y)$ 为核 $K\times K$ 大小的高斯滤波器,定义如下:

$$W(x,\ y)=\frac{1}{2\pi\sigma^2}\mathrm{e}^{-\frac{x^2+y^2}{2\sigma^2}} \tag{2.6.15}$$

σ 为标准差,本书取 $K=3$,$\sigma=2$。得到光照分量后,反射分量计算为

$$R(x,\ y)=S(x,\ y)/I(x,\ y) \tag{2.6.16}$$

将图像分为两个分量后,分别针对两个分量进行针对性调整,其中,过曝光区域可以从光照与反射分量上来调节,由于光照分量由高斯滤波所得,调节光照分量会影响图像锐度和细节区域。所以,本节设计自适应条件反射分量:

$$R'(x,\ y)=\begin{cases}R(x,\ y)\left(\dfrac{I(x,\ y)}{\mathrm{mean}_I}\right)^{\delta}, & I(x,\ y)>\mathrm{mean}_I \\ R(x,\ y), & I(x,\ y)\leqslant\mathrm{mean}_I\end{cases} \tag{2.6.17}$$

式中,$I(x,\ y)\in[0,\ 1]$;$R'(x,\ y)\in[0,\ 1]$ 为调节后图像反射分量;mean_I 为图像光照分量平均值;δ 为抑制系数,本节取 $\delta=0.5$。

在林地试验场景中,该场景同时具有过曝光区域、欠曝光区域。图 2.6.4(a) 上方存在大面积过曝光区域,mean_I 偏高,而在图 2.6.4(b)反射分量伪彩色图中,与其他区域区别不明显,表明过曝光区域反射分量具有调节空间。调节反射分量结果如图 2.6.4(c)所示,过曝光区域反射分量得到抑制,$R(x,\ y)$ 减小,伪彩色图像中表现为原橙色区域变蓝,对于欠曝光区域几乎没有影响,试验场景下方反射分

(a) 林地试验场景

(b) 自适应抑制前反射分量 　　　　　　　　(c) 自适应抑制后反射分量

图 2.6.4　过曝光区域自适应抑制结果

量保持原状态。$R(x, y)$ 根据 $I(x, y)$ 自适应抑制过曝光区域有效。

对于欠曝光区域自适应增强,由于光照分量由高斯滤波得到,具有连续、平滑的特征。若按照反射分量以像素或区域为对象调节光照区域,与 $R'(x, y)$ 配合进行图像重构后,图像细节很难保留。所以光照分量的设计要尽量在遵循原光照分量分布规律的条件下进行增强设计,尽量保证原光照分量分布规律而对欠曝光区域进行增强。

考虑到光照分量中,极强光照 $I(x, y) \approx 1$ 区域与极弱光照 $I(x, y) \approx 0$ 区域应当尽量保持原对应关系,而需要增强的欠曝光区域进行自适应增强,本节调整系数 $h(I(x, y))$ 按照双曲正切函数进行自适应设计:

$$h(I(x, y)) = \frac{1}{2} \cdot \frac{e^{I(x, y) - \alpha} - e^{-I(x, y) + \alpha}}{e^{I(x, y) - \alpha} + e^{-I(x, y) + \alpha}} \tag{2.6.18}$$

式中,自适应调节因子 α 为

$$\alpha = \beta(\text{mean}_I - 0.5) \tag{2.6.19}$$

$\beta \in [0, 2]$ 为调节因子增益,假设基准光照均值为 0.5,自适应调节因子根据输入图像光照分量与基准光照的差值来确定调整系数 $h(I(x, y))$。调整后的光照分量由式(2.6.20)确定:

$$I'(x, y) = \text{Nor}(I(x, y)^{h(I(x, y))+1}) \tag{2.6.20}$$

式中，$\text{Nor}(\cdot)$ 为归一化函数。绘制调整系数与光照分量对应关系如图 2.6.5 所示。

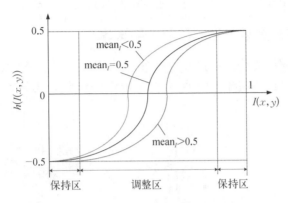

图 2.6.5 调整系数与光照分量对应关系图

图 2.6.5 中保持区为极强光照 $I(x, y) \approx 1$ 区域与极弱光照 $I(x, y) \approx 0$ 区域。调整区为调整系数 $h(I(x, y))$ 主要影响区域，若图像光照分量平均值低于基准光照，则调整系数进行强对应增强；若图像光照高于基准光照，则调整系数进行弱对应增强。

(a) 自适应增强前光照分量   (b) 自适应增强后光照分量

图 2.6.6 欠光照区域自适应增强结果

图 2.6.6(a) 为试验场景，与图 2.6.4 场景相同。图 2.6.4(a) 下方存在大面积欠曝光区域，mean_I 偏低，在图 2.6.4(a) 中表现为阴影区域动态范围低。将图 2.6.4(a) 光照分量伪彩色显示得图 2.6.6(a)，阴影较多，动态范围低，光照分量 $I(x, y)$ 数值较低，区域颜色为非棕红色。经过自适应增强后光照分量如图 2.6.6(b) 所示，非棕红色区域明显减少，光照分量 $I(x, y)$ 数值明显提高。至此得到仿鹰眼自适应 HDR 输出为

$$\text{HE}_{\text{HDR}}(\text{img}) = R'(x, y)I'(x, y) \tag{2.6.21}$$

综合图 2.6.4 与图 2.6.6 结果可得,不管是基于反射分量自适应抑制,还是基于光照分量自适应增强,其作用区域不重合,不会出现针对同一区域的重复调整导致仿鹰眼自适应 HDR 作用失效,符合生物视觉自适应调整的特点。

2.6.4　基于鹰眼注意力机制的超分辨重建

除根据仿鹰眼视觉中央凹提升分辨率、仿鹰眼瞳孔调节提升图像动态范围外,还可以基于鹰眼注意力机制,对特定目标进行针对性提升,思路如图 2.6.7 所示。

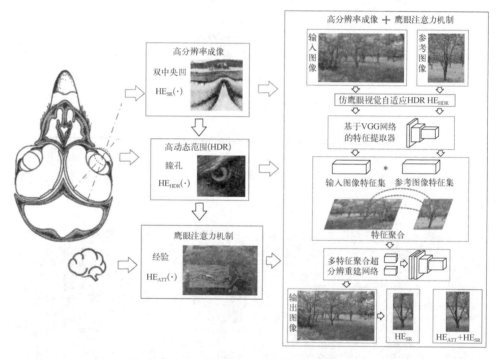

图 2.6.7　基于参考图像超分辨率的双目仿鹰眼视觉技术路线

与 2.6.3 节不同的是,本节针对参考图像目标,对视野内目标候选区域进行针对性增强,进一步提高超分辨率重建效果,实现仿鹰眼注意力机制。由于基于参考图像目标的超分辨率重建,除低分辨率输入,还提供具有更多细节的参考图像,在本书中,以双目视觉传感器直接采集的低分辨率图像为输入,林地果树不同作业部位为参考图像输入,对双目视觉视野全局进行超分辨重建,以参考输入为作业目标对局部进行更精细化的超分辨率重建工作。

首先,本书所提出的仿鹰眼注意力机制通过基于参考图像的超分辨率重建进行实现,以给定高分辨率目标为参考图像,通过图像特征提取与特征匹配,将低分辨率图像与高分辨率参考图像不同尺度的特征进行提取并聚合,达到对视野内目标候选区域进行针对性增强的效果,以模拟鹰眼注意力机制,即"越关注,越清晰"。本书仿鹰眼注意力机制分为特征提取与特征聚合两部分。从双目视觉角度考虑,视差图由双目视觉立体匹配所得,过程描述如下:

$$\min_{D_i} C(N_L + \mu,\ N_R(D_i) + \kappa) \tag{2.6.22}$$

式中,左目待匹配区域为 N_L,以 N_L 为基准,在极线约束下,在右目待匹配区域集 $N_R(D_i)$ 寻找令代价值最小的视差 D_i,假设噪声分别符合 $\mu,\ \kappa \sim N(0,\ \delta^2)$,且由不同作业环境改变而引入,为使噪声对立体匹配影响最小,以仿鹰眼自适应 HDR 方法 $\mathrm{HE}_{\mathrm{HDR}}(\cdot)$ 增强左右目全局特征,可在全局范围内提高信噪比,降低噪声对左右目全局信息的干扰,达到仿鹰眼瞳孔自适应调整的效果。对于候选目标区域,通过仿鹰眼注意力机制 $\mathrm{HE}_{\mathrm{ATT}}(\cdot)$,达到相对于全局更加具有针对性的增强效果。以左目为例:

$$\frac{N_L}{N_L + \mu} < \frac{\mathrm{HE}_{\mathrm{HDR}}(N_L)}{\mathrm{HE}_{\mathrm{HDR}}(N_L) + \mu} < \frac{\mathrm{HE}_{\mathrm{ATT}}(N_L^{\mathrm{Obj}})}{\mathrm{HE}_{\mathrm{ATT}}(N_L^{\mathrm{Obj}}) + \mu} \tag{2.6.23}$$

式中,N_L^{Obj} 表示左目待匹配区域中的目标候选区域。对比式(2.6.22)与式(2.6.23),可得到引入注意力机制,在目标候选区域内,可进一步降低候选区域受噪声的影响。

仿鹰眼注意力机制 $\mathrm{HE}_{\mathrm{ATT}}(\cdot)$,旨在针对性提取已有高分辨率参考图像信息,以真实的高分辨率信息提高超分辨率重建质量,达到鹰眼注意力机制的效果。本节以基于特征图的方法,根据参考图像确定全局图像中的目标候选区域。基于参考图像的超分辨率重建工作多是以 VGG 作为图像特征提取器获取图像特征。由于本书所针对作业对象为果树,且处理图像为双目视觉传感器所采集的单通道图像,需要针对不同特征提取网络进行针对性分析。AlexNet 代表网络深度较浅的特征提取网络,VGG 代表网络深度较深且不具有残差连接的特征提取网络,ResNet 代表网络深度较深且具有残差连接的特征提取网络,本书对以上三种具有代表性的特征提取网络进行分析。以 LayerCam 作为可视化工具,双目视觉林地作业图像为输入,不指定分类类型,利用由 Pytorch 提供的已完成训练的模型作为特征提取网络进行分析,结果如图 2.6.8 所示。

以上示例以各自神经网络浅层特征图输出,AlexNet 取第 1、3、5 层,VGG 网络以 VGG19 版本取第 2、7、12 层(计数包括激活层),ResNet 取第 1、2、3 个 Bottleneck 结构输出。从本例结果可以得出经过预训练的 VGG 网络对本书所研究的主要目标,即果树,更为敏感,可明显看出特征梯度都在果树目标附近集中,更加利于特征提取,更符合鹰眼注意力机制。更进一步,对于本例 VGG 所得特征图,第二层所得图对于果树目标的特征呈现明显次于第 7 层与第 12 层,因此调整该三层特征图权

单通道可视化   热力图可视化   合并可视化

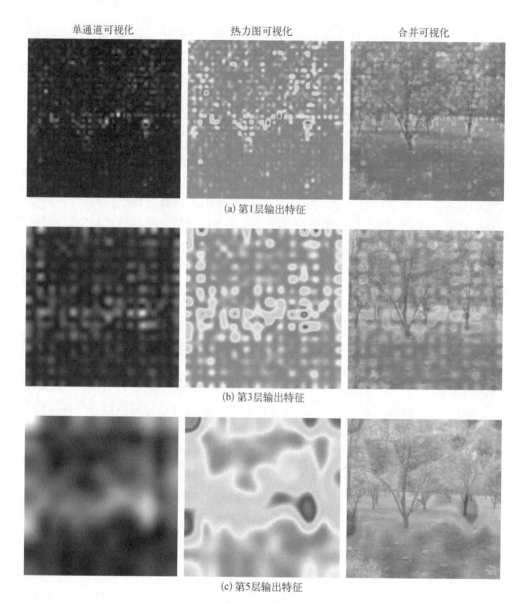

(a) 第1层输出特征

(b) 第3层输出特征

(c) 第5层输出特征

图 2.6.8　AlexNet 输出特征

重,并定义该三层特征图为本书参考图像与输入图像特征集 F:

$$F = [\lambda_{2\text{th}}f_{2\text{th}}, \ \lambda_{7\text{th}}f_{7\text{th}}, \ \lambda_{12\text{th}}f_{12\text{th}}] \tag{2.6.24}$$

式中,$\lambda_{2\text{th}}$、$\lambda_{7\text{th}}$、$\lambda_{12\text{th}}$ 为网络各层输出特征图权重,本书中 $\lambda_{2\text{th}} : \lambda_{7\text{th}} : \lambda_{12\text{th}} = 1:2:2$。至此,基于 VGG 网络得到特征图输出并加权组合得到本书所需图像特征集。

确定图像特征后,接下来应该考虑如何在输入图像集与参考图像特征集进行定位。利用 2.6.3 节得到的特征提取方法,得到针对果树目标的图像特征集,对于输入目标与图像,将其填零(padding)得到与图像尺寸相同的输入与参考图像后,经特征提取后得到图像特征集,分别记为 F_{in} 与 F_{ref},将其互为模板,利用 2D 卷积(conv2d)得到其特征集相似度矩阵为

$$M_C = \text{conv2d}(F_{in}, F_{ref}) \tag{2.6.25}$$

该相似度矩阵,具有不同 VGG 网络层输出特征图,不同特征图之间大小、维度均不相同,同层输出特征集进行 2D 卷积,分别得到 $M_{C, \text{2th, 7th, 12th}}$。得到相似度矩阵后,以本书选定 VGG 网络任意一层输出特征集为例,图像特征聚合流程如图 2.6.9 所示。

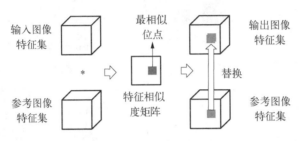

图 2.6.9　图像特征聚合过程

如图 2.6.9 所示,根据最相似位点,将输入图像特征集部分特征用参考图像特征集中内容替换,以参考图像中"真实"特征替换输入图像对应部分插值所得特征。该图像聚合过程分别根据 VGG 网络第 2、7、12 层输出所得进行三次替换,分别得到维度不同的三组输出图像特征集。替换过程描述如下:

$$F_{(x, y)}^{Nth}(f) = F_{MP}^{Nth}(f_{Ref}), \quad MP = \arg\max_P M_C(x, y) \tag{2.6.26}$$

式中,对于不同 Nth 层输出,根据不同相似度矩阵 M_C 中最相似位点 MP,基于此参考位点进行特征替换,基于可变形卷积网络(deformable convolution network, DCN)进行替换,替换过程如图 2.6.10 所示。

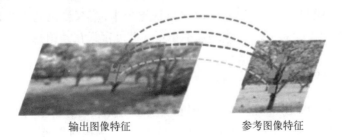

输出图像特征　　　　　　　　参考图像特征

图 2.6.10　基于 DCN 的特征替换过程

基于 DCN 的特征替换方法主要依靠可变参数的卷积核,从参考图像特征不同位置进行卷积,不同位置的偏移量为其中一个可训练参数,随着训练迭代,所替换特征更能适应目标旋转、放大等变化。本书参考图像为目标果树,经过特征聚合后,输出特征集具有果树真实特征,目标候选区域相对于其他区域得到进一步增强,符合鹰眼注意力机制。基于以上过程,得到基于注意力机制的仿鹰眼高分辨呈现感知设计如图 2.6.11 所示。

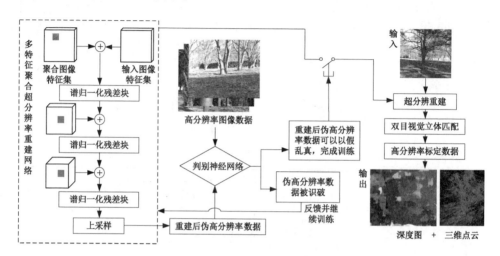

图 2.6.11　仿鹰眼超分辨率重建过程

其中:第一部分得到聚合图像特征集与输入图像特征集后,对谱归一化网络进行生成对抗训练;第二部分,借助完成训练的谱归一化残差网络,输出重建后双目图像;最后通过立体匹配算法,结合高分辨率标定数据,输出高精度空间三维信息,即深度图与三维点云。由式(2.6.24)~式(2.6.26)的分析可知,更加细致的局部图像质量带来的双目立体匹配效果的改善,可以进一步提升感知精度。

2.6.5　仿鹰眼感知增强试验与分析

对于仿鹰眼感知增强试验,本书从两方面出发进行验证。首先,以视差图的精度验证感知稳定性的提升。视差图由双目视觉产生,若双目视觉图像在图像噪声影响下,则极易产生误匹配,导致感知不稳定。此处定义视差图精度为

$$\text{acc} = \frac{1}{M \cdot N} \sum_{x=x_0}^{M} \sum_{y=y_0}^{N} \text{TorF}(D(x, y) - \hat{D}(x, y) < \eta) \qquad (2.6.27)$$

式中,待检测视差图 $\hat{D}(x, y)$ 与视差图真实值 $D(x, y)$ 的分辨率为 (M, N);定义 TorF$(\cdot)$ 为判断函数,"$\cdot$" 为真时 TorF$(\cdot)=1$,"$\cdot$" 为假时 TorF$(\cdot)=0$;η 为精度阈值,本节取 $\eta = 3$。

　　由于获取室外环境深度图真实值难度大,且无法保证图像中每一个点的准确测量,所以本节选用双目视觉公共数据集 Middlebury 进行本节试验验证。数据集共有 15 组双目视觉图像与视差图真实值图像。验证立体匹配算法有局部匹配算法 BM、半全局立体匹配算法 SGBM、基于深度学习的立体匹配算法 PSMNet。在图形处理器(GPU)加速条件下,PSMNet 算法生成一组深度图的计算时间在 2 s 左右,本书仅将 PSMNet 算法作为典型算法用于比较视差图精度,辅助验证感知稳定性。

　　Middlebury 立体视觉数据集 15 组数据集验证结果如表 2.6.1 所示,其中 HEHDR (Hawk-eye HDR)表示该组试验经过本书所提出仿鹰眼自适应 HDR 感知设计,其中组号 1~15 分别对应 Middlebury 数据集中训练集 Adirondack(组 1)、ArtL(组 2)、Jadeplant (组 3)、Motorcycle(组 4)、MotorcycleE(组 5)、Piano(组 6)、PianoL(组 7)、Pipes(组 8)、Playroom(组 9)、Playtable(组 10)、PlaytableP(组 11)、Recycle(组 12)、Shelves(组 13)、Teddy(组 14)、Vintage(组 15)试验结果,表中数据均以百分比为单位取值。

表 2.6.1　**Middlebury 数据集双目视觉感知稳定性验证结果**　　　(单位:%)

算法	组 1	组 2	组 3	组 4	组 5	组 6	组 7	组 8	组 9	组 10	组 11	组 12	组 13	组 14	组 15
BM	13.06	22.97	25.81	19.94	19.18	17.32	16.59	29.70	28.70	36.70	34.77	37.15	27.07	45.98	45.98
BM+HEHDR	13.86	25.93	27.52	21.24	20.81	18.02	18.21	30.95	29.77	38.35	36.39	38.53	27.94	48.18	48.18
SGBM	15.78	32.12	28.87	30.05	28.62	22.45	21.80	33.05	26.59	40.66	42.51	40.08	45.10	47.92	47.93
SGBM+HEHDR	16.90	37.90	31.59	30.08	28.84	25.56	23.26	34.47	28.45	41.08	42.46	39.55	47.13	48.41	48.41
PSMNet	70.00	66.52	84.86	91.77	38.05	79.53	30.35	91.48	53.40	98.845	98.17	75.55	67.22	96.93	76.41
PSMNet+HEHDR	74.33	73.115	88.975	94.61	47.82	81.32	46.36	91.61	79.96	98.655	98.11	81.34	70.01	97.86	80.52

　　与其他试验组进行对照,Playroom 场景兼顾光照与阴影,经过 HEHDR 后,PSMNet 视差图精度提高 26.56%。图 2.6.12 中,代表性验证场景 MotorcycleE 与 PianoL 场景,两场景都是在原数据基础上改变光照条件,各算法在光照条件突变后所得视差图精度均呈下降趋势,但是经过 HEHDR 后,视差图精度都显著提升,在 BM 及 SGBM 立体匹配算法验证中,HEHDR 后,视差图精度接近未改变光照条件场景验证所得结果,证明本书所提出的仿鹰眼 HDR 感知设计有效。值得注意的是,基于深度学习的立体匹配算法 PSMNet 在改变光照条件后,视差图精度都大幅下降,相较于局部匹配算法 BM 与半全局立体匹配算法 SGBM,抗光照突变能力差,以上结果证明本书算法稳定有效。

　　接下来,对于感知精度,双目视觉感知精度验证空间三维信息感知 Z 方向(即

(a) Motorcycle　　(b) MotorcycleE　　(c) Piano　　(d) PianoL　　(e) Playroom

图 2.6.12　双目视觉感知稳定性代表性验证场景

目标景深距离)精度,做定距感知。以距离参数误差比验证双目视觉感知精度,以多组测距结果标准差验证双目视觉感知稳定性。试验图像由 Opencv depthai 双目视觉系统采集,其图像分辨率为(640,400),采集三种场景,分别为:林地暗光环境(场景 a)、黄昏时段采集;林地亮光环境(场景 b),正午时段采集;混合环境(场景 c),正午时段采集,同时具有亮光与暗光环境。一次采样为采集目标图像坐标的四邻域,取平均值作为感知结果,深度图由半全局立体匹配算法 SGBM 生成,分别进行原始数据(标为 Raw)、经过仿鹰眼自适应 HDR 感知设计后(标为 HEHDR)、经过仿鹰眼高分辨率成像感知设计后(标为 HESR,重建后分辨率为(1 280,800))、经过仿鹰眼高分辨率成像感知设计与仿鹰眼自适应 HDR 感知设计后(标为 HESR+HEHDR)四组试验,以仿鹰眼增强思路为基础,利用其他图像超分辨率方法(SRresnet)与其他图像自适应增强方法(直方图均衡化)组成的增强方法记为 SR+HE,每组场景每种方法分别进行 20 组感知试验验证取平均值,如图 2.6.13 所示。

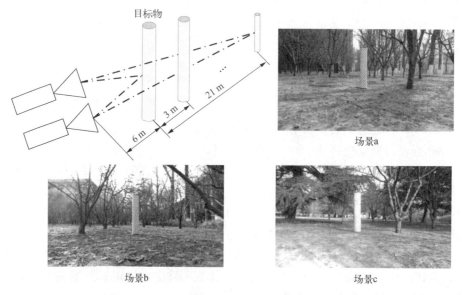

图 2.6.13　双目视觉感知精度定距感知验证示意图

共设置 6 组目标物进行定距感知试验,目标距离为 6~21 m,每组间隔 3 m 递增

为直观反映各组试验感知结果,定义误差比 τ 为

$$\tau = \frac{|L - L_M|}{L} \times 100\% \tag{2.6.28}$$

式中, L 为目标与左目光心的距离; L_M 为 M 组感知数据平均值。由误差比 τ 与标准差(STD)可得定距感知结果,如表 2.6.2~表 2.6.4 所示。

表 2.6.2 场景 a 定距感知结果

距离/m		6	9	12	15	18	21
Raw	τ/%	5.1	7.5	34.1	20.9	17.1	33.1
	STD	0.6	2.4	6.8	6.1	8.6	9.5
HEHDR	τ/%	1.4	1.0	12.1	15.8	25.4	26.8
	STD	0.5	1.5	2.6	2.6	8.6	8.8
HESR	τ/%	3.6	4.1	3.6	4.9	8.7	8.4
	STD	0.8	0.6	1.5	2.3	2.4	4.8
HESR+HEHDR	τ/%	1.8	1.0	3.2	2.6	2.9	6.7
	STD	0.2	1.0	1.5	1.6	2.6	2.8
SR+HE	τ/%	3.7	4.3	4.5	6.4	7.5	8.9
	STD	0.5	0.7	2.5	3.2	4.4	5.6

表 2.6.3 场景 b 定距感知结果

距离/m		6	9	12	15	18	21
Raw	τ/%	7.3	6.3	7.3	9.3	29.9	33.7
	STD	0.6	0.7	2.3	2.6	4.4	8.6
HEHDR	τ/%	7.3	7.0	7.3	14.1	19.1	33.1
	STD	0.5	0.7	2.3	2.9	4.2	5.6
HESR	τ/%	5.0	4.2	5.8	3.5	5.8	6.7
	STD	0.6	0.6	2.1	2.4	2.6	5.2
HESR+HEHDR	τ/%	2.9	2.3	2.3	2.6	3.5	5.9
	STD	0.2	0.5	0.8	1.6	1.7	2.2
SR[9]+HE[10]	τ/%	2.8	3.2	4.5	5.9	7.1	6.9
	STD	0.8	1.5	3.1	3.0	4.8	6.5

表 2.6.4   场景 c 定距感知结果

距离/m		6	9	12	15	18	21
Raw	$\tau/\%$	5.3	6.3	12.1	22.9	26.8	33.8
	STD	0.6	0.7	2.7	9.2	10.5	8.6
HEHDR	$\tau/\%$	0.1	0.6	12.2	28.8	26.8	33.8
	STD	0.4	0.7	2.7	5.3	8.0	8.6
HESR	$\tau/\%$	2.0	4.2	4.7	10.8	7.6	21.0
	STD	0.3	1.4	2.6	2.5	5.6	5.1
HESR+HEHDR	$\tau/\%$	3.9	2.2	6.7	4.7	5.4	5.8
	STD	0.2	0.8	1.2	2.4	2.5	3.2
SR[9]+HE[10]	$\tau/\%$	3.1	3.5	4.5	7.6	8.1	8.5
	STD	0.7	2.0	2.8	3.1	3.8	4.8

由表 2.6.2~表 2.6.4 可知,经过基于仿鹰眼高分辨率成像感知设计(HESR),不管是否经过仿鹰眼自适应 HDR 感知设计(HEHDR),在四种场景验证结果中,误差比大部分大幅降低,其中最大下降幅度为 28.0%(场景 c 中 Raw 组与 HESR+HEHDR 组对比得出),证明基于 HESR 的仿鹰眼高分辨率成像感知设计,重建高分辨率图像,提高双目视觉感知精度有效。场景 c 混合光照条件下,Raw 组误差比最大,证明在林地中阴影光照大量并存,分辨率不足极大影响了感知精度,而经过基于 SRGAN 的仿鹰眼高分辨率成像感知设计,误差比改善较大,所以在环境光照条件不佳的情况下,通过改善分辨率来提高双目视觉感知精度效果最好。

各场景中,经过仿鹰眼自适应 HDR 设计后,标准差都明显下降,证明仿鹰眼自适应 HDR 设计感知稳定性增强有效,其中场景 c 目标距离 18 m 时,HESR 组与 HESR+HEHDR 组相比,标准差改善最明显,标准差下降 78.6%。特别地,对于场景 HEHDR 组,不管在哪一种场景中,距离目标较远时,标准差下降不明显,这是由于目标距离达到极限,误差比与标准差失去评价意义。值得注意的是,场景 c,目标 21 m 时,对于 HESR 组,误差比达到 21.0%,而其他场景中 HESR 在目标 21 m 时,仍能保持较小的误差比,证明在林地阴影与光照大量并存情况下,仅从仿鹰眼高分辨率成像角度进行优化(HESR 组)无法满足远距稳定感知的需求,场景 c 目标 21 m 时,HESR+HEHDR 的感知稳定性增强更显著,HESR+HEHDR 组误差比与标准差评价均为最优。

得到以上结果后,将林地环境得到的深度图像进行点云可视化,其中原始数据得到结果记为 Raw(深黄色),经过本书所提出仿鹰眼视觉增强后方法记为 HESR+

HEHDR（绿色），而以仿鹰眼视觉思路，利用其他图像超分辨率方法（SRresnet）与其他图像自适应增强方法（直方图均衡化）组成的增强方法记为 SR+HE（深红色）。其中林地数据由 DJI M100 无人机搭载 DepthAI 双目模组采集，同时采集左目、右目图像，均为（640，400）分辨率。两种以仿鹰眼思路均将分辨率重建至（1 280，800），获得不同方法的三组深度图数据，将每组深度图数据中每个像素所代表的三维空间信息投影至激光雷达坐标系内，得到三维点云如图 2.6.14 所示。

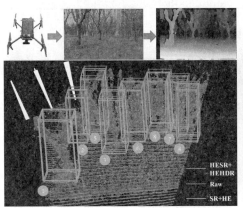

(a) 树木平地列状排列　　　　　　　　　(b) 树木坡地非列状排列

图 2.6.14　单帧重建林地三维点云

　　以上两组试验均对视野内显著目标树木进行标记，用 3D 框表示，并对被标记树树干进行测距验证，利用手持式激光测距仪（量程 0.05~60 m，精度 ±1.5 mm），以无人机悬停圆心为起点，以被标记树干为终点进行测距，每棵树测 10 组取平均值为测量基准，与增强前后三维点云数据对比验证三维点云精度，结果如图 2.6.14 所示。根据图 2.6.14 结果可得，以显著目标山楂树为基准，仿鹰眼增强后精度较未增强前明显提高，特别是在距离超过 7 m 后，增强后精度较增强前优势明显，本结果与 2.6.4 节精度验证结果一致，点云地图中果树各组距离信息如表 2.6.5 和表 2.6.6 所示。

表 2.6.5　树木平地列状排列重建后 3D 点云精度（组 a）

组　别	Tree 1	Tree 2	Tree 3	Tree 4	Tree 5	Tree 6	Tree 7	Tree 8
真实值/m	2.278	7.396	4.645	6.409	10.008	7.703	9.317	10.699
HESR+HEHDR/m	2.228	7.653	**4.570**	6.098	10.645	8.062	9.737	9.889
τ of HESR+HEHDR/%	2.22	3.48	**1.614**	4.84	6.36	4.66	4.51	7.57

续　表

组　别	Tree 1	Tree 2	Tree 3	Tree 4	Tree 5	Tree 6	Tree 7	Tree 8
SR+HE/m	**2.315**	**7.543**	4.550	6.905	11.053	8.305	9.967	9.763
τ of SR+HE/%	**1.62**	**1.99**	2.05	7.74	10.44	7.81	6.98	8.75
Raw/m	2.354	7.700	4.454	7.141	11.706	8.487	10.400	12.350
τ of Raw/%	3.91	4.12	4.11	11.42	16.97	10.18	11.63	15.43

表 2.6.6　树木坡地非列状排列重建后 3D 点云精度(组 b)

组　别	Tree 1	Tree 2	Tree 3	Tree 4	Tree 5	Tree 6	Tree 7
真实值/m	2.481	5.884	5.801	9.605	8.605	10.092	10.689
HESR+HEHDR/m	2.551	5.689	5.988	**8.729**	**9.072**	**9.400**	**9.828**
τ of HESR+HEHDR/%	2.82	6.71	3.23	**9.12**	**5.44**	**6.86**	**8.05**
SR+HE/m	**2.516**	5.523	**5.667**	8.617	9.167	9.334	9.769
τ of SR+HE/%	**1.41**	6.14	**2.31**	10.29	6.53	7.51	8.61
Raw/m	2.620	**5.753**	5.354	8.545	9.599	11.121	9.306
τ of Raw/%	5.63	**2.23**	7.70	11.03	11.56	10.19	12.94

其中,表 2.6.5 与表 2.6.6 中加粗表示该组数据在对应编号树木上得到的点云精度最高。相对于精度,得到的 3D 点云数据除精度具有显著提升外,以点云数量作为点云质量的另一个指标进行评价。本书所提出仿鹰眼视觉增强(HESR+HEHDR)得到组 a 点云数量为 2 096 349,组 b 点云数量为 1 925 715,而对于原始数据(Raw)得到组 a 点云数量为 555 768,组 b 点云数量为 518 844,以仿鹰眼视觉思路其他方法(SR+HE)搭建得到的方法得到组 a 点云数量为 1 876 542,组 b 点云数量为 1 804 732。

针对更加精细需求的目标重建,引入注意力机制得到的结果会进一步增加 3D 点云的精度,对于更加细致的重建需求,在林地环境中,如树枝坐果位点等更加精细的重建需求时,可以通过基于注意力机制的仿鹰眼视觉进行。

如图 2.6.15 所示,果树作业点云场景 a 输入图像为逆光采集,参考图像为光照良好条件下采集。从果树作业点云重建场景 a 中可以得到,对于两处图像背景差异明显的区域,三种不同的方法对重建后的点云质量有不同的影响。对于果树作业点云重建场景 a,位点 1 为果树较粗枝干部分,位点 2 为较细枝干部分,点云重建难度位点 1 小于位点 2。对于位点 1,Raw 组无法得到该点枝干具有空间连续性的点云,且对具有不同直径的枝干空间信息还原不好,较粗枝干点云与较细枝干点

输入图像　　　　　　　　　　参考图像

Raw　　　　　　　　HESR + HEHDR　　　　　　　　HEatt

图 2.6.15　果树精细作业需求点云重建场景

云差距不大,HESR+HEHDR 组点云可以反映出位点 1 不同枝干直径差异,但是点云重建不连续,HEatt 组在位点 1 不仅可以反映不同枝干直径差异,还可以令重建点云保持连续,重建效果最好。位点 2 对于较细枝干的重建为果树作业点云重建场景 1 中最具挑战性的部分,Raw 组重建结果不具有分离度,重建效果差,HESR+HEHDR 组重建点云具备一定分离度,但是点云不连续情况多,HEatt 组出现点云不连续情况,但是得益于参考目标图像为较细枝干特征,仍能判断出较细枝干走向。

对于以上果树作业场景,本书提出的基于参考图像的超分辨率双目仿鹰眼视觉方法,利用目标参考图像特征,所得点云均能较为完整地还原果树枝干空间三维信息,可为果树冬季剪枝提供精确的三维空间信息,并且所得点云可以较为完整地还原果树枝干三维空间信息。

2.7　小结

本章以建立非合作目标-无人机全状态耦合一体化模型为目标,分别对各个建模要素,在传感器坐标系、视线坐标系、无人机机体坐标系、惯性坐标系中进行建模,并且将建模结果与坐标系转换关系串联,全状态耦合一体化模型。针对传感器坐标系内,以传感器得到零阶信息为基础进行滤波估计,得到目标多阶状态。针对视线坐标系,明确三维空间耦合模型与无人机接近目标的形式。针对机体坐标系,明确无人机动力学模型与欠驱动约束解算方案。基于本章的建模与分析,明确了完成无人机追踪任务所需要素,后续各章内容均基于本章建模基础进行展开。在本章详细讨论了基于仿鹰眼视觉的数据增强方案,通过总结鹰眼在高分辨率、自适应高动态范围、鹰眼注意力机制的优势,利用超分辨率重建、基于光照-反射模型的自适应 HDR 技术,基于参考图像的超分辨率重建进行模拟,并在以林地为基础的试验中完成了对仿鹰眼视觉的验证。

参 考 文 献

[1] Zhang Z, Chen J, Xu X, et al. Hawk-eye-inspired perception algorithm of stereo vision for obtaining orchard 3D point cloud navigation map [J]. CAAI Transactions on Intelligence Technology, 2023, 8(3): 987 - 1001.

[2] 张自超,陈建.基于双目仿鹰眼视觉与超分辨的果园三维点云重建[J].吉林大学学报(工学版),2022: 1 - 13.

[3] Grewal M S, Andrews A P. Kalman Filtering: Theory and Practice Using MATLAB(R)[M]. 4th ed. Hoboken: John Wiley & Sons, Inc., 2015.

[4] 钱杏芳,林瑞雄,赵亚男.导弹飞行力学[M].北京:北京理工大学出版社,2006.

[5] Held D, Thrun S, Savarese S. Learning to track at 100 FPS with deep regression networks [C]. The 14th European Conference on Computer Vision, Amsterdam, 2016: 749 - 765.

[6] Bertinetto L, Valmadre J, Henriques J F, et al. Fully-convolutional siamese networks for object tracking[C]. The 14th European Conference on Computer Vision, Amsterdam, 2016: 850 - 865.

[7] Magnussen Ø, Hovland G, Ottestad M. Multicopter UAV design optimization[C]. The 10th International Conference on Mechatronic and Embedded Systems and Applications, Senigallia, 2014: 1 - 6.

[8] 全权.多旋翼飞行器设计与控制[M].北京:电子工业出版社,2018.

[9] Odintsov Vaintrub M, Levit H, Chincarini M, et al. Review: Precision livestock farming, automats and new technologies: Possible applications in extensive dairy sheep farming[J]. Animal, 2021, 15(3): 100143.

[10] Schilkowsky E M, Granados G E, Sitko E M, et al. Evaluation and characterization of estrus alerts and behavioral parameters generated by an ear-attached accelerometer-based system for automated detection of estrus[J]. Journal of Dairy Science, 2021, 104(5): 6222 - 6237.

（二）

滤波与分离式设计篇

第 3 章

针对关键个体与牧群运动状态估计的滤波研究

3.1 引言

本章主要针对全状态耦合一体化模型,深入讨论如何通过观测值(牲畜个体、牧群),通过基于卡尔曼滤波基础理论的扩展研究,将观测值(零阶),转换为零阶、一阶、二阶状态估计(以预测步形式或以更新步形式),得到牲畜关键个体、牧群的个体状态与群状态估计。针对上述内容,本章研究目标:首先,对于牲畜关键个体视觉追踪任务,采用基于数据驱动的方法,即孪生网络,通过大量训练,达到输出基于数据驱动方法的预测与追踪框;结合交互式多模型滤波技术,达到数据驱动、模型驱动组成的混合驱动状态估计。然后,针对交互式多模型滤波技术,设计后验转弯模型,针对其模型转移矩阵,设计基于姿态观测的加和式更新方法,以充分利用目标物视觉信息;并且根据混合驱动模型预测步,输出目标预测状态。最后,针对牧群的群运动状态估计,以基于检测的方法提取牧群中牲畜的若干个体观测值,利用集中式方根信息滤波,综合每一只羊的观测值,形成对牧群的群运动估计,并以信息滤波更新步输出对牧群运动状态的估计。

3.2 基于 3D 卷积的数据驱动预测视觉追踪研究

3.2.1 基于 3D 卷积的预测追踪研究

除追踪外,在传感器坐标系中用于非合作目标标定的还有基于检测的方法。基于检测的方法主要关注图像视野内所识别目标的种类,再将其进行框选,主要关注识别及检测成功率,其次关注框选性能。而视觉追踪方法主要关注框选性能,主要区分目标及背景,不关注检测或识别结果,如图 3.2.1 所示。

如图 3.2.1 所示,图 3.2.1(a)是以检测的方法获取视野内的边界框,并进行

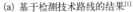

(a) 基于检测技术路线的结果[1]　　　　　　　(b) 基于追踪技术路线的结果

图 3.2.1　不同技术路线获取边界框结果

计数,而图 3.2.1(b)则是通过追踪的技术路线得到的边界框结果。相较于基于追踪技术路线,基于检测技术路线更容易获得多个检测结果,更利于非合作目标群追踪;相较于基于检测技术路线,基于追踪技术路线对于关键个体追踪更加稳定。本节主要讨论非合作目标群中的关键个体的追踪,即针对非合作目标关键个体的追踪方法及预测追踪方法。

　　针对预测追踪问题,在式(2.5.7)第一项中,要求滤波结果为先验信息,即一步预测,选用一步预测的思想,来源于自然界捕猎中"预判"的行为,经验丰富的捕食者往往会利用预测轨迹达到省时省力完成捕获。而对于无人系统追踪问题,由于数据处理、传输等带来的延迟,在稳定追踪时,无人机只能达到略微落后的效果。在未来主动与非合作目标建立交互时,延迟效果将对主动交互的建立造成不利影响,如图 3.2.2 所示。

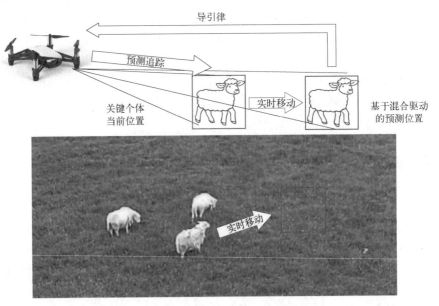

图 3.2.2　无人机预测追踪示意图

针对数据驱动方法,深度学习是典型的数据驱动方法,而卷积神经网络在图像处理取得的成果,主要依赖于卷积层,2D 卷积层为单帧图像输入,经过卷积后,得到多维卷积层,而 3D 卷积可输入三帧图像,实现具有时序信息的特征采集,如图3.2.3 所示。

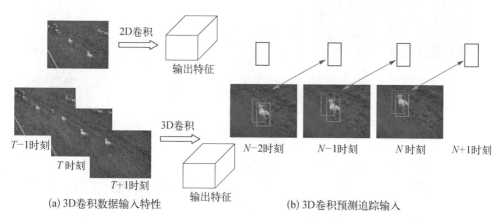

(a) 3D卷积数据输入特性　　　　　　　　　(b) 3D卷积预测追踪输入

图 3.2.3　基于 3D 卷积搭建的深度学习模型训练示意图

而对于预测追踪,如图 3.2.3 所示,以连续三帧作为输入,可得到当前帧、前一帧和一步预测帧输出,在训练过程中,以下一帧的边界框对应上一帧的 RGB 单目视觉图像,训练具有 3D 卷积的深度学习模型,得到以数据驱动的方法为基础的预测追踪方法,即式(2.5.7)第一项中先验信息输出。

3.2.2　基于孪生网络的视觉追踪研究

受 SiamFC 追踪器[2]启发,本书设计出预测关键个体位置的数据驱动方法。SiamFC 是一个典型的深度学习追踪器,通过导入大量数据进行训练,可以得到基于数据驱动的追踪器。首先,根据本书设计无人机追踪器需求,不是需要对视觉追踪目标完美覆盖的追踪器,而是需要给出准确率足够预测下一个采样时间内边界框走向的追踪器,根据预测设计导引律进行预测飞行。所以,现有的视觉追踪器直接复用的做法是不可取的。

如图 3.2.4 所示,在数据集准备阶段,训练集的制作需要两组数据集进行训练。设计采样周期 $T+P$ 为预测步长,最小单位为一相机采样周期,则在做标定采样时,需要将 T 时刻的数据模板与下一采样周期的目标模板进行匹配,即真实值对应 $T+P$ 采样,训练孪生网络学会预测。但是如果设计预测步长 P 过大,目标特征会完全丢失,即边界框给出区域完全对应背景信息,而非目标信息,则孪生网络无法学习到目标下一周期运动特征,从而失去对目标的预测作用,且在训练过程中,神经网络会趋于发散。对于任意一组训练数据,若倒数 P 步长的背景没有预测边

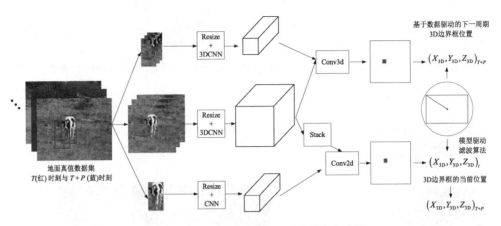

图 3.2.4   基于孪生网络的预测追踪技术路线

界框与之对应,则保留原时刻边界框进行对应。

孪生网络中特征提取部分的设计参考的是 SiamFC,运用已完成预训练的 AlexNet[3] 进行特征提取,关于预测位置获取的设计如下。运用 2D 卷积得到相关位置预测值:

$$S = \Theta(\mathrm{Conv2d}(x'_{T+P},\ \mathrm{img});\ \theta) \tag{3.2.1}$$

式中,S 为预测值, $S \in (0, 1)$; Θ 表示 Sigmod 函数, x'_{T+P} 表示步长为 P 的目标下一步的预测位置;img 为模板图像;θ 为孪生网络的权重值。损失函数设计如下:

$$\mathrm{Loss} = \log(1 + e^{-S \cdot \mathrm{GT}}) \tag{3.2.2}$$

式中, GT 为真实值, $\mathrm{GT} \in \{+1,\ -1\}$。

至此,得到数据驱动方法得到的预测位置输出,仅为零阶位置输出,并从下一路输出当前位置输出,也仅为零阶位置输出,无法满足二阶状态的观测。因此,基于此输出,需要根据本节输出设计滤波器估计目标的二阶全状态。

3.3   基于姿态观测的交互式多模型预测视觉追踪算法研究

3.3.1   基于交互式多模型滤波的模型驱动预测追踪算法

在传感器坐标系下,已经得到了基于数据驱动方法的预测追踪位置与当前时刻的追踪框,将当前时刻追踪框作为检测结果,以此为基础设计目标状态估计方法,得到目标预测全状态,交互式多模型滤波流程如图 3.3.1 所示。

根据式(2.2.5)与式(2.2.6)建模形式,首先建立以下几类运动模型:匀速直线运动模型、匀加速直线运动模型与后验转弯模型。

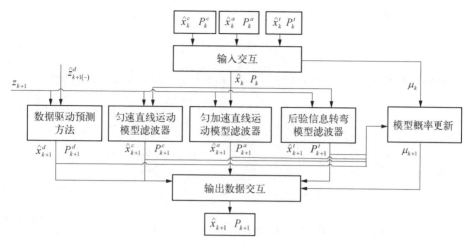

图 3.3.1　交互式多模型滤波流程图

针对匀速直线运动模型,其状态转移表达式为

$$x_{k+1} = \Phi_c x_k + G_c W_k \tag{3.3.1}$$

式中,状态向量为 $x_k = (x, y, z, \dot{x}, \dot{y}, \dot{z})^{\mathrm{T}}$;$W_k$ 为噪声矩阵,其分布类型由传感器类型与观测目标决定,可通过噪声驱动矩阵 G_c 微调。而状态转移矩阵定义如下:

$$\Phi_c = \begin{bmatrix} 1 & 0 & 0 & T_k & 0 & 0 \\ 0 & 1 & 0 & 0 & T_k & 0 \\ 0 & 0 & 1 & 0 & 0 & T_k \\ 0 & 0 & 0 & 1 & 0 & 0 \\ 0 & 0 & 0 & 0 & 1 & 0 \\ 0 & 0 & 0 & 0 & 0 & 1 \end{bmatrix} \tag{3.3.2}$$

式中,T_k 为上一周期更新与当前步更新处理时间,由传感器采样频率、算法耗时共同决定。噪声驱动矩阵定义如下:

$$G_c = \begin{bmatrix} \dfrac{1}{2}T_k^2 & 0 & 0 \\ 0 & \dfrac{1}{2}T_k^2 & 0 \\ 0 & 0 & \dfrac{1}{2}T_k^2 \\ T_k & 0 & 0 \\ 0 & T_k & 0 \\ 0 & 0 & T_k \end{bmatrix} \tag{3.3.3}$$

针对匀加速直线运动模型,其状态转移表达式为

$$x_{k+1} = \Phi_a x_k + G_a W_k \tag{3.3.4}$$

式中,状态向量 $x_k = (x, y, z, \dot{x}, \dot{y}, \dot{z}, \ddot{x}, \ddot{y}, \ddot{z})^{\mathrm{T}}$;状态转移矩阵定义如下:

$$\Phi_a = \begin{bmatrix} 1 & 0 & 0 & T_k & 0 & 0 & \frac{1}{2}T_k^2 & 0 & 0 \\ 0 & 1 & 0 & 0 & T_k & 0 & 0 & \frac{1}{2}T_k^2 & 0 \\ 0 & 0 & 1 & 0 & 0 & T_k & 0 & 0 & \frac{1}{2}T_k^2 \\ 0 & 0 & 0 & 1 & 0 & 0 & T_k & 0 & 0 \\ 0 & 0 & 0 & 0 & 1 & 0 & 0 & T_k & 0 \\ 0 & 0 & 0 & 0 & 0 & 1 & 0 & 0 & T_k \\ 0 & 0 & 0 & 0 & 0 & 0 & 1 & 0 & 0 \\ 0 & 0 & 0 & 0 & 0 & 0 & 0 & 1 & 0 \\ 0 & 0 & 0 & 0 & 0 & 0 & 0 & 0 & 1 \end{bmatrix} \tag{3.3.5}$$

与之对应的噪声驱动矩阵定义为

$$G_a = \begin{bmatrix} \frac{1}{2}T_k^2 & 0 & 0 \\ 0 & \frac{1}{2}T_k^2 & 0 \\ 0 & 0 & \frac{1}{2}T_k^2 \\ T_k & 0 & 0 \\ 0 & T_k & 0 \\ 0 & 0 & T_k \\ 1 & 0 & 0 \\ 0 & 1 & 0 \\ 0 & 0 & 1 \end{bmatrix} \tag{3.3.6}$$

针对后验转弯模型,有如下假设成立。

假设 3.3.1 在传感器工作频率大于等于 10 Hz 的条件下,目标运动无法在两帧之间完成突变。

因此,后验转弯模型状态转移表达式为

$$x_k = \boldsymbol{\Phi}_t x_k + G_t W_k \tag{3.3.7}$$

式中,状态向量为 $x_k = (x, y, z, \dot{x}, \dot{y}, \dot{z})^{\mathrm{T}}$;状态转移矩阵定义为

$$\boldsymbol{\Phi}_t = \begin{bmatrix} 1 & 0 & 0 & \alpha_k T_k & 0 & 0 \\ 0 & 1 & 0 & 0 & \beta_k T_k & 0 \\ 0 & 0 & 1 & 0 & 0 & \gamma_k T_k \\ 0 & 0 & 0 & \alpha_k & 0 & 0 \\ 0 & 0 & 0 & 0 & \beta_k & 0 \\ 0 & 0 & 0 & 0 & 0 & \gamma_k \end{bmatrix} \tag{3.3.8}$$

式中, α_k、β_k、γ_k 由后验信息变速增量估计得出,即

$$\begin{aligned} \alpha_k &= x_k - 2x_{k-1} + x_{k-2} \\ \beta_k &= y_k - 2y_{k-1} + y_{k-2} \\ \gamma_k &= z_k - 2z_{k-1} + z_{k-2} \end{aligned} \tag{3.3.9}$$

分别代表目标沿着传感器坐系系的速度变化趋势,后验转弯模型默认下一采样时间段内状态量变化会保持前一采样时间段内的运动趋势。

针对以上三种模型,得到观测模型为

$$z_{k+1} = Hx_k + V_k \tag{3.3.10}$$

由于需要估计目标二阶全状态,所以 $x = (x, y, z, \dot{x}, \dot{y}, \dot{z}, \ddot{x}, \ddot{y}, \ddot{z})^{\mathrm{T}}$,而传感器仅能提供观测值的一阶信息,所以观测矩阵为

$$H = \begin{bmatrix} 1 & 0 & 0 & 0 & 0 & 0 & 0 & 0 & 0 \\ 0 & 1 & 0 & 0 & 0 & 0 & 0 & 0 & 0 \\ 0 & 0 & 1 & 0 & 0 & 0 & 0 & 0 & 0 \end{bmatrix} \tag{3.3.11}$$

接下来进行模型交互建模。

首先,初定概率转移矩阵与初始概率,根据经验选定概率转移矩阵为

$$p_{\mathrm{IMM}} = \begin{bmatrix} p_{cc} & p_{ac} & p_{tc} & p_{dc} \\ p_{ca} & p_{aa} & p_{ta} & p_{da} \\ p_{ct} & p_{at} & p_{tt} & p_{dt} \\ p_{cd} & p_{ad} & p_{td} & p_{dd} \end{bmatrix} \tag{3.3.12}$$

式中, p_{cc} 代表目标从匀速直线运动变换至匀速直线运动的概率; p_{ca} 代表目标从匀速直线运动变换至匀加速直线运动的概率; p_{ct} 代表目标从匀速直线运动变换至转弯运动的概率; p_{cd} 代表目标从匀速直线运动变换至由数据驱动方法得到的预测运

动模型的概率；p_{IMM} 中的其他 p_{ij} 元素同理。值得注意的是，传统的交互式多模型概率转移矩阵是不进行更新的，而矩阵中 p_{ij} 根据经验或者先验试验确定，按照式(3.3.12)，模型编号规则为 $i,j=c,a,t,d$，代表各运动模型。

初步选定初始时刻，各运动模型在此刻的概率为

$$\mu_c = 0.25, \quad \mu_a = 0.25, \quad \mu_t = 0.25, \quad \mu_d = 0.25 \tag{3.3.13}$$

式(3.3.13)各运动模型概率均会基于最大似然函数进行更新，动态调整各模型在交互式多模型滤波中的影响比例，所以做平均初始化。接下来，针对输入交互，其需要目标状态估计 $\hat{x}_k^i$ 和与之同步的模型概率 μ_k^j 得到混合估计 $\hat{x}_k^j$ 和与其对应的协方差 P_k^j，将混合估计 $\hat{x}_k$ 作为 $k+1$ 轮循环的初始状态。首先，计算模型归一化参数：

$$\bar{c}_j = \sum_{i=1}^r p_{ij} \mu_k^i \tag{3.3.14}$$

以模型 i 到模型 j 的混合概率为例，模型间转换概率计算如下：

$$\mu_k^{ij} = \frac{p_{ij} \mu_k^i}{\bar{c}_j} \tag{3.3.15}$$

因此，得到模型 j 的混合状态估计 $\hat{x}_k^j$、混合协方差 P_k^j 为

$$\hat{x}_k^j = \sum_{i=1}^r \hat{x}_k^i \mu_k^{ij} \tag{3.3.16}$$

$$P_k^j = \sum_{i=1}^r \mu_k^{ij} \cdot \left[P_k^i + (\hat{x}_k^i - \hat{x}_k^j)(\hat{x}_k^i - \hat{x}_k^j)^{\text{T}} \right] \tag{3.3.17}$$

接下来，对于非线性运动目标，假设其运动方程为

$$x_{k+1} = f_k(x_k) \tag{3.3.18}$$

而针对估计值的状态转移，除通过式(3.3.1)、式(3.3.4)和式(3.3.7)构造的三种不同运动模型，拟合目标运动模型，得到的状态转移以外，通过无迹变换，对任意 j 模型混合状态与混合协方差，共构造 $2N+1$ 个 Sigma 采样点，得到

$$\begin{cases} X^{(0)} = \hat{x}_k^j, & m = 0 \\ X^{(m)} = \hat{x}_k^j + \left(\sqrt{(N+\delta)P^j} \right)_m, & m = 1 \sim N \\ X^{(m)} = \hat{x}_k^j - \left(\sqrt{(N+\delta)P^j} \right)_m, & m = N+1 \sim 2N \end{cases} \tag{3.3.19}$$

式中，$\left(\sqrt{P^j} \right)^{\text{T}} \left(\sqrt{P^j} \right) = P^j$，$\left(\sqrt{P} \right)_m$ 表示矩阵方根的第 m 列。而任意 m 采样点的

权值计算如下:

$$\begin{cases} \omega_{\text{avg}}^{(0)} = \dfrac{\delta}{N + \delta} \\[3mm] \omega_{\text{cc}}^{(0)} = \dfrac{\delta}{N + \delta} + (1 - a^2 + b) \\[3mm] \omega_{\text{avg}}^{(m)} = \omega_{\text{cc}}^{(m)} = \dfrac{\delta}{2(N + \delta)}, \quad m = 1 \sim 2N \end{cases} \quad (3.3.20)$$

式中,avg 表示权重均值;cc 表示协方差;上标 m 表示第 m 个采样点;要求选取参数 b 为非负,旨在合并中高阶项的动差,将高阶项影响保持在内;采样参数 $\delta = a^2(N + \kappa) - N$ 为一个缩放比参数,调整此参数可降低总误差;参数 a 控制采样点的分布状态,而 κ 的选取原则为保证 $(N + \delta)P^j$ 为半正定矩阵。

利用式(3.3.20)得到采样点,有

$$\bar{X}_k^{j(m)} = \begin{bmatrix} \hat{X}_k^j & \hat{X}_k^j + \sqrt{(N + \delta)P_k} & \hat{X}_k^j - \sqrt{(N + \delta)P_k} \end{bmatrix} \quad (3.3.21)$$

对 $2N+1$ 个采样点进行进一步预测,可得

$$\hat{X}_{k+1(-)}^{j(m)} = f^j(\bar{X}_k^{j(m)}) \quad (3.3.22)$$

式中,$f^j(\bar{X}_k^{j(m)})$ 代表各采样点的不同的转移估计形式;j 代表不同的转移模型。对采样点集进行加权平均得到综合一步预测为

$$\hat{x}_{k+1(-)}^j = \sum_{m=0}^{2N+1} \omega^{(m)} \hat{X}_{k+1(-)}^{(m)} \quad (3.3.23)$$

$$P_{k+1(-)}^j = \sum_{i=0}^{2N} \omega^{(m)} (\hat{x}_{k+1(-)}^j - X_{k+1(-)}^{j(m)})(\hat{x}_{k+1(-)}^j - X_{k+1(-)}^{j(m)})^{\text{T}} + Q_k \quad (3.3.24)$$

根据综合一步预测值,再次使用无迹变换,产生新的采样点集:

$$\bar{X}_{k+1(-)}^{j(m)} = \begin{bmatrix} \hat{X}_{k+1(-)}^j & \hat{X}_{k+1(-)}^j + \sqrt{(N + \lambda)P_{k+1(-)}} & \hat{X}_{k+1(-)}^j - \sqrt{(N + \lambda)P_{k+1(-)}} \end{bmatrix} \quad (3.3.25)$$

得到新的采样点集后,分别将各采样点代入观测方程(3.3.10),得到各采样点观测估计值 $\hat{Z}_{k+1(-)}^{(m)}$,得到预测的观测量及协方差:

$$\hat{z}_{k+1(-)}^j = \sum_{m=0}^{2N} \omega^{(m)} \hat{Z}_{k+1(-)}^{(m)} \quad (3.3.26)$$

$$P_{z_k z_k} = \sum_{m=0}^{2N} \omega^{(m)} (\hat{Z}_{k+1(-)}^{(m)} - \hat{z}_{k+1(-)}^j)(\hat{Z}_{k+1(-)}^{(m)} - \hat{z}_{k+1(-)}^j)^{\text{T}} + R \quad (3.3.27)$$

$$P_{x_k z_k} = \sum_{m=0}^{2N} \omega^{(m)} \left(\bar{X}_{k+1(-)}^{j(m)} - \hat{x}_{k+1(-)}^{j} \right) \left(\hat{Z}_{k+1(-)}^{(m)} - \hat{z}_{k+1(-)}^{j} \right)^{\mathrm{T}} \tag{3.3.28}$$

计算卡尔曼增益 K_{k+1} 为

$$K_{k+1} = P_{x_k z_k} P_{x_k z_k}^{\mathrm{T}} \tag{3.3.29}$$

至此,可得到估计的更新与协方差更新:

$$\hat{x}_{k+1(+)}^{j} = \bar{X}_{k+1(-)}^{j} + K_{k+1} \left(z_{k+1} - \hat{z}_{k+1(-)}^{j} \right) \tag{3.3.30}$$

$$P_{k+1(+)}^{j} = P_{k+1(-)}^{j} - K_{k+1} P_{x_k z_k} K_{k+1}^{\mathrm{T}} \tag{3.3.31}$$

得到各模型更新后,对于不同的 $\hat{z}_{k+1(-)}^{j}$,得到不同模型的估计更新 $\hat{x}_{k+1(+)}^{j}$ 与协方差更新 $P_{k+1(+)}^{j}$。至此得到三种基于模型的更新步,此时构造一个新的一步预测 $\hat{z}_{k+1(-)}^{j}$,以数据驱动得到预测值(预测位置)为

$$\hat{z}_{k+1(-)}^{d} = \left(X_{3\mathrm{D}}, Y_{3\mathrm{D}}, Z_{3\mathrm{D}} \right)^{\mathrm{T}} \tag{3.3.32}$$

再根据式(3.3.27)~式(3.3.31),基于匀速直线运动模型得到 $\bar{X}_{k+1(-)}^{j}$,构造出新的模型编号 j,模型编号规则为 $j = c, a, t, d$,分别代表匀速直线运动模型、匀加速直线运动模型、转弯运动模型、由数据驱动方法得到的预测运动模型,四个模型输入似然函数进行更新。得到以上模型 j 上的估计更新与协方差更新,然后将模型概率 μ_k 更新至 μ_{k+1},采用似然函数:

$$\Lambda_j(k) = \frac{1}{(2\pi)^{n/2} |S_j(k)|^{1/2}} \exp \left(-\frac{1}{2} v_j^{\mathrm{T}} S_j^{-1}(k) v_j \right) \tag{3.3.33}$$

式中,v_j 表示模型 j 的新息,代表模型预测值与观测值之间的差距;而 $S_j(k)$ 为描述预测一步协方差的观测协方差,定义为

$$z_{k+1} - \hat{z}_{k+1(-)}^{j} \tag{3.3.34}$$

$$S_j(k) = H(k) P_{x_k z_k} H^{\mathrm{T}}(k) + R(k) \tag{3.3.35}$$

从而得到 $k+1$ 步时,模型 j 在 $k+1$ 步时出现的概率 μ_{k+1}^{j} 为

$$\mu_{k+1}^{j} = \Lambda_j(k) \bar{c}_j / c \tag{3.3.36}$$

式中,c 为归一化常数,$c = \sum_{j=1}^{r} \Lambda_j(k) \bar{c}_j$。根据已经更新的模型概率,输出综合状态估计、综合协方差估计为

$$\hat{x}_{k+1(+)} = \sum_{j=1}^{r} \hat{x}_{k+1(+)}^{j} \mu_{k+1}^{j} \tag{3.3.37}$$

$$P_{k+1(+)} = \sum_{j=1}^{r} \mu_{k+1}^{j} \left[P_{k+1(+)}^{j} + (\hat{x}_{k+1(+)}^{j} - \hat{x}_{k+1(+)})(\hat{x}_{k+1(+)}^{j} - \hat{x}_{k+1(+)})^{\mathrm{T}} \right]$$

$$(3.3.38)$$

3.3.2　基于姿态观测的模型概率更新法则

对于马尔可夫状态转移概率矩阵即 p_{IMM} 的选取,在整个交互式多模型滤波迭代过程中,仅通过似然函数控制模型比例 μ_k 进行,最重要的是, μ_k 的更新是以上一帧完成更新后,再与下一帧配合状态转移概率矩阵进行模型加权。由于 p_{IMM} 不更新, μ_k 更新滞后,所以引入一个视觉信息,预先迭代更新状态转移概率矩阵 p_{IMM}。为实现对目标姿态的感知,除轨道空间等无空气阻力、摩擦阻力的环境下,目标姿态的变化往往与目标运动状态的变化强耦合。以非合作目标无人机为例,无人机滚转通道的姿态变化是很容易观测得到的,而因为无人机是典型的欠驱动系统,改变空间位姿需要首先调整电机转速,导致无人机姿态发生变化后,再改变空间位置。以图 3.3.2 为例,无人机运动状态与姿态耦合。

图 3.3.2　运动状态与姿态耦合

不管是无人机还是花豹,为使运动状态改变,都需要改变姿态。本研究拟用哈希相似性判断方法实时观测非合作目标姿态,以姿态改变信息更新状态转移概率矩阵,从而提高交互式多模型卡尔曼滤波器精度。

哈希相似性比较是实现图像相似度计算量小、速度较快的算法,主要有均值哈希算法、差值哈希算法和感知哈希算法。

　　将一幅图像视为一个二维信号,其包含了不同频率的成分。亮度变化平缓的区域对应的是低频成分,低频成分描述大范围信息,而亮度变化剧烈的区域,如边缘信息,就是高频成分,其描述具体的细节。高频提供图像的详细信息,低频提供框架。所以下采样,即缩小分辨率的过程是损失高频信息的过程。均值哈希算法是利用图像的低频信息进行判断。感知哈希算法是运用离散余弦变换提取图像的低频信息,利用离散余弦变换将像素域变换到频率域。差值哈希算法是依靠图像相邻像素直接的差异构造哈希数组。

　　首先建立匹配模板图像集,即以典型姿态突变图像集为数据模板集,以传感器实时采集目标图像为目标图像,对典型姿态突变图像集进行逐一判别,找出相似性最高的图像,或对典型姿态突变图像集进行逐一判别,相似性总得分最高为观测结论,现阶段研究构建流程如图 3.3.3 所示。

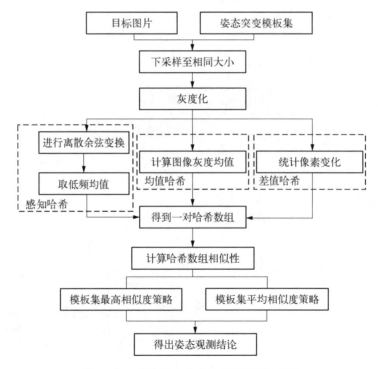

图 3.3.3　目标姿态哈希相似性判别流程图

　　目前研究构建数据模板集主要有两种思路:一是采集大量目标机动突变数据,包含在不同视角、不同光照条件、不同环境下的大量数据,以包罗万象的思路建立模板集,利用模板集最高相似度策略进行姿态观测;二是捕捉不同视角的目标,让目标在环境中保持洁净,无环境、光照等外界因素干扰,另外不同方向的机动突变,通过镜像图像等方法实现,旨在配平数据集。实现纯净数据集后,运用模板集平均相似度策略完成目标姿态的观测。图 3.3.4 为使用两种不同策略搭建的数据集。

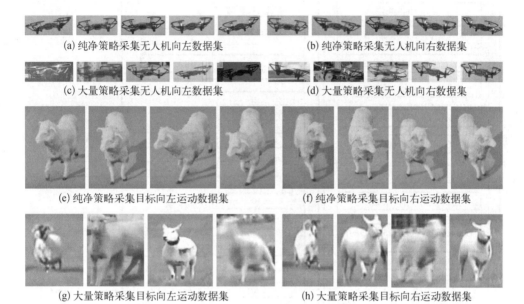

(a) 纯净策略采集无人机向左数据集　　　　　　(b) 纯净策略采集无人机向右数据集

(c) 大量策略采集无人机向左数据集　　　　　　(d) 大量策略采集无人机向右数据集

(e) 纯净策略采集目标向左运动数据集　　　　　(f) 纯净策略采集目标向右运动数据集

(g) 大量策略采集目标向左运动数据集　　　　　(h) 大量策略采集目标向右运动数据集

图 3.3.4　搭建不同模板集的策略

同样,针对牧群非合作牲畜个体目标,利用虚幻引擎,针对牲畜非合作目标使用纯净策略采集模板集,以实际无人机视角拍摄图像、虚幻引擎生成采集大量策略模板集。其中,采集模板集仅为左倾、右倾进行模板匹配判断,若所得识别分数低于一定阈值,则判断目标并非进入后验转弯模型,并对矩阵 p_{IMM} 进行增量式更新。

3.4　基于集中式信息滤波的群运动状态估计研究

3.4.1　羊群动态检测计数方法研究

对于羊群动态检测计数方法,本书基于目标检测卷积神经网络 YOLOv5 模型来实现。该版本根据模型参数量的大小可分为 YOLOv5s 模型、YOLOv5m 模型、YOLOv5l 模型以及 YOLOv5x 模型。在羊只计数过程中,最为关键的是保障羊只计数任务的高效性,故本节采用 YOLOv5x 检测模型作为负责主要计数的检测头,并在此基础上进一步优化改进模型来提升精度效果。由图 3.4.1 可知,YOLOv5x 的检测模型结构包括 Inputs、Backbone、Neck、Head。

模型的输入端主要由三部分组成,分别是数据自动填充、数据增强和自适应锚

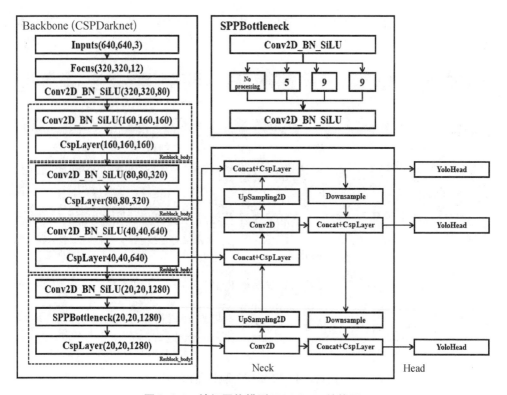

图 3.4.1　神经网络模型 YOLOv5x 结构图

框。采集的原始图像并不能进入模型训练,而是需要进行数据自动填充从而统一调整为固定尺寸大小,从而作为标准输入值。YOLOv5 模型采用了 Mosaic 线上数据增强的方案,在输入端扩充样本数据集以提高训练模型的鲁棒性。自适应锚框则是通过计算预测框和真实目标框之间的尺寸差来反向更新训练网络 Head 层,获取输入端数据集最合适尺寸大小的锚框方式。

　　Backbone 是网络的特征提取部分,YOLOv5 采用的 CSPDarknet 卷积神经网络作为主干网络,输入的图像首先会在 CSPDarknet 网络中进行特征提取来获得三个不同的有效特征层,为 Neck 网络进行特征金字塔的加强特征融合做好前期铺垫。CSPDarknet 卷积神经网络主要包括 Focus、Conv2D_BN_SiLU、CspLayer、SPPBottleneck 几个组成模块。Focus 模块主要通过对输入特征图像进行间隔裁剪,将原图像的特征尺寸宽高缩至原来的 1/4 大小,而将特征信息的通道拓展为原先的 4 倍。故切片后的特征通道信息也由原来的 3 维升至 12 维。其原理结构如图 3.4.2 所示,通过 Focus 模块的操作,可以有效减少在卷积特征提取过程中细节信息丢失的情况发生,从而通过将图像特征大面积信息转移至通道维度上,便可以很好地保留目标的细节特征,同时减少参数计算量,达到模型的提速效果。Conv2D_BN_SiLU 模块为模型特征提取时的计算模式,通过二维卷积操作进行特征提取,采用 BN 批归一化来加速网络的收敛速度,加快模型训练,最后连接一个 SiLU 激活函数,增加模型的非线性化,防止过拟合,该 Conv2D_BN_SiLU 模块作为卷积操作的整体流程嵌入神经网络模型中进行特征提取。CspLayer 模块主要由多个残差结构堆叠而成,如图 3.4.3 所示,其结构可拆分左右两个部分,左边部分类似于神经网络残差边,经过单个残差模块处理后直接连接至神经网络模型的底部,右边部分则堆叠若干个残差模块,直接进行特征信息的提取。通过该网络结构设计,卷积提取特征的学习能力将得以加强,有效地消除了计算瓶颈,减少了模型的计算成本。SPPBottleneck 模块将任意大小的输入特征图通过不同大小的池化核来进行几次最大池化操作,将不同大小的特征进行融合,其原理如图 3.4.4 所示。SPPBottleneck 模块设计有利于提取待检测图像中目标大小差异较大的特征信息,能够有效避免图像区域随机裁剪、缩放等操作引发的图像失真等问题。

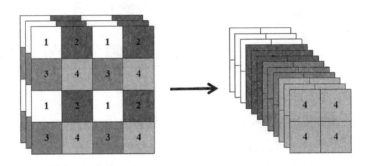

图 3.4.2　Focus 模块的切片效果图

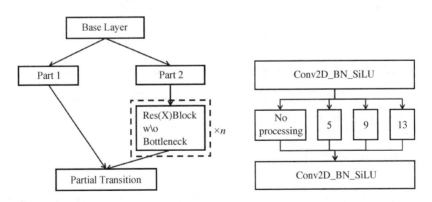

图 3.4.3　CspLayer 模块原理图　　　图 3.4.4　SPPBottleneck 模块原理图

YOLOv5 模型作为典型的深度卷积神经网络,在不断加深训练的过程中,会进一步导致模型对小尺寸目标学习的特征信息或细节信息丢失。因此,在 YOLOv5 模型中,引入 Neck 层结构,通过利用 Neck 层多尺度的特征融合来同时获取低维特征信息和高维特征信息,神经网络中的低维特征图像包含丰富的细节信息,有助于提高边界框的回归精度,而高维特征图像则包含了丰富的全局特征,有助于提高候选区域内目标的分类精度。因此,从主干 CSPDarknet 网络中输出了三种不同维度的浅层、中层、高层特征信息,采用如图 3.4.5 所示的多尺度特征融合机制来兼顾全局信息和局部信息,以便进行加强特征提取。

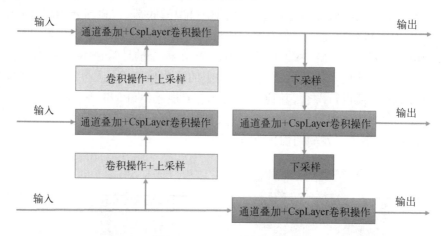

图 3.4.5　Neck 模块结构图

Head 模块用于将输入的数据集,经神经网络学习训练数据特征后,最终输出任务目标的类别标签、任务目标的类别概率,以及坐标位置信息。其结构如图 3.4.6 所示,在 YOLOv5 网络模型中 Head 模块主要由 3 个尺寸大小不同的检测层组成,该检测层依次用来检测小尺寸目标物体、中等尺寸目标物体和大尺寸目标物体,因此在每个特征点上,存在 3 个先验框,根据目标物体尺寸的变化来调整检测框的大小。若使用 VOC 数据集,该类别为 20 种,最后特征信息的通道维度则为 75,该计算公式为 $75 = (20 + 1 + 4) \times 3$,其中 4 代表特征点的回归参数的数量,该回归参数分别为锚框高 h、宽 w,以及特征点的中心横纵坐标(x, y),通过训练回归参数来获得每个特征点的

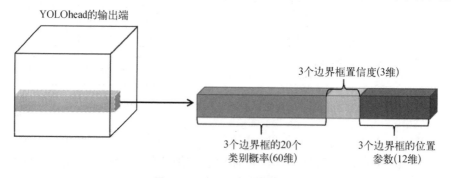

图 3.4.6　Head 模块结构图

锚框坐标位置。其中1代表含有目标物体交并比(intersection over union, IOU)值,20 个参数代表标签 20 种类别概率。

对于 YOLOv5x 模型,本书利用高效通道注意力(efficient channel attention, ECA)机制,对 YOLOv5x 模型进行进一步修改。高效通道注意力机制通过获取卷积神经网络通道之间的相关性,从而构建一种通道相互依赖关系,对通道间特征图信息进行自适应学习,达到通道特征信息的重新拟合和分配,这种注意力机制方法提高了目标区域特征图的占比权重,缓解了卷积模块在通道作用域的不足,加强了模型对其尺寸大小不一的特征训练,以增强网络的特征提取能力,使模型学会增强主要信息,降低背景信息的干扰,实现特征图的通道自适应校准。高效通道注意力机制主要由挤压、激励和加权操作组成,其结构如图 3.4.7 所示,H、W、C 分别表示特征图高、宽以及通道数。首先,挤压流程是通过对输入数据的宽、高以及通道数的所有特征信息进行全局平均池化,将输入图像压缩至一维的向量特征图。其次,通过激励操作将大小为 k 的一维卷积核进行卷积操作,从而捕获局部跨通道交互的特征,其中卷积核尺寸大小 k 表示为局部跨通道交互的覆盖范围,针对单一目标标签,k 值设置可尽量小,减少跨通道交互的计算量,针对复杂目标标签,k 值设置应尽可能大一些,来增加全通道的交互特征提取,从而提高模型的检测精度。最后,采用加权操作将得到整合各个通道信息的权重后乘以原输入特征层,便得到具有通道关系的特征向量,完成了特征通道重标定。该模块结构简单,是一个超轻量级的通道注意力模块,通过极低的计算成本可极大改善模型的检测精度效果,该模型可显著降低模型复杂度并保持性能功效。

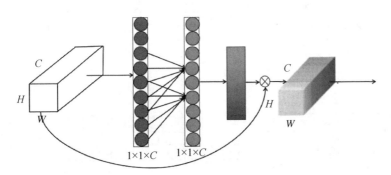

图 3.4.7　高效通道注意力机制结构图

为了解决牧场复杂背景、大小尺寸不一的羊群的漏检、误检问题,在原 YOLOv5x 模型中引入高效通道注意力机制。采用不同卷积核大小的卷积层对输入神经网络模型的数据进行特征提取,从而获得多尺度下的特征信息,再由不同尺度下的特征图,与 ECA 注意力机制模块进行连接,从而实现跨通道区域交互的能力,提高了模型的通道自适应学习能力。因此,本节设计思路是采用 Neck 特征金字塔结构的三个加强特征层。这三个加强特征层的尺寸分别为(20,20,1 280)、(40,40,640)、(80、80,320),将第一个尺寸的特征层后端融合进 4 个高效通道注意力机制模型,而在 640 通道层融合 1 个高效通道注意力机制模型,从而获得最佳精度模型。发挥的作用与高效通道注意力机制模型处于网络中的位置有关,当处于网络的早期卷积层时,增加低等级特征共享,则更加关注图像的局部特征,只负责区分图像的主要信息和次要信息;当处于网络的后期卷积层时,图像的全局特征得到更好的表达,有助于增强某一类别的特征表示。因此,为防止特征提取过程中的细节信息丢失,降低检测精度,在 1 024 维深度通道层,引入高效通道注意力机制调节权重大小,同时为加强深度通道的权重自适应分配能力,需要串联几个注意力机制模型从而达到最大性能调节通道权重的能力,来抑制无关背景信息,获取最大关注标签能力。最终改进的 YOLOv5x - ECA 网络模型如图 3.4.8 所示。

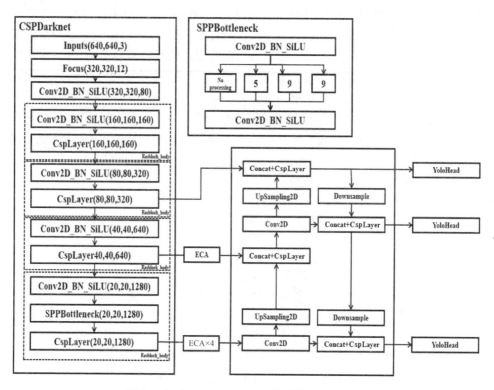

图 3.4.8 YOLOv5x - ECA 模型的结构示意图

同时,结合 Deepsort 算法,有效地改善存在遮挡区域的目标追踪成效,还会有效地降低任务目标所拥有 ID 跳变的情况。在 Deepsort 算法中,其主要的核心思想由两部分组成,分别是卡尔曼滤波算法和匈牙利匹配算法。卡尔曼滤波算法的目的是通过视频流中的此帧画面检测到的目标框,去预测下一帧该目标在画面中的运动位置;而匈牙利匹配算法则是将同一目标物体的预测框和追踪框进行关联,从而完成最优匹配。卡尔曼滤波算法作为最优估计的算法,包含预测阶段及更新阶段这两个主要的流程。预测阶段:算法首先根据目标检测模型检测到目标物体在上一时刻($k-1$ 时刻)的具体运动特征信息及坐标信息,将该信息作为参数输入设定的运动目标算法物理模型中,根据物理模型计算得到下一时刻(k 时刻)的任务目标预测的坐标位置。更新阶段:在获得预测初定目标的坐标结果后,通过模型设定的加权变量来对预测框的坐标位置和 k 时刻检测目标的检测框来进行加权融合从而获得最终的正式追踪框。

当卡尔曼滤波算法对目标模型进行下一阶段的预测后,需要对预测目标框与当前时刻的检测框来利用匈牙利匹配算法获取最优匹配。其中在最优匹配解中起决定性作用的是基于任务目标运动特征信息的马氏距离算法和基于目标外观的余弦距离算法。通过设定马氏距离的参数阈值,将预测框的坐标位置转化为多维度的向量信息,将该向量与该时刻检测框的多维度矩阵进行融合算法求值,当该值小于或等于马氏距离设定参数阈值时,说明两者模型属于同一物体;当该值大于马氏距离设定的参数阈值时,说明两者模型不为同一个体。同时为了防止目标运动速度不定导致马氏距离效果精度下降等问题,分别采用检测框来学习任务目标外观特征向量参数和预测框学习任务目标的外观特征向量,通过设立最小余弦距离模型计算对比两者外观特征差异,进而辅助衡量追踪精度。因此,在匈牙利匹配算法的数据关联中,综合引入了马氏距离和表观余弦度量作为鲁棒性好的代价函数来进行数据匹配,从而提高跟踪过程中的精度,降低 ID 切换的次数。

马氏距离作为一种可靠地衡量两个样本集相似度的方案,用于评估度量检测内容和预测内容的匹配程度。由于该算法可以衡量样本数据间的距离,且不受尺寸和变量间相关性的干扰,因此可采用马氏距离来衡量样本中检测框和跟踪框之间的相似程度,其相应的算法如式(3.4.1)所示:

$$d_1(i, j) = (Z_j - X_i)^{\mathrm{T}} S_i (Z_j - X_i) \tag{3.4.1}$$

式中,i、j 为跟踪框和检测框的序号;$d_1(i, j)$ 为马氏距离的结果值;S_i 为第 i 个追踪框的协方差矩阵;Z_j 为第 j 个检测框的观测向量;X_i 为第 i 个跟踪框的状态对应向量。$d_1(i, j)$ 越小,代表跟踪框和检测框的运动特征相似度越高。若 $d_1(i, j)$ 小于设定阈值,则判定两者大概率为同一任务目标,便继续执行表观特征匹配,若大于外观匹配的设定阈值,则进行下一轮匹配计算。

马氏距离通过计算预测框距离检测框的运动距离偏差,从而估计追踪器状态的不确定性,但马氏距离的追踪匹配效果在物体处于低匀速状态运动时最佳,当目标物体处于一个不规则运动,速度大小和方向发生骤变时,则会导致预测框和检测框的距离瞬间加大。此时仅仅采用马氏距离作为参考标准将会导致匹配成功的概率极大下降。因此,在 Deepsort 算法中还针对表观特征,设计了基于余弦距离度量的方式,通过在 Deepsort 算法中构建 Cosine 深度特征网络来对检测框和预测框内的物体目标进行外观特征学习并进行相似度计算,来判别检测是否为同一追踪物体。如表 3.4.1 所示,Cosine 深度特征网络结构由 6 个残差结构、两个卷积层及 L2 批归一化层、最大池化层和全连接层组成,通过深度卷积操作来进行框内目标特征的学习。

表 3.4.1　Cosine 深度特征网络结构图

网 络 结 构	卷积核大小/步长	输出尺寸大小
卷积层	3×3/1	32×128×64
卷积层	3×3/1	32×128×64
最大池化层	3×3/2	32×64×32
残差块	3×3/1	32×64×32
残差块	3×3/1	32×64×32
残差块	3×3/2	64×32×16
残差块	3×3/1	64×32×16
残差块	3×3/2	128×16×8
残差块	3×3/1	128×16×8
全连接层		128
L2 批归一化		128

在网络训练时,将输入的数据集送入该神经网络中,此时设置 reid 为 False,输入的数据经过卷积处理来做分类任务训练,产生两者对比的分类特征。而在跟踪任务过程中,reid 设置为 True,特征变量则不进行全连接的标签分类,而是直接输出训练获得的一个 128 维度的空间向量,通过余弦距离算法公式将检测框和跟踪框的目标进行对比,设定阈值,如果对比所求的最小余弦距离小于该阈值,则认定两者为同一目标,否则不为同一目标,公式如下:

$$d_2(i, j) = \min\{1 - r_j^{\mathrm{T}} r_k^i \mid r_k^i \in R^i\} \quad\quad (3.4.2)$$

式中,i 表示为第 i 个跟踪框;j 表示为第 j 个检测框;r_j 为将训练好的模型对第 j 个检测框和第 i 个跟踪框进行特征提取,从而获得的表观特征向量;R^i 则为表观特征库;r_k^i 表示第 i 个跟踪框的第 k 个表观特征向量;$r_j^{\mathrm{T}} r_k^i$ 表示第 j 个检测框与第 i 个跟踪框之间的表观特征余弦相似度,通过 1 减去表观余弦相似度便可获得 $d_2(i, j)$ 最小余弦距离。通常情况下,最小余弦距离值越小,表明两者的关联匹配程度越大。

在匈牙利匹配中,两指标相互补充配合来解决预测框和检测框的匹配问题,如式(3.4.3)所示,通过建立加权和将两个指标结合起来,当物体在匀速或者浮动不大时,则可动态加大马氏距离的超参数数值,使得检测框和预测框着重关注模型的

运动状态;当物体运动浮动不定,变化范围很大时,则可动态减少模型的超参数值,从而使得评判结果更加注重于模型的外观信息:

$$c_{i,j} = \lambda d^{(1)}(i,j) + (1-\lambda) d^{(2)}(i,j) \tag{3.4.3}$$

同时,在物体被一段时间遮挡或者长时间丢帧时,卡尔曼预测会导致概率弥散的问题,使得观察似然性的峰值降低从而导致无法精准追踪,因此在 Deepsort 算法中引入级联匹配算法,为频繁出现的目标赋予优先匹配权。级联匹配算法以马氏距离和余弦距离的加权和作为代价矩阵,针对所有的视频流中图像的目标进行检测,而后均附带一个预测框与之对应,设立一个时间更新参数 q,当跟踪框和预测框匹配成功时,则将该目标的参数 q 初始化为 0,当运动的任务目标因为灌木遮挡而导致目标预测框无检测框与之对应,则该丢失目标的预测框进行 q 值加 1。另外,当遮挡目标物体重新被检测框检测后,进行目标重识别,则通过代价矩阵,首先按照 q 值的参数数值从小到大的顺序,依次进行预测框的匹配,即为上一帧与检测框优先匹配的预测框最先赋予重识别的对比权,好几帧都未被匹配的追踪器降低匹配权。通过该算法能够提升每个预测器的寿命,不至于检测不到就立即被删除,该算法主要流程如图 3.4.9 所示。

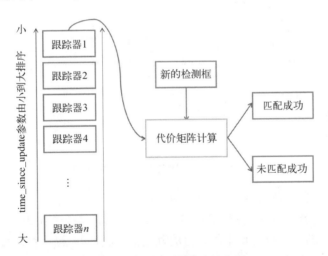

图 3.4.9 级联匹配算法流程图

综上所述,Deepsort 算法中的匈牙利匹配算法就是寻找最优分配的一种方法。该算法的核心是利用了基于外观特征的最小余弦距离以及基于运动特征的马氏距离来进行加权求和,通过加权求和来综合分析上下帧时刻的任务目标的像素值大小、分布规律及位置坐标进而最终完成匹配任务。通过给加权求和设置一个阈值来界定错误的匹配,屏蔽无效的关联结果,进而采用级联匹配算法[4]来保证被遮挡物体二次识别的效果,防止运动轨迹被无关信息遮挡后而发生丢帧,从而导致卡尔曼滤波算法在进行预测任务时出现概率弥散等问题。最终,Deepsort 匹配追踪的具体过程分为以下几种情况来解决,原理如图 3.4.10 所示。

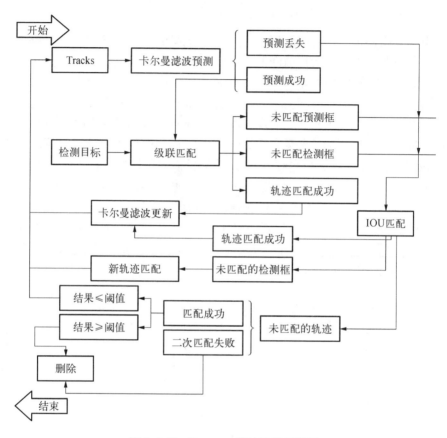

图 3.4.10   Deepsort 算法流程示意图

1)卡尔曼滤波预测和检测匹配成功

通过卡尔曼滤波算法,视频播放的每一帧画面的目标个体均被识别预测,此时,该帧内所有的任务目标将生成各自的预测框,通过同一帧内检测模型检测到的目标物体的特征信息,将目标的检测框与预测框进行数据关联进而完成匹配,同时,针对匹配成功的检测框坐标位置参数,来对卡尔曼滤波算法所预测的预测框坐标位置进行修正,从而得到最终的预测框,通过重复上述检测—预测—更新流程,获得一条完整的运动轨迹。

2)卡尔曼预测和检测匹配失败

由于检测模型的识别精度不够,模型并未检测到部分目标,则存在相应的预测框轨迹便没有对应的检测框来与之进行匹配,即追踪轨迹匹配失败。同时,也存在另外一种相反的情况发生,即检测框缺乏与之对应的预测框进行数据关联,这种情况一般发生于新的目标个体第一次出现在视频域中,从而导致无法匹配。此外,当某个目标物体长时间消失在视频画面中并超过设定的寿命参数时间时,将判定该目标不再进入视野区域并删除其预测轨迹,如果后续继续检测到该目标,这也容易导致匹配失败。因此,针对检测框与预测框匹配失败的问题,Deepsort 首先会采用 IOU 算法,对检测框或预测框和与之最近距离的目标框进行 IOU 匹配,通过设定 IOU 参数阈值,计算小于该阈值的目标框将被二次重新匹配,从而防止由于网络计算失误而导致出现的漏检情况。当进行二次匹配,检测框匹配依旧失败时,会对此目标建立一个全新的运动轨迹,设立为新目标,并且标记为不实轨迹,在后续视频播放的连续三帧中,如果新目标的检测框和预测框匹配成功,则标记为真实轨迹,并且将其轨迹纳入真实轨迹集合中。而对二次匹配失败的预测框,会对该预测框进行评判,若为不真实轨迹,则去除该预测框;若评判为真实预测,则会给予该轨迹框一个停留寿命,在寿命时间之内,若预测框有检测框进行数据关联匹配则将其判定为真实轨迹,归入目标运动轨迹集合之中;反之,超出寿命时间还没有检测框与之匹配,则删除该预测框。

针对放牧中羊只运动的追踪问题,首先考虑羊只移动速度不定,而导致模型的预测框没有迅速跟随检测框匹配成功的情况;其次,在羊只进行放牧回圈过程中,羊只之间会存在着相互遮挡干扰的情况;最后,由于羊只运动过程中,外形大小在图像二维平面极易发生变化,导致模型在运动过程中的检测精度下降。针对上述问题,采集多视角、多形态下的多种羊群数据集作为训练集,增加模型的泛化性及鲁棒性能力;同时采用上述几章节的优化方案,通过高效通道注意力机制融合检测模型,提升检测模型 YOLOv5 神经网络在通道权重的自适应目标特征提取的能力来优化检测精度,通过改进的仿生优化麻雀搜索算法迭代最优初始学习率,从而获得最佳的检测精度效果。在 Deepsort 原文中作者采用 Fast-RCNN 网络模型作为检测头,本书将最优权重信息的 YOLOv5x-ECA-SSA 模型进行替换,依据最优权重的检测模型,来检测运动过程中的羊只个体,提高检测的精度,通过检测框的图像信息特征和位置信息,采用卡尔曼滤波器来预测物体下一时刻的目标轨迹的坐标位置,根据预测框和羊只检测框,采用马氏距离以及最小余弦值进行数据关联,从而匹配相应运动轨迹并分配唯一的羊只 ID 号,针对羊只之间存在的相互遮挡,在下一时刻又重新识别的情况,采用 Deepsort 中的重识别技术,针对新的检测框物体,与系统采集特征信息的备份羊只外观特征和运动特征进行依次匹配,设置阈值,直至匹配成功,否则给予新 ID 号。

在进行羊只追踪过程中,Deepsort 算法的重识别技术及基于外观特征的最小余弦值匹配技术,均需要基于 CNN(卷积神经网络)的训练来进行特征提取。如表 3.4.1 所示,利用一个简单的分类网络进行外观特征提取,采集不同羊只个体的多姿态位置图像,并将同一只羊运动时的多姿态图像存储为同一个位置标签,进行模型的训练。如图 3.4.11 所示,在佳洋农场中还采集 10 类颜色、形状大小不相同的羊只用作分类任务,每只羊拍摄 50 幅样片图像,一共 500 幅样本量,其中训练集

(a) 样本标签命名　　　　　　　　　(b) 标签001分类样本示例

(c) 样本标签数据集格式　　　　　　(d) 标签002分类样本示例

图 3.4.11　羊只分类任务数据集格式

为 400 幅,验证集为 50 幅,测试集为 50 幅。使用该数据集对上述搭建的神经网络模型进行训练,epoch 设定为 100,batch_size 设定为 8,学习率设置为 0.01,最终网络训练至模型 loss 收敛状态,测试其分类的精度 accuracy = 0.81。在追踪羊只任务过程中,将分类任务下的神经网络权重固定,同时输入的检测图像不进入分类网络的最后标签输出,直接返回检测羊只的 128 维分类特征矩阵,将该矩阵使用余弦距离公式与预测框的表观特征进行匹配,从而完成外观匹配。

　　为测试所设计的检测模型算法对羊只动态计数的效果,需要通过不同的检测头搭配 DeepSort 算法来完成实时视频处理和羊只追踪。通过在视频图像中设立一条虚拟的"检测线",快速计数羊只穿过检测线的个数。首先,定义一条黄色的虚拟线对应于羊圈的出口,根据对羊只目标追踪的具体运动情况,追踪目标框的中心点通过这条黄线,即说明中心点坐标与黄线所占的坐标区域有重叠部分,则计数开始;当跟踪目标框的中心点离开黄线时,计数结束。计算过程中,设立集合 X 与集合 Y,其中集合 X 记录与虚拟黄线相交的所有目标 ID 值,集合 Y 记录追踪目标中心点坐标与计数线相交后离开计数线的所有目标 ID 值,直到跟踪计数完成。单线计数的原理如图 3.4.12 所示。

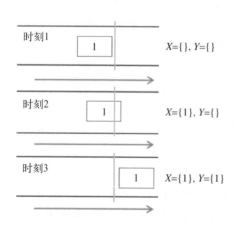

时刻1　　　　1　　　$X=\{\}, Y=\{\}$

时刻2　　　1　　　　$X=\{1\}, Y=\{\}$

时刻3　　　　　1　　$X=\{1\}, Y=\{1\}$

图 3.4.12　单线计数的原理图

3.4.2　集中式信息滤波的增量更新基本形式

得到羊群的检测结果与计数结果后,可以在每帧内得到非合作群目标,即传感器坐标系内多个目标的边界框。如何利用多个目标框,估计出非合作目标群的二阶运动状态,是本节需要考虑的。

假设非合作目标群运动状态同样为 $x = (x, y, z, \dot{x}, \dot{y}, \dot{z}, \ddot{x}, \ddot{y}, \ddot{z})^{\mathrm{T}}$,需要利用各个检测结果、零阶位置信息 $z_k^i = X_{3\mathrm{D}}^i, Y_{3\mathrm{D}}^i, Z_{3\mathrm{D}}^i, i = 1, 2, \cdots, N$,利用无迹卡尔曼滤波估计出各个状态,所以得到各目标的状态估计 $\hat{x}_k$ 与协方差 P_{k+1} 后,利用集中式信息滤波的形式对视野内所有目标组合成的牧群运动状态进行估计。首先,根据牧群羊只单个目标的状态估计与协方差估计,推导得信息矩阵 Y 与信息向量 $\hat{y}$:

$$\begin{cases} Y_k = P_k^{-1} \\ \hat{y}_k = Y_k \hat{x}_k \end{cases} \tag{3.4.4}$$

下一时刻 k 的观测 z_k 在新息过程中对信息向量的贡献 i_k、与信息矩阵的贡献 I_k 可由式(3.4.5)计算:

$$\begin{cases} i_k = (H_k^p)^{\mathrm{T}} R_k^{-1} H_k^p z_k \\ I_k = (H_k^p)^{\mathrm{T}} R_k^{-1} H_k^p \end{cases} \tag{3.4.5}$$

式中,H_k^p 为伪观测矩阵,定义如下:

$$H_k^p = P_k^{-1} P_{x_k z_k} \tag{3.4.6}$$

交叉协方差 $P_{x_k z_k}$ 可由式(3.3.28)得到。

基于以上基础,可反推得到信息滤波的预测步为

$$Y_{k+1(-)} = \Phi_k Y_k \Phi_k^{\mathrm{T}} + W_k \tag{3.4.7}$$

$$\hat{y}_{k+1(-)} = Y_{k+1(-)} \Phi_k Y_k^{-1} \hat{y}_k \tag{3.4.8}$$

更新步为

$$Y_{k+1(+)} = Y_{k+1(-)} + I_{k+1} \tag{3.4.9}$$

$$\hat{y}_{k+1(+)} = \hat{y}_{k+1(-)} + i_{k+1} \tag{3.4.10}$$

根据以上预测步以及更新步的推导,可由信息滤波推导反解出相应的观测量及后验状态估计:

$$\hat{x}_{k+1(+)} = Y_{k+1(+)}^{-1} \hat{y}_{k+1(+)} \tag{3.4.11}$$

$$z_{k+1(+)} = H^p_{k+1} \hat{x}_{k+1(+)} \qquad (3.4.12)$$

由信息向量的贡献 i_{k+1}、信息矩阵的贡献 I_{k+1} 以及信息滤波的更新步可见,信息向量贡献、信息矩阵贡献直接与信息向量、信息矩阵相加完成更新,利用这种更新方式,可以以集中的形式结合各个单目标的信息贡献,并结合热红外分割信息贡献,从而推导出多目标组合或群目标状态。根据集中式信息滤波的特性,可由多个单目标组合得到牧群群体运动状态滤波,如图 3.4.13 所示。

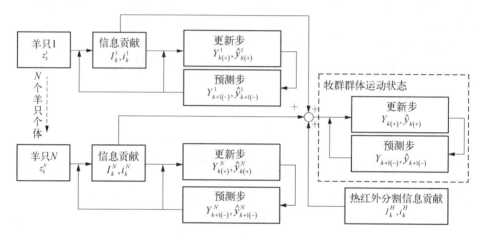

图 3.4.13 牧群群体运动状态集中式信息滤波示意图

因此,以多个目标状态融合估计的信息矩阵与信息向量更新步可表示为

$$Y_{k+1(+)} = Y_{k+1(-)} + I^H_{k+1} + \sum_{j=1}^{N} I^j_{k+1} \qquad (3.4.13)$$

$$\hat{y}_{k+1(+)} = \hat{y}_{k+1(-)} + i^H_{k+1} + \sum_{j=1}^{N} i^j_{k+1} \qquad (3.4.14)$$

式中, I^H_{k+1} 与 i^H_{k+1} 为热红外分割结果信息贡献,牧群群体运动状态信息矩阵与信息向量可参照单目标进行交互式多模型建模,滤波更新运用集中式信息滤波,可以交互式多模型获得更高的牧群群体运动状态估计精度。

以集中式信息滤波为基础识别认知群体行为最大的优点是个体行为会通过信息贡献直接反映到群体行为中,由于"羊群效应"带来从众行为,羊只个体的行为,特别是应激反应会强烈影响周围羊只行为,因此通过每个个体信息贡献推导出群体反应,可以更准确地反映群体行为。

3.4.3 基于方根无迹信息滤波的非合作目标群估计研究

根据 3.4.1 节的推导,利用集中式信息滤波的"可加性"迭代的特点,可以很好地配合基于检测技术路线的多源信息非合作目标群的群运动状态估计,但是以上推导依赖于无迹滤波,其"可加性"是通过信息滤波与卡尔曼滤波的对偶性完成的,需在完成卡尔曼滤波滞后取其对偶形式进行,容易在矩阵求逆过程中,由于数据量差距,产生矩阵奇异。因此,本节将集中式信息滤波基本形式拓展至基于方根无迹信息滤波的形式。方根无迹信息滤波推导如下。

首先,参考无迹卡尔曼滤波的推导,对方根无迹信息滤波初始化进行定义。将任意 k 时刻目标状态初始估计量定义为 $\hat{x}_k$,过程噪声 w_k 的方根协方差定义为 $\sqrt{Q_k}$,观测噪声 v_k 的方根协方差定义为 $\sqrt{R_k}$,状态量方根协方差定义为 S_k,由式(3.4.15)计算:

$$S_k = \mathrm{chol}\{E((x_k - \hat{x}_k)(x_k - \hat{x}_k)^{\mathrm{T}})\} \tag{3.4.15}$$

式中,chol 为 Cholesky 分解算子;初始值 x_k 的取值由状态量的初始状态以及非合作目标群初始状态决定。

同样,根据以上初始值,进行无迹变换:

$$\bar{X}_k^{(m)} = [\hat{X}_k \quad \hat{X}_k + hS_k \quad \hat{X}_k - hS_k] \tag{3.4.16}$$

式中,各 m 采样点的权值 ω 同样由式(3.3.20)确定。

根据采样点、目标运动转移方程得到

$$\bar{X}_{k+1(-)}^{(m)} = f(\bar{X}_k^{(m)}, w_k) \tag{3.4.17}$$

加权得到目标状态估计:

$$\hat{x}_{k+1(-)} = \sum_{m=0}^{2N+1} \omega^{(m)} \hat{X}_{k+1(-)}^{(m)} \tag{3.4.18}$$

计算目标状态方根协方差估计为

$$\hat{S}_{k+1(-)} = \mathrm{qr}\{\sqrt{\omega_c}(\bar{X}_{k+1(-)}^{(1:2N+1)} - \hat{x}_{k+1(-)})\} \tag{3.4.19}$$

Cholesky 更新向量为

$$C = \sqrt{\omega_c}(x_k - \hat{x}_{k+1(-)}) \tag{3.4.20}$$

利用 Cholesky 更新对目标状态方根协方差 $\hat{S}_{k+1(-)}$ 进行更新:

$$\hat{S}_{k+1(-)} = \mathrm{cholupdate}(\hat{S}_{k+1(-)}, C, \mathrm{sgn}(\omega_c)) \tag{3.4.21}$$

式中,cholupdate 为 Cholesky 更新;sgn 为符号函数。

基于以上计算,得到一步预测信息向量 $\hat{y}_{k+1(-)}$ 与一步预测方根信息矩阵 $\hat{S}_{k+1(-)}^Y$ 的一步预测为

$$\hat{y}_{k+1(-)} = \hat{S}_{k+1(-)}^{-\mathrm{T}}(\hat{S}_{k+1(-)}^{-1} \hat{x}_{k+1(-)}) \tag{3.4.22}$$

$$\hat{S}_{k+1(-)}^{Y} = \mathrm{qr}\{\hat{S}_{k+1(-)}^{-1} I\} \tag{3.4.23}$$

根据一步预测,再进行无迹变换得到新的一步预测采样点集为

$$\bar{X}_{k+1(-)}^{(m)} = [\hat{X}_{k+1(-)} \quad \hat{X}_{k+1(-)} + h\hat{S}_{k+1(-)} \quad \hat{X}_{k+1(-)} - h\hat{S}_{k+1(-)}] \tag{3.4.24}$$

接下来,对于更新步,首先由观测方程(3.3.10)得到 $\hat{Z}_{k+1(-)}^{(m)}$,将其加权得到

$$\hat{z}_{k+1(-)} = \sum_{m=0}^{2N} \omega^{(m)} \hat{Z}_{k+1(-)}^{(m)} \tag{3.4.25}$$

通过式(3.3.28)得到交叉协方差 $\hat{P}_{x_k z_k}$,定义 U 为方根信息贡献,则可计算 U 为

$$U = \hat{S}_{k+1(-)}^{-\mathrm{T}} (\hat{S}_{k+1(-)}^{-1} \hat{P}_{x_k z_k})(\sqrt{R_k})^{-\mathrm{T}} \tag{3.4.26}$$

根据方根信息贡献,同样对一步预测方根信息矩阵 $\hat{S}_{k+1(-)}^{Y}$ 得

$$\hat{S}_{k+1(+)}^{Y} = \mathrm{cholupdate}(\hat{S}_{k+1(-)}^{Y}, U, +) \tag{3.4.27}$$

由此得到信息矩阵 $Y_{k+1(+)}$ 与信息向量更新 $\hat{y}_{k+1(+)}$:

$$Y_{k+1(+)} = Y_{k+1(-)} + UU^{\mathrm{T}} \tag{3.4.28}$$

$$\hat{y}_{k+1(+)} = \hat{y}_{k+1(-)} + U(\sqrt{R_k})^{-1}(z_{k+1} - \hat{z}_{k+1(-)} + \hat{P}_{x_k z_k}^{\mathrm{T}} \hat{y}_{k+1(-)}) \tag{3.4.29}$$

由此得到针对单一目标的方根信息滤波的形式。同样,参考图 3.4.13、式(3.4.13) 与式(3.4.14)可得基于方根信息滤波的针对非合作目标群的群状态估计形式。

3.5　试验验证与分析

3.5.1　针对牲畜关键个体的预测追踪与状态估计试验

首先,对于牲畜个体,在感知/滤波阶段,需要获取其二阶全状态,且对其进行预测。直观展示数据驱动方法预测功能如图 3.5.1 所示。

图 3.5.1 所示的追踪样例来自 OTB100 数据集[5],此例特技模特很好地表现了 3D 卷积孪生网络的预测追踪性能,特别是对于运动状态改变剧烈的目标,同样,对于目标消失或改变剧烈,仍能很好地跟踪目标,如图 3.5.2 所示。

将基于 3D 卷积孪生网络用于智能放牧牲畜关键个体追踪,并将所得预测数据转换为 3D 边界框,结果如图 3.5.3 所示。

图 3.5.3(a)所示的追踪目标为牧群转场时牲畜个体,此样例持续时间长,长达 232.1 s,在长时间、运动速度较慢的场景下,直接以数据驱动的预测跟踪作为跟

(a) T时刻摩托车手运动状态

(b) $T+1$时刻摩托车手运动状态

(c) $T+3$时刻摩托车手运动状态

(d) $T+4$时刻摩托车手运动状态

(e) $T+5$时刻摩托车手运动状态

(f) $T+6$时刻摩托车手运动状态

图 3.5.1　基于 3D 卷积孪生网络的预测追踪

踪结果,无法体现出预测优势,预测结果噪声较大。在本章对数据驱动预测追踪的定义是观测值,直接将观测值未经滤波,以 3D 边界框转换后得到结果如图 3.5.3 所示,预测跟踪值围绕真实值,杂乱且无法明显得到预测规律,证明基于数据驱动的方法,在长时间、目标运动速度较慢的情况下,无法形成稳定预测。

　　而将数据驱动输出视为观测值,以新息更新的方法融入交互式卡尔曼滤波得到。

　　相较于数据驱动预测结果即图 3.5.3,四个模型交互(匀速、匀加速、后验转弯、数据驱动观测)得到的滤波结果如图 3.5.4 所示,以滤波预测、滤波更新得到的两组结果,不管是在 ox_sy_s 平面、oy_sz_s 平面还是 ox_sz_s 平面,均稳定围绕真实值。将三个平面内局部运动较为剧烈的区域放大,得到图 3.5.5。

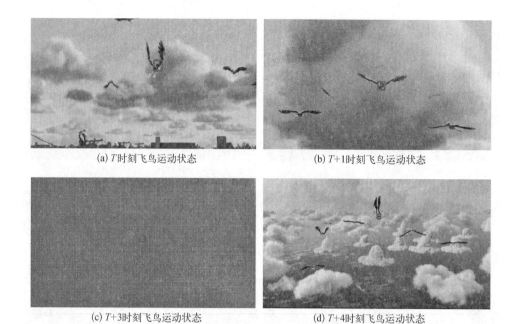

(a) T时刻飞鸟运动状态　　　　　　　　　(b) $T+1$时刻飞鸟运动状态

(c) $T+3$时刻飞鸟运动状态　　　　　　　　(d) $T+4$时刻飞鸟运动状态

图 3.5.2　基于 3D 卷积孪生网络的追踪样例

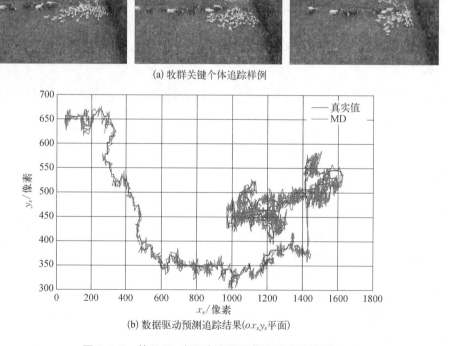

(a) 牧群关键个体追踪样例

(b) 数据驱动预测追踪结果(ox_sy_s平面)

图 3.5.3　基于 3D 卷积孪生网络的预测追踪分析

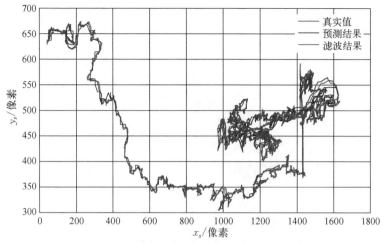

(a) 交互式多模型滤波混合驱动滤波结果(ox_sy_s平面)

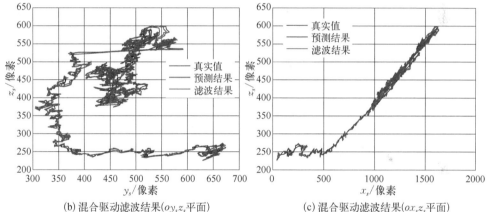

(b) 混合驱动滤波结果(oy_sz_s平面)　　　　　(c) 混合驱动滤波结果(ox_sz_s平面)

图 3.5.4　交互式多模型无迹滤波结果

　　如图 3.5.6 所示,红线,即滤波一步预测结果,明显超前于滤波更新即蓝线一个相位,本例中视频采样频率为 10 Hz,表明经过交互式多模型无迹滤波预测,至少能获取 0.1 s 的目标运动预测提前量。

　　根据交互式多模型滤波最大似然函数更新规则,得到四个模型(匀速、匀加速、后验转弯、数据驱动观测),分别标记为 MC、MA、MT、MD,得到全跟踪过程中运动状态位于各个模型的概率如图 3.5.6 所示。

　　如图 3.5.7 所示,在共 2 321 帧追踪结果中,MD,即数据驱动预测模型在长时间均占优势,证明在追踪迭代中,基于数据驱动的观测值更加准确,符合目标运动趋势,并经过无迹滤波,极大削减了如图 3.5.3 所示结果所包含的噪声的极大干扰,完成了滤波预测。

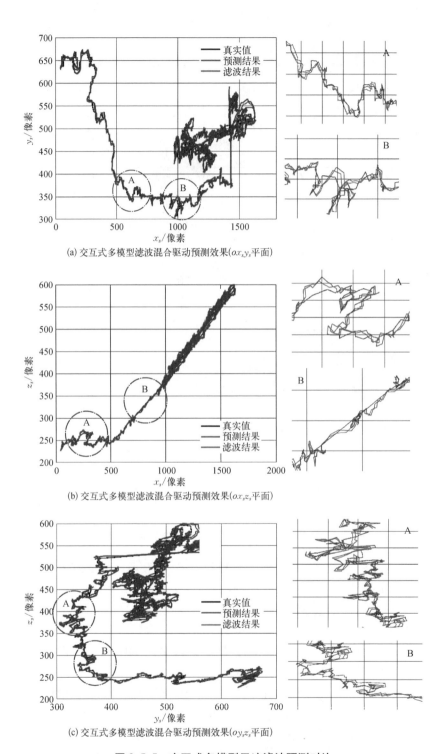

(a) 交互式多模型滤波混合驱动预测效果(ox_sy_s平面)

(b) 交互式多模型滤波混合驱动预测效果(ox_sz_s平面)

(c) 交互式多模型滤波混合驱动预测效果(oy_sz_s平面)

图3.5.5　交互式多模型无迹滤波预测对比

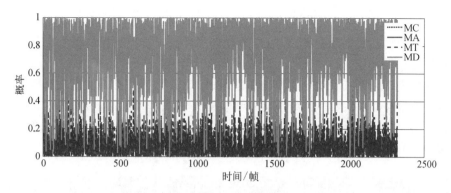

图 3.5.6　交互式多模型滤波各模型概率 μ

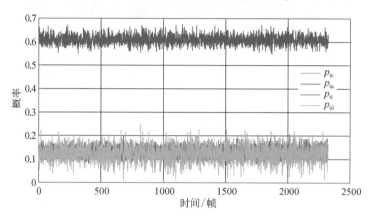

图 3.5.7　基于姿态观测的模型转移概率更新结果

除以似然函数更新得到各模型概率,以姿态观测为切入点,观测目标是否有左倾或右倾趋势,以加和式更新模型转移概率 p_{tc}、p_{ta}、p_{tt}、p_{td},首先初始化 p_{IMM} 为

$$
p_{IMM} = \begin{bmatrix} 0.61 & 0.133 & 0.133 & 0.133 \\ 0.133 & 0.61 & 0.133 & 0.133 \\ 0.133 & 0.133 & 0.61 & 0.133 \\ 0.133 & 0.133 & 0.133 & 0.61 \end{bmatrix} \tag{3.5.1}
$$

每次更新加和量步长为 0.02,对模型转移概率 p_{ct}、p_{at}、p_{tt}、p_{dt} 进行更新,若各个元素更新量积累超过初始化概率转移矩阵式(3.3.12)各元素基础量的 10%,则重新初始化为式(3.3.12)数值继续更新。姿态观测所针对的四个动态转移概率 p_{tc}、p_{ta}、p_{tt}、p_{td},位于 p_{IMM} 矩阵第三行,完成行内更新后,动态概率所在行其他三个转移概率平均减去或加上变量,对列内其他元素进行更新。四个模型转移概率 p_{tc}、p_{ta}、p_{tt}、p_{td} 更新结果如图 3.5.7 所示。

本例姿态观测实施流程为:首先在虚幻引擎中采集牲畜目标在不同俯视视角

下牲畜运动状态发生变化产生右转或左转趋势,图3.5.8为纯净策略下采集的牲畜目标运动状态变化数据集,采用纯净策略采集目标模板图像与视觉追踪目标进行匹配,找出相似度最高的图像,即最高相似度策略。若最高相似度大于阈值,此处设为0.8,表示目标正在进行转向,基于假设3.3.1,以加和式更新提高模型转移至后验转弯模型,以及后验转弯模型延续下去的概率,即提高模型转移概率 p_{ct}、p_{at}、p_{tt}、p_{dt} 的值。若达不到相似度阈值,则对应减去相应步长的值,直至变化量超过初始化值的10%,再进行初始化。

(a) 牲畜目标向右转数据集　　　　　　　　(b) 牲畜目标向左转数据集

图3.5.8　纯净策略下采集的牲畜目标运动状态变化数据集

最后,经过试验验证,在感知哈希条件下,将图像下采样至64×64,取频率区间为 $[0:8,0:8]$ 时识别效果最好。得到牲畜关键目标速度估计(一阶信息)、加速度估计(二阶信息),并按照传感器像素分辨率值归一化(采集视频分辨率为1 280×720),如图3.5.9所示,加速度估计如图3.5.10所示。

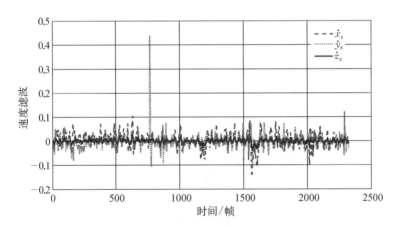

图3.5.9　牲畜个体预测跟踪目标速度估计

图3.5.9和图3.5.10中,速度、加速度估计值分别具有一个非常大的突变,此突变是由于无人机在对牧群进行监测过程中,瞬间调整云台,改变拍摄角度所致,若基于传感器固定安装角假设,则传感器坐标系内速度、加速度估计值有效且可靠。

对于牲畜关键个体的状态估计方法所得结果,统计并计算其相对于真实值的均方根误差如表3.5.1所示。

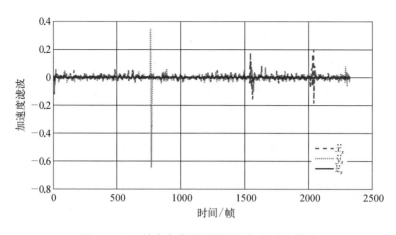

图 3.5.10　牲畜个体预测跟踪目标加速度估计

表 3.5.1　均方根误差结果

试 验 对 象	均方根误差/像素
数据驱动预测追踪	7.029 5
交互式多模型驱动预测追踪(固定 p_{IMM})	5.984 2
交互式多模型驱动预测追踪(观测 p_{IMM})	5.183 9
交互式多模型混合驱动预测追踪	4.756 3
交互式多模型混合驱动追踪	4.596 5

　　由表 3.5.1 可得,交互式多模型混合驱动追踪,即以滤波更新步输出,相较于真实值均方根误差最小,而交互式多模型混合驱动预测追踪次之,均方根维持在较低水平下,仍能获得获取 0.1 s 的目标运动预测提前量。对于模型驱动预测追踪,以姿态观测更新 p_{IMM} 可大幅降低均方根误差,若将其运用在混合驱动追踪上,则因数据驱动带来的巨大提升而效果不明显。交互式多模型驱动预测追踪是仅依靠匀速直线运动模型、匀加速直线运动模型与后验转弯模型得到的预测追踪,相较于混合驱动预测追踪,均方根误差大幅提高,证明将数据驱动预测追踪结果用于新息更新,并与交互式多模型滤波结合可以进一步降低预测与滤波误差。

3.5.2　羊群多目标动态追踪计数测试试验

　　YOLOv5x* 模型、YOLOv5s - ECA* 模型、YOLOv5x - ECA* 模型和 YOLOv5x - ECA - SSA* 检测模型,采用一架配备摄像头的无人车拍摄羊只步入视频区域的高清视频,并使用上述不同的检测头搭配 DeepSort 算法来完成视频处理和羊只追踪。为保障该试验所设计羊只计数模型的通用性效果,分别在武汉佳洋农场与北京市顺义区临湖轩畜牧养殖场中进行不同羊只数量及场景计数测试。在武汉佳洋农场中,该养殖羊只主要来源于湖北黄冈市,品种为大别山黑山羊及白山羊,包括不同大小、颜色、性别的羊群特色,总共24只山羊;在北京市顺义区临湖轩畜牧养殖场中,养殖羊只主要来源于山东,品种主要为小尾寒羊,羊只数量总共30。试验中,各个模型动态追踪计数的误差率方程为

$$误差率 = \frac{|a - b|}{a} \times 100\% \qquad (3.5.2)$$

式中,a 表示羊只真实个体数量;b 表示不同模型动态计数的个数。

对武汉佳洋农场中的24只山羊进行放牧归圈计数试验,通过使用上述不同检测模型搭配 Deepsort 算法进行动态追踪计数。计数测试试验结果如表3.5.2所示,动态计数效果最好的为 YOLOv5x - ECA - SSA* + Deepsort 算法,其计数羊只的个数为24只,误差率为0%,追踪算法的处理速度为14.91帧/s。其次,YOLOv5x - ECA* + Deepsort 算法计数效果次之,计数的个数为23只,误差率为4.17%,追踪算法处理速度为15.10帧/s。通过 YOLOv5x* + Deepsort 算法测试的计数个数为20只,误差率为16.67%,追踪算法处理速度为18.25帧/s。基于最优权重下的YOLOv5x - ECA - SSA* + Deepsort 的计数效果如图3.5.11所示。

表3.5.2　各算法模型对佳洋农场羊只计数的测试结果

计 数 模 型	计数误差率/%	模型计数的羊只数量/只	GPU 处理速度/(帧/s)
YOLOv5x* +Deepsort	16.67	20	18.25
YOLOv5s - ECA* +Deepsort	8.33	22	75.30
YOLOv5x - ECA* +Deepsort	4.16	23	15.10
YOLOv5x - ECA - SSA* +Deepsort	0	24	14.91

针对北京市顺义区临湖轩畜牧养殖场所拥有的30只羊进行放牧归圈计数试验,依旧采用不同的检测头搭配 Deepsort 算法完成羊只的计数试验,计数测试试验结果如表3.5.3所示,动态计数效果最好的为 YOLOv5x - ECA - SSA* + Deepsort,其计数羊只的个数为30只,误差率为0%,追踪算法的处理速度为15.12帧/s。其次,YOLOv5x - ECA* + Deepsort 算法计数效果次之,计数的个数为29只,误差率为3.33%,追踪算法处理速度为15.40帧/s。通过 YOLOv5x* + Deepsort 算法测试的计数个数为27只,误差率为10.00%,追踪算法处理速度为19.35帧/s。基于最优权重下的 YOLOv5x - ECA - SSA* + Deepsort 计数效果如图3.5.12所示。

(a) 时刻1过线羊只个数　　　　　　　　　(b) 时刻2过线羊只个数

(c) 时刻3过线羊只个数　　　　　　　　　(d) 时刻4过线羊只个数

(e) 时刻5过线羊只个数　　　　　　　　　(f) 时刻6过线羊只个数

图 3.5.11　YOLOv5x－ECA－SSA* +Deepsort 算法实现武汉佳洋农场羊只动态追踪计数示例

表 3.5.3　各算法模型对北京市顺义区临湖轩畜牧养殖场羊只计数的测试结果

计 数 模 型	计数误差率/%	模型计数的羊只数量/只	GPU 处理速度/(帧/s)
YOLOv5x* +Deepsort	10	27	19.35
YOLOv5s－ECA* +Deepsort	20	24	76.44

续 表

计 数 模 型	计数误差率/%	模型计数的羊只数量/只	GPU 处理速度/(帧/s)
YOLOv5x－ECA*+Deepsort	3	29	15.40
YOLOv5x－ECA－SSA*+Deepsort	0	30	15.12

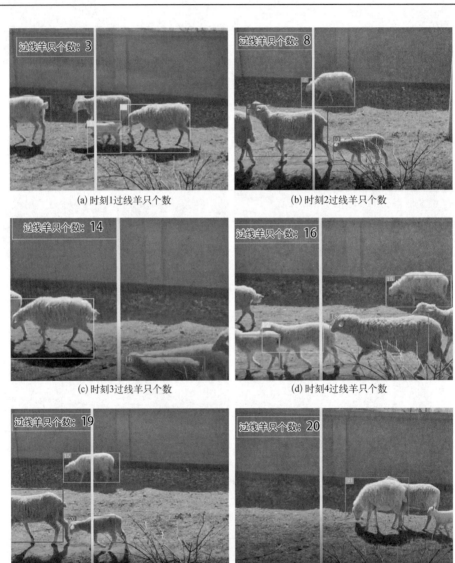

(a) 时刻1过线羊只个数　　　　　　(b) 时刻2过线羊只个数

(c) 时刻3过线羊只个数　　　　　　(d) 时刻4过线羊只个数

(e) 时刻5过线羊只个数　　　　　　(f) 时刻6过线羊只个数

图 3.5.12　YOLOv5x－ECA－SSA*+Deepsort 算法实现北京市
顺义区临湖轩畜牧养殖场羊只动态追踪计数示例

3.5.3　针对牧群的追踪与状态估计试验

与针对牲畜关键个体预测追踪不同的是,针对牧群的追踪与状态估计,主要关注牧群运动趋势的准确估计,因此针对牧群运动趋势的估计,采用的是基于滤波更新步作为状态估计的实际输出。

首先,以数值仿真为例,假设牧群数量为 5,且以文献[1]的方法已经实时检测得到目标位置(零阶状态),并以随机噪声作为目标观测值进行滤波迭代,以 ox_sy_s 平面为例展示,得到结果如图 3.5.13 所示。

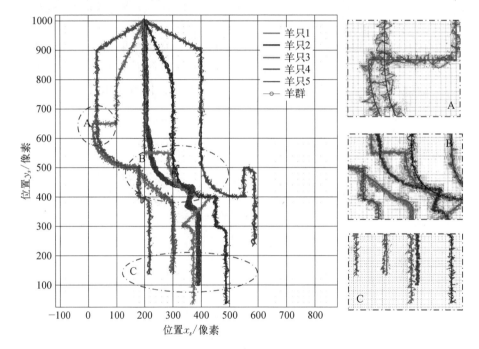

图 3.5.13　牧群运动状态估计

如图 3.5.13 所示,不同颜色轨迹代表不同羊只,对于区域 A,放大区域展示了 3 号与 4 号羊只轨迹的滤波情况,其中,真实值为连续粗实线,观测值为点连接构成的细折线,细实线为滤波结果,其中观测值由真实值加上随机白噪声生成,白噪声遵守零均值、方差为 10^2 的高斯分布,方差单位为像素,模拟在观测中无人机搭载传感器受到的随机扰动。区域 B 展示的是牧群运动状态变化较为剧烈的部分,基于信息滤波的群状态估计算法跟踪随着牧群整体转向而缓慢变化。而区域 C,牧群均匀速向前时,群运动状态估计结果也随着牧群匀速前进。对于牧群运动状态的零阶量,即牧群位置,与将牧群个体位置取算术平均得到牧群位置对比如图 3.5.14 所示。

值得注意的是,图 3.5.14 中对比羊只个体位置算术平均得到的牧群位置与集中

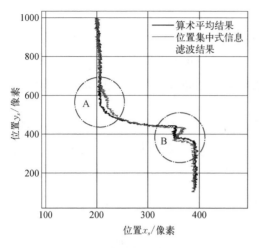

图 3.5.14　牧群运动状态估计零阶信号与个体位置算术平均群运动对比

式信息滤波得到的牧群状态估计有本质上的差别,算术平均只能在零阶(位置)上进行平均,而对于一阶信息(牧群运动速度)、二阶信息(牧群运动加速度)取羊只个体算术平均原因为无法保证速度、加速度方向的正确性,当牧群整体处于静止时,个别牲畜状态瞬间改变会导致速度、加速度方向突变,不适合作为无人机追踪任务的传感器高阶信息,因此仅对位置信息做比较。对于如图 3.5.15 所得结果,集中式信息滤波得到的位置信息更加倾向于根据牧群中运动状态变化较大的个体而改变,如

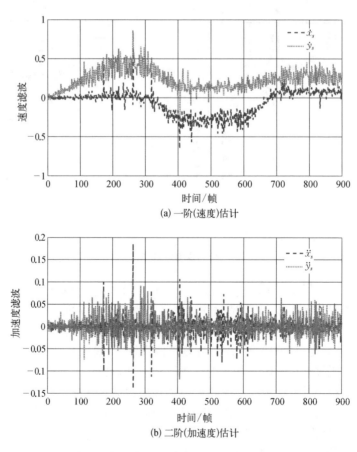

(a) 一阶(速度)估计

(b) 二阶(加速度)估计

图 3.5.15　牧群运动状态估计(归一化后)

图 3.5.15 中 A、B 区域,对应图 3.5.14 中 3 号、5 号羊只运动状态改变,而牧群个体运动趋于一致、平稳时,集中式信息滤波给出的牧群运动位置变化与算术平均一致。根据集中式信息滤波得到牧群运动状态一阶估计(速度)与二阶估计(加速度)如图 3.5.16 所示。

(a) 牧群数据初始化

(b) 掉队个体与牧群持续靠近1

(c) 掉队个体与牧群持续靠近2

(d) 掉队个体完成归群

图 3.5.16　掉队个体归群牧群运动样例

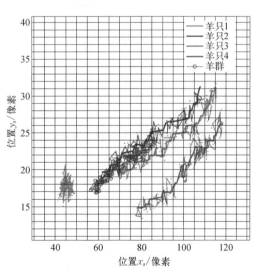

**图 3.5.17　掉队个体归群牧群运动状态
一阶估计(ox_sy_s 平面)**

同样,以无人机端采集的牧群移动数据验证牧群运动估计方法,以掉队个体归群样例为例,如图 3.5.16 所示。

为增强数据直观性,本样例仅选用四只羊代表此牧群运动情况,其中一只羊为掉队个体,而三只羊代表牧群移动情况。得到滤波一阶(位置)估计如图 3.5.17 所示。

如图 3.5.17 所示,掉队个体(羊只1)在无人机视野内呈现"原地不动"状态,是由于无人机跟随牧群向前飞行,掉队个体(羊只1)相对于无人机运动速度较小导致。而牧群的估计,以及牧群内个体的估计效果与数值仿真结果相符合,证明以集中式信息滤波、配合方根无迹滤波更新,可以稳定完成牧群的运动状态估计。同时,给出牧群相对于无人机的一阶状态估计(速度估计)与二阶状态估计(加速度估计)如图 3.5.18 所示。

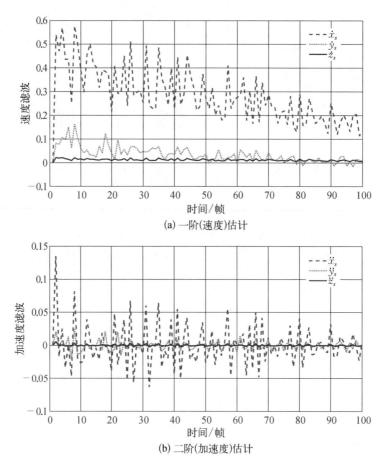

(a) 一阶(速度)估计

(b) 二阶(加速度)估计

图 3.5.18　牧群运动样例运动状态估计(归一化后)

3.6　小结

本章基于全状态耦合一体化模型,即式(2.5.8)的第一式,针对牲畜个体,以交互式多模型无迹滤波,以 3D 卷积孪生网络为基础构建数据驱动新息,配合基于哈希相似性的姿态观测技术,以匀速直线运动、匀加速直线运动、后验转弯、数据驱动预测四个模型进行交互性无迹滤波,对比传统无迹滤波,大幅降低估计值相较于真实值的均方根误差,并且以均方根误差小幅上升的代价,获得了牲畜关键个体稳定的0.1 s的预测追踪。针对牧群运动状态估计,本章提出了基于集中式信息滤波的方法,以每个牲畜个体的视觉检测结果为观测值,对群运动目标进行状态估计,相较于以各牲畜平均位置作为牧群位置变化依据,还提供了牧群运动状态的一阶、二阶估计值,得到牲畜个体、牧群的高阶运动状态估计信息,以此为基础可以进行下一步的导引与控制的设计。

-------------------------------- 参 考 文 献 --------------------------------

[1] Cao Y, Chen J, Zhang Z. A sheep dynamic counting scheme based on the fusion between an improved-sparrow-search YOLOv5x – ECA model and few-shot Deepsort algorithm[J]. Computers and Electronics in Agriculture, 2023, 206: 107696.

[2] Bertinetto L, Valmadre J, Henriques J F, et al. Fully-convolutional siamese networks for object tracking[C]. The 14th European Conference on Computer Vision, Amsterdam, 2016: 850 – 865.

[3] Krizhevsky A, Sutskever I, Hinton G. Imagenet classification with deep convolutional neural networks[J]. Communications of the ACM, 2017, 60(6): 84 – 90.

[4] 周晨卉,王生进,丁晓青.基于局部特征级联分类器和模板匹配的行人检测[J].中国图象图形学报,2010,15(5): 824 – 829.

[5] Wu Y, Lim J, Yang M H, et al. Online object tracking: A benchmark[C]. The 26th IEEE Conference on Computer Vision and Pattern Recognition, Portland, 2013: 2411 – 2418.

第4章

基于简化模型的无人机追踪导引与控制研究

4.1 引言

本章以分离式设计方法,基于简化运动目标方程的导引律和基于无人机动力学的控制律,实现无人机对非合作目标的追踪任务。首先,在无人机不依靠外源信息,只依靠机载传感器的情况下,重新建模描述非合作目标与无人机之间的相对运动关系,并构成简化的全状态耦合一体化模型。然后,以简化的相对运动方程为基础,根据接近规则约束,分通道设计比例导引律,得到惯性坐标系下沿着 ox 轴、oy 轴、oz 轴的速度输入信号。最后,根据无人机动力学模型,基于四旋翼无人机欠驱动解算方法,分位置环、姿态环,采用 LQR 方法,以导引律得到的参考信号计算偏差信号,得到无人机控制律。

4.2 无人机追踪全状态耦合一体化简化模型研究

4.2.1 基于滤波模型的目标相对状态描述

考虑到无人机只通过机载传感器获取目标信息,本章的无人机-目标相对运动关系建模在传感器坐标系与视线坐标系下进行。由 2.2.3 节可知,根据卡尔曼滤波理论,针对滤波模型,输入为由传感器得到的,在传感器坐标系内的坐标 $z = (X_{3D}, Y_{3D}, Z_{3D})$,输出为 $\hat{x} = [\hat{x}_s, \hat{y}_s, \hat{z}_s, \dot{\hat{x}}_s, \dot{\hat{y}}_s, \dot{\hat{z}}_s, \ddot{\hat{x}}_s, \ddot{\hat{y}}_s, \ddot{\hat{z}}_s]^T$。使用 $\hat{x}$ 信息对目标进行相对状态描述,如图 4.2.1 所示。

在图 4.2.1 中,目标与传感器坐标系原点的连线定义为无人机与目标的相对位置矢量 λ;目标与传感器坐标系原点连线与 $o_s x_s z_s$ 平面的夹角定义为视线倾角 σ_φ;目标与传感器坐标系原点连线在 $o_s x_s z_s$ 平面的投影线段与 $o_s x_s y_s$ 平面的夹角定义为视线偏角 σ_ϕ。视线倾角 σ_φ 与视线偏角 σ_ϕ 正方向由右手定则确定。目标在

传感器坐标系内的方位角关系为

$$
\begin{bmatrix} \lambda \\ \sigma_\varphi \\ \sigma_\phi \end{bmatrix} = \begin{bmatrix} \sqrt{\hat{x}_s^2 + \hat{y}_s^2 + \hat{z}_s^2} \\ \arctan\left(\dfrac{\hat{y}_s}{\sqrt{\hat{x}_s^2 + \hat{z}_s^2}} \right) \\ -\arctan\left(\dfrac{\hat{x}_s}{\hat{z}_s} \right) \end{bmatrix}
$$

$$(4.2.1)$$

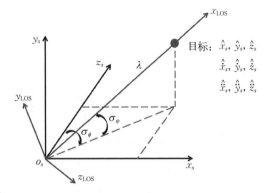

图 4.2.1 传感器坐标系内三维空间无人机-目标相对运动关系

根据相对运动关系,在视线坐标系中,有

$$
\frac{\mathrm{d}\lambda}{\mathrm{d}t} = \frac{\partial \lambda}{\partial t} + \Omega_l \times \lambda \tag{4.2.2}
$$

式中, $\mathrm{d}\lambda/\mathrm{d}t$ 表示在机体坐标系中相对位置矢量对时间的导数,即目标相对于无人机的相对速度矢量; $\partial\lambda/\partial t$ 则表示在视线坐标系中相对位置矢量对时间的导数; Ω_l 是视线坐标系相较于机体坐标系转动的角速度矢量。

$$
\Omega_l = \begin{bmatrix} \cos\sigma_\varphi & \sin\sigma_\varphi & 0 \\ -\sin\sigma_\varphi & \cos\sigma_\varphi & 0 \\ 0 & 0 & 1 \end{bmatrix} \begin{bmatrix} 0 \\ \dot{\sigma}_\phi \\ 0 \end{bmatrix} + \begin{bmatrix} 0 \\ 0 \\ \dot{\sigma}_\varphi \end{bmatrix} = \begin{bmatrix} \dot{\sigma}_\phi \sin\sigma_\varphi \\ \dot{\sigma}_\phi \cos\sigma_\varphi \\ \dot{\sigma}_\varphi \end{bmatrix} \tag{4.2.3}
$$

4.2.2 传感器与机体的捷联关系

为简化建模与降低后续计算难度,传感器的安装使得传感器坐标系与机体坐标系重合,如图 4.2.2 所示。

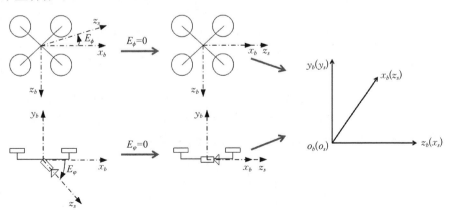

图 4.2.2 传感器与机体的捷联简化关系

经由传感器与机体的捷联简化后,传感器坐标系和机体坐标系的转换关系为

$$\begin{bmatrix} x_b \\ y_b \\ z_b \end{bmatrix} = \begin{bmatrix} 0 & 0 & 1 \\ 0 & 1 & 0 \\ 1 & 0 & 0 \end{bmatrix} \begin{bmatrix} x_s \\ y_s \\ z_s \end{bmatrix} \tag{4.2.4}$$

由此,在机体坐标系中,可得

$$\frac{\mathrm{d}\lambda}{\mathrm{d}t} = \begin{bmatrix} \dot{\lambda} \\ \dot{\sigma}_\varphi \lambda \\ -\dot{\sigma}_\phi \lambda \cos \sigma_\varphi \end{bmatrix} = L_b^{\mathrm{LOS}}(V_b^{\mathrm{T}} - V_b) \tag{4.2.5}$$

式中,V_b^{T} 表示目标在机体坐标系下的速度;V_b 表示无人机在机体坐标系下的速度;

$$L_b^{\mathrm{LOS}} = \begin{bmatrix} \cos \sigma_\varphi \cos \sigma_\phi & \sin \sigma_\varphi & -\sin \sigma_\phi \cos \sigma_\varphi \\ \sin \sigma_\varphi \cos \sigma_\phi & \cos \sigma_\varphi & \sin \sigma_\varphi \sin \sigma_\phi \\ \sin \sigma_\phi & 0 & \cos \sigma_\phi \end{bmatrix}$$

将式(4.2.5)分解到机体坐标系各坐标轴上,并简单整理可得

$$\begin{bmatrix} \dot{\lambda} \\ \dot{\sigma}_\varphi \\ \dot{\sigma}_\phi \end{bmatrix} = \begin{bmatrix} L_{11} & L_{12} & L_{13} \\ L_{21} & L_{22} & L_{23} \\ L_{31} & L_{32} & L_{33} \end{bmatrix} \begin{bmatrix} V_{b\_x}^{\mathrm{T}} - V_{b\_x} \\ V_{b\_y}^{\mathrm{T}} - V_{b\_y} \\ V_{b\_z}^{\mathrm{T}} - V_{b\_z} \end{bmatrix}$$

$$= \begin{bmatrix} \cos \sigma_\varphi \cos \sigma_\phi & \sin \sigma_\varphi & -\sin \sigma_\phi \cos \sigma_\varphi \\ -\dfrac{\sin \sigma_\varphi \cos \sigma_\phi}{\lambda} & \dfrac{\cos \sigma_\varphi}{\lambda} & \dfrac{\sin \sigma_\varphi \sin \sigma_\phi}{\lambda} \\ -\dfrac{\sin \sigma_\phi}{\lambda \cos \sigma_\varphi} & 0 & -\dfrac{\cos \sigma_\phi}{\lambda \cos \sigma_\varphi} \end{bmatrix} \begin{bmatrix} V_{b\_x}^{\mathrm{T}} - V_{b\_x} \\ V_{b\_y}^{\mathrm{T}} - V_{b\_y} \\ V_{b\_z}^{\mathrm{T}} - V_{b\_z} \end{bmatrix}$$

$$\tag{4.2.6}$$

式中,$V_{b\_x}^{\mathrm{T}}$、$V_{b\_y}^{\mathrm{T}}$、$V_{b\_z}^{\mathrm{T}}$ 为目标在机体坐标系下沿着 ox_b、oy_b、oz_b 轴的速度分量;V_{b_x}、V_{b_y}、V_{b_z} 为无人机在机体坐标系下沿着 ox_b、oy_b、oz_b 轴的分量。

为方便描述无人机和目标的绝对运动状态,由式(4.2.5)可得

$$\begin{bmatrix} V_x^{\mathrm{T}} \\ V_y^{\mathrm{T}} \\ V_z^{\mathrm{T}} \end{bmatrix} = L^b \begin{bmatrix} V_{b\_x}^{\mathrm{T}} \\ V_{b\_y}^{\mathrm{T}} \\ V_{b\_z}^{\mathrm{T}} \end{bmatrix} \tag{4.2.7}$$

$$
\begin{bmatrix} V_x \\ V_y \\ V_z \end{bmatrix} = L^b \begin{bmatrix} V_{b\_x} \\ V_{b\_y} \\ V_{b\_z} \end{bmatrix} \tag{4.2.8}
$$

式中，V_x^{T}、V_y^{T}、V_z^{T} 为目标在惯性坐标系下沿着 ox、oy、oz 轴的速度分量；V_x、V_y、V_z 为无人机在惯性坐标系下沿着 ox、oy、oz 轴的分量。

4.2.3　无人机全状态耦合一体化简化模型研究

根据 4.2.1 节和 4.2.2 节的建模，传感器坐标系、机体坐标系、视线坐标系可进行融合简化。融合简化后各坐标系关系如图 4.2.3 所示。

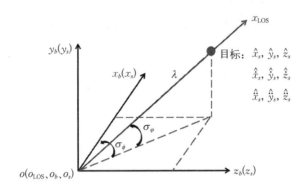

图 4.2.3　坐标系简化关系

针对非合作目标，自寻的追踪无人机全状态耦合一体化简化模型状态传递关系如图 4.2.4 所示。

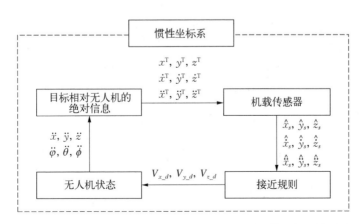

图 4.2.4　自寻的追踪无人机全状态耦合一体化简化模型状态传递关系

根据图 4.2.4,针对非合作目标的追踪无人机全状态耦合一体化模型状态传递关系可总结为

$$
\begin{cases}
\hat{x}_{k+1(-)} = KF(\hat{x}_k, z_k) \\
\dot{\hat{x}}_{\text{Relitive}} = f_1(\hat{x}_k, x, h_1) \\
\dot{x} = f_2(x, u_1) \\
\dot{x}_b = f_3(x_b, u_2, u_3, u_4)
\end{cases}
\tag{4.2.9}
$$

在图 4.2.4 中,目标在惯性坐标系下的运动状态 x^{T}、y^{T}、z^{T}、$\dot{x}^{\mathrm{T}}$、$\dot{y}^{\mathrm{T}}$、$\dot{z}^{\mathrm{T}}$、$\ddot{x}^{\mathrm{T}}$、$\ddot{y}^{\mathrm{T}}$、$\ddot{z}^{\mathrm{T}}$ 被无人机传感器捕获后,得到目标相对无人机信息 x_s、y_s、z_s、$\dot{x}_s$、$\dot{y}_s$、$\dot{z}_s$、$\ddot{x}_s$、$\ddot{y}_s$、$\ddot{z}_s$;无人机通过相对信息,根据接近规则,生成期望的速度信号;无人机根据期望信号,改变自身在惯性坐标系下的姿态和位置,实现针对非合作目标的追踪任务。

得到无人机追踪全状态耦合一体化模型状态传递关系后,将其归纳至状态空间方程形式有

$$
\begin{cases}
\dot{x}_1 = f_1(x_1) + g_1(x_1) \cdot x_2^* + w_1 \\
\dot{x}_2 = f_2 + g_2 \cdot x_1 + h(x_2) \cdot u + w_2
\end{cases}
\tag{4.2.10}
$$

式中,

$$
x_1 = \begin{bmatrix} \lambda \\ \sigma_\varphi \\ \sigma_\phi \end{bmatrix}, \quad
x_2 = \begin{bmatrix} \dot{x} \\ \dot{y} \\ \dot{z} \\ \dot{\varphi} \\ \dot{\theta} \\ \dot{\phi} \end{bmatrix} = \begin{bmatrix} x_2^* \\ \dot{\varphi} \\ \dot{\theta} \\ \dot{\phi} \end{bmatrix}, \quad
x_2^* = \begin{bmatrix} \dot{x} \\ \dot{y} \\ \dot{z} \end{bmatrix}
\tag{4.2.11}
$$

$$
f_1 = \begin{bmatrix}
\cos\sigma_\varphi\cos\sigma_\phi & \sin\sigma_\varphi & -\sin\sigma_\phi\cos\sigma_\varphi \\
-\dfrac{\sin\sigma_\varphi\cos\sigma_\phi}{\lambda} & \dfrac{\cos\sigma_\varphi}{\lambda} & \dfrac{\sin\sigma_\varphi\sin\sigma_\phi}{\lambda} \\
-\dfrac{\sin\sigma_\phi}{\lambda\cos\sigma_\varphi} & 0 & -\dfrac{\cos\sigma_\phi}{\lambda\cos\sigma_\varphi}
\end{bmatrix}
\begin{bmatrix} V_x^{\mathrm{T}} \\ V_y^{\mathrm{T}} \\ V_z^{\mathrm{T}} \end{bmatrix}
\tag{4.2.12}
$$

$$
g_1 = \begin{bmatrix}
-\cos\sigma_\varphi\cos\sigma_\phi & -\sin\sigma_\varphi & \sin\sigma_\phi\cos\sigma_\varphi \\
\dfrac{\sin\sigma_\varphi\cos\sigma_\phi}{\lambda} & -\dfrac{\cos\sigma_\varphi}{\lambda} & -\dfrac{\sin\sigma_\varphi\sin\sigma_\phi}{\lambda} \\
\dfrac{\sin\sigma_\phi}{\lambda\cos\sigma_\varphi} & 0 & \dfrac{\cos\sigma_\phi}{\lambda\cos\sigma_\varphi}
\end{bmatrix}
\tag{4.2.13}
$$

$$
f_2 = \begin{bmatrix} 0 & -g & 0 & 0 & 0 & 0 \end{bmatrix}^{\mathrm{T}}
\tag{4.2.14}
$$

$$g_2 = \begin{bmatrix} -\dfrac{k_1}{m} & 0 & 0 & 0 & 0 & 0 \\ 0 & -\dfrac{k_2}{m} & 0 & 0 & 0 & 0 \\ 0 & 0 & -\dfrac{k_3}{m} & 0 & 0 & 0 \\ 0 & 0 & 0 & -\dfrac{k_4 l}{J_{zz}} & 0 & 0 \\ 0 & 0 & 0 & 0 & -\dfrac{k_5 l}{J_{xx}} & 0 \\ 0 & 0 & 0 & 0 & 0 & -\dfrac{k_6 l}{J_{yy}} \end{bmatrix} \tag{4.2.15}$$

$$h = \begin{bmatrix} -\sin\varphi\cos\phi\cos\theta + \sin\phi\sin\theta & 0 & 0 & 0 \\ \cos\varphi\cos\theta & 0 & 0 & 0 \\ \sin\varphi\sin\phi\cos\theta + \cos\phi\sin\theta & 0 & 0 & 0 \\ 0 & 1 & 0 & 0 \\ 0 & 0 & 1 & 0 \\ 0 & 0 & 0 & 1 \end{bmatrix} \tag{4.2.16}$$

对于式(4.2.10),w_1 和 w_2 分别为作用于状态量 x_1 和 x_2 上的干扰项。至此,针对非合作目标,自寻的追踪无人机全状态耦合一体化简化模型建模完毕。

4.3 基于平行接近法的解耦比例-微分导引律研究

根据无人机与目标相对运动关系(4.2.6),分别对相对距离通道、视线倾角通道和视线偏角通道进行导引律设计。无人机与目标相对运动关系为

$$\begin{bmatrix} \dot{\lambda} \\ \dot{\sigma}_\varphi \\ \dot{\sigma}_\phi \end{bmatrix} = \begin{bmatrix} L_{11} & L_{12} & L_{13} \\ L_{21} & L_{22} & L_{23} \\ L_{31} & L_{32} & L_{33} \end{bmatrix} \begin{bmatrix} V_x^{\mathrm{T}} - V_x \\ V_y^{\mathrm{T}} - V_y \\ V_z^{\mathrm{T}} - V_z \end{bmatrix}$$

$$= \begin{bmatrix} \cos\sigma_\varphi\cos\sigma_\phi & \sin\sigma_\varphi & -\sin\sigma_\phi\cos\sigma_\varphi \\ -\dfrac{\sin\sigma_\varphi\cos\sigma_\phi}{\lambda} & \dfrac{\cos\sigma_\varphi}{\lambda} & \dfrac{\sin\sigma_\varphi\sin\sigma_\phi}{\lambda} \\ -\dfrac{\sin\sigma_\phi}{\lambda\cos\sigma_\varphi} & 0 & -\dfrac{\cos\sigma_\phi}{\lambda\cos\sigma_\varphi} \end{bmatrix} \begin{bmatrix} V_x^{\mathrm{T}} - V_x \\ V_y^{\mathrm{T}} - V_y \\ V_z^{\mathrm{T}} - V_z \end{bmatrix} \tag{4.3.1}$$

将 $u_x = V_x$、$u_y = V_y$ 和 $u_z = V_z$ 视为控制量,非合作目标速度 $\varepsilon_\lambda = V_x^{\mathrm{T}}$、$\varepsilon_{\sigma_\varphi} = V_y^{\mathrm{T}}$ 和 $\varepsilon_{\sigma_\phi} = V_z^{\mathrm{T}}$ 视为干扰量,并将干扰量扩展至可观测部分与不可观测部分,则导引系统为

$$
\begin{bmatrix} \dot{\lambda} \\ \dot{\sigma}_\varphi \\ \dot{\sigma}_\phi \end{bmatrix} = \begin{bmatrix} L_{11} & L_{12} & L_{13} \\ L_{21} & L_{22} & L_{23} \\ L_{31} & L_{32} & L_{33} \end{bmatrix} \begin{bmatrix} \varepsilon_{\mathrm{KF}}^\lambda + \varepsilon_N^\lambda - u_x \\ \varepsilon_{\mathrm{KF}}^{\sigma_\varphi} + \varepsilon_N^{\sigma_\varphi} - u_y \\ \varepsilon_{\mathrm{KF}}^{\sigma_\phi} + \varepsilon_N^{\sigma_\phi} - u_z \end{bmatrix} \tag{4.3.2}
$$

式中,$\varepsilon_* = \varepsilon_{\mathrm{KF}}^* + \varepsilon_N^*$,$\varepsilon_{\mathrm{KF}}^*$ 为由滤波得到的可观测部分,而 ε_N^* 为不可观测部分。

将式(4.3.2)展开可得

$$
\begin{aligned}
\dot{\lambda} &= L_{11}(\varepsilon_{\mathrm{KF}}^\lambda + \varepsilon_N^\lambda - u_x) + L_{12}(\varepsilon_{\mathrm{KF}}^{\sigma_\varphi} + \varepsilon_N^{\sigma_\varphi} - u_y) + L_{13}(\varepsilon_{\mathrm{KF}}^{\sigma_\phi} + \varepsilon_N^{\sigma_\phi} - u_z) \\
\dot{\sigma}_\varphi &= L_{21}(\varepsilon_{\mathrm{KF}}^\lambda + \varepsilon_N^\lambda - u_x) + L_{22}(\varepsilon_{\mathrm{KF}}^{\sigma_\varphi} + \varepsilon_N^{\sigma_\varphi} - u_y) + L_{23}(\varepsilon_{\mathrm{KF}}^{\sigma_\phi} + \varepsilon_N^{\sigma_\phi} - u_z) \\
\dot{\sigma}_\phi &= L_{31}(\varepsilon_{\mathrm{KF}}^\lambda + \varepsilon_N^\lambda - u_x) + L_{32}(\varepsilon_{\mathrm{KF}}^{\sigma_\varphi} + \varepsilon_N^{\sigma_\varphi} - u_y) + L_{33}(\varepsilon_{\mathrm{KF}}^{\sigma_\phi} + \varepsilon_N^{\sigma_\phi} - u_z)
\end{aligned} \tag{4.3.3}
$$

分析式(4.3.3)可知,该导引系统控制量耦合。为方便设计导引律,设计如式(4.3.4)所示的虚拟控制量 u_λ、u_{σ_φ} 和 u_{σ_ϕ},对导引律进行解耦:

$$
\begin{aligned}
u_\lambda &= L_{11}(\varepsilon_{\mathrm{KF}}^\lambda - u_x) + L_{12}(\varepsilon_{\mathrm{KF}}^{\sigma_\varphi} - u_y) + L_{13}(\varepsilon_{\mathrm{KF}}^{\sigma_\phi} - u_z) \\
u_{\sigma_\varphi} &= L_{21}(\varepsilon_{\mathrm{KF}}^\lambda - u_x) + L_{22}(\varepsilon_{\mathrm{KF}}^{\sigma_\varphi} - u_y) + L_{23}(\varepsilon_{\mathrm{KF}}^{\sigma_\phi} - u_z) \\
u_{\sigma_\phi} &= L_{31}(\varepsilon_{\mathrm{KF}}^\lambda - u_x) + L_{32}(\varepsilon_{\mathrm{KF}}^{\sigma_\varphi} - u_y) + L_{33}(\varepsilon_{\mathrm{KF}}^{\sigma_\phi} - u_z)
\end{aligned} \tag{4.3.4}
$$

真实导引律则可表示为

$$
\begin{bmatrix} u_x \\ u_y \\ u_z \end{bmatrix} = \begin{bmatrix} \varepsilon_{\mathrm{KF}}^\lambda \\ \varepsilon_{\mathrm{KF}}^{\sigma_\varphi} \\ \varepsilon_{\mathrm{KF}}^{\sigma_\phi} \end{bmatrix} - \begin{bmatrix} L_{11} & L_{12} & L_{13} \\ L_{21} & L_{22} & L_{23} \\ L_{31} & L_{32} & L_{33} \end{bmatrix}^{-1} \begin{bmatrix} u_\lambda \\ u_{\sigma_\varphi} \\ u_{\sigma_\phi} \end{bmatrix} \tag{4.3.5}
$$

将式(4.3.4)代入式(4.3.3),原导引系统变为

$$
\begin{aligned}
\dot{\lambda} &= u_\lambda + w_\lambda \\
\dot{\sigma}_\varphi &= u_{\sigma_\varphi} + w_{\sigma_\varphi} \\
\dot{\sigma}_\phi &= u_{\sigma_\phi} + w_{\sigma_\phi}
\end{aligned} \tag{4.3.6}
$$

式中,w_λ、w_{σ_φ}、w_{σ_ϕ} 为滤波不可观测部分及导引律解耦产生的不确定因素对相对距离通道、视线倾角通道和视线偏角通道的扰动影响。

对于相对距离通道,控制目标为 $\lambda \to \lambda_d$。采用 PD 控制,设计虚拟导引律为

$$u_\lambda = k_{p\lambda}e_\lambda + k_{d\lambda}\dot{e}_\lambda \tag{4.3.7}$$

式中，$e_\lambda = \lambda_d - \lambda$。

对于视线倾角通道和视线偏角通道，根据平行接近法，控制目标为 $\dot{\sigma}_\varphi = 0$，$\dot{\sigma}_\phi = 0$。与相对距离通道相同，采用 PD 控制，设计虚拟导引律为

$$u_{\sigma_\varphi} = k_{p\sigma_\varphi}e_{\sigma_\varphi} + k_{d\sigma_\varphi}\dot{e}_{\sigma_\varphi} \tag{4.3.8}$$

$$u_{\sigma_\phi} = k_{p\sigma_\phi}e_{\sigma_\phi} + k_{d\sigma_\phi}\dot{e}_{\sigma_\phi} \tag{4.3.9}$$

式中，$e_{\sigma_\varphi} = -\dot{\sigma}_\varphi$，$e_{\sigma_\phi} = -\dot{\sigma}_\phi$。

4.4　基于 LQR 控制技术的无人机控制研究

4.4.1　四旋翼无人机动力学模型与控制分配研究

本研究中，四旋翼无人机在定义机体坐标系时，以 X 型交叉机架布局为基础，定义机头方向 x_b 轴为正方向，而竖直指天方向为 y_b 轴正方向，以右手坐标系定义 z_b 轴正方向。机体坐标系相对于惯性坐标系的三个姿态变量定义为：俯仰角 φ 定义为绕 z_b 轴旋转，滚转角 θ 定义为绕 x_b 轴旋转，偏航角 ϕ 定义为绕 y_b 轴旋转，正方向均由右手定则确定。经过输入简化、双环系统合并得到无人机动力学系统为式(2.4.3)。

解算过程中，需要提供三个期望位置状态量，记为 x_d、y_d、z_d 和期望偏航姿态角 ϕ_d。其中三个期望位置状态量 x_d、y_d、z_d 由解算导引律进行一次积分得到，而期望偏航姿态角由期望导引关系得到，如图 4.4.1 所示，在接近过程中，为保证目标尽量保持在传感器检测范围内，使 $\phi_d = \sigma_\phi$，利用偏航通道的接近与导引律视线偏角 σ_ϕ 通道接近，同时调整 $\ddot{z}$ 与 $\ddot{\phi}$ 达成接近，如图 4.4.1 所示。

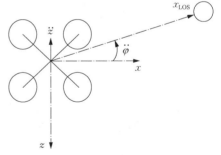

图 4.4.1　视线偏角 σ_ϕ 通道调整方案

视线偏角 σ_ϕ 通道以同时调整 $\ddot{z}$ 与 $\ddot{\phi}$ 达成接近的方案，由导引律 $\ddot{z}$ 要求视线偏角增量在滑模趋近律下，尽量靠近于平行接近规则的接近方法完成接近目标。而通过要求 $\phi_d = \sigma_\phi$ 使无人机控制偏航通道，达到的接近效果更加靠近于紧密追踪法，两者同时作用，无人机在视线偏角 σ_ϕ 通道的接近状态，动态接近于比例导引法。值得注意的是，根据已建立无人机动力学模型，在四旋翼无人机的控制中，对于 ϕ 通道的控制，与位置环系统解耦，可实现如图 4.4.1 所示的同时调整。

对于视线倾角 σ_φ 通道，如图 4.4.2 所示。

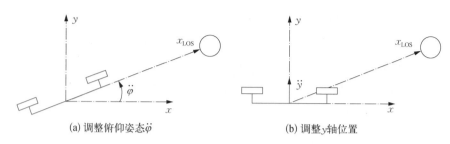

（a）调整俯仰姿态 $\ddot{\varphi}$ （b）调整 y 轴位置

图 4.4.2   视线倾角 σ_φ 通道调整方案

与图 4.4.1 视线偏角 σ_ϕ 通道调整对应,视线倾角 σ_φ 通道的调整方案如图 4.4.2(a)所示,第一种调整方案为调整俯仰角 φ 至视线倾角 σ_φ,根据已建立无人机动力学模型,俯仰角 φ 改变会导致无人机处于瞬时不安定状态。所以在视线倾角 σ_φ 通道采用图 4.4.2(b)所示方案,通过导引律输出,以位置调整换取角度调整的思路,保证无人机在追踪过程中尽量保持安定状态。

至此,得到三个期望位置状态量 x_d、y_d、z_d 和一个期望偏航姿态角 ϕ_d 后,可设计控制器,控制无人机完成对期望状态量的跟踪,达成目标追踪工作。

4.4.2   基于 LQR 控制技术的四旋翼无人机控制研究

LQR 是一种源自最优控制的线性二次型调节器。对于线性系统,通过设计 $u = -kx$,构造负反馈闭环系统,选择合适的反馈系数矩阵 k,改变闭环 A 矩阵的特征值,就能控制系统的表现。不同于最优控制,LQR 将控制量 u 也引入代价函数中,形成能量函数 J:

$$J = \int_0^\infty (x^\mathrm{T} Q x + u^\mathrm{T} R u)\,\mathrm{d}t \tag{4.4.1}$$

式中,Q 和 R 均为自己设计的半正定矩阵。

基于能量函数 J,LQR 问题便变成了在满足控制要求的情况下,如何求取反馈系数矩阵 K 使得能量函数 J 最小。

对于系统 $\dot{x} = Ax + Bu$,LQR 控制器计算反馈系数矩阵 K 主要分为三步:

（1）Q 和 R 矩阵的选取;

（2）求解 Riccati 方程,得到矩阵 P;

（3）求解反馈系数矩阵 $K = R^{-1}B^\mathrm{T}P$。

构造 LQR 方法搭建控制器,进行无人机控制的示意图如图 4.4.3 所示。

得到三个期望位置状态量 x_d、y_d、z_d 和一个期望偏航姿态角 ϕ_d 后,分别输入 LQR 位置控制器和 LQR 姿态控制器,得到相应输出。值得注意的是,在无人机的双环控制结构中,期望俯仰角 φ_d、滚转角 θ_d 由位置子系统解算得到,符合四旋翼无人机通过改变姿态来改变位置的欠驱动原理。

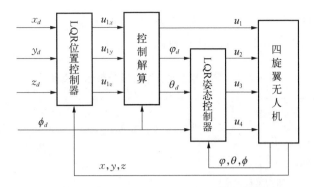

图 4.4.3　四旋翼无人机 LQR 控制示意图

4.5　数值仿真试验验证

本章数值仿真试验主要验证以分离式设计完成对全状态一体化耦合简化模型的控制试验。根据功能的不同,全状态一体化耦合简化模型分为三部分,分别为目标感知与信息转换、导引方程式与控制方程式。不同输入输出构成的虚拟参考信号、虚拟输入关系如图 4.5.1 所示。

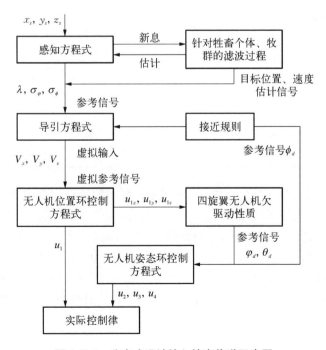

图 4.5.1　分离式设计输入输出传递示意图

图 4.5.1 的虚拟输入、虚拟参考信号安排严格按照图状态量传递进行安排。本章数值仿真参数如表 4.5.1 所示。

表 4.5.1 导引与控制分离式设计数值仿真参数

参　数	取　值
沿 x 轴平动空气阻力系数 k_1	0.01
沿 y 轴平动空气阻力系数 k_2	0.012
沿 z 轴平动空气阻力系数 k_3	0.01
绕 z 轴转动空气阻力系数 k_4	0.015
绕 x 轴转动空气阻力系数 k_5	0.015
绕 y 轴转动空气阻力系数 k_6	0.012
绕 x 轴转动机体转动惯量 J_{xx}	0.1
绕 y 轴转动机体转动惯量 J_{yy}	0.1
绕 z 轴转动机体转动惯量 J_{zz}	0.1
PD 参数 k_p、k_d(λ 通道)	-1, -0.5
PD 参数 k_p、k_d(σ_φ 通道)	-1, 0
PD 参数 k_p、k_d(σ_ϕ 通道)	1, 0
LQR 参数 k_1、k_2(x 通道)	3, 2
LQR 参数 k_1、k_2(y 通道)	3, 2
LQR 参数 k_1、k_2(z 通道)	3, 2
LQR 参数 k_1、k_2(φ 通道)	15, 10
LQR 参数 k_1、k_2(θ 通道)	15, 10
LQR 参数 k_1、k_2(ϕ 通道)	15, 10
无人机重心到各螺旋桨中心距离 l/m	1
无人机质量 m/kg	5
重力加速度 g/(m/s^2)	9.81

首先,以静止目标进行数值仿真。此处需要说明的是,对于各状态量传递非离线进行,而是在线完成后导出结果,此处为展示状态量、虚拟输入传递关系而顺序展示。

假设以无人机传感器捕获到目标那一时刻的无人机机体坐标系为基准,建立世界坐标系,则无人机在此世界坐标系的坐标为 $[0,0,0]$。假设此时静止目标在此世界坐标系的坐标为 $[1,1,1]$。根据图 4.2.3,无人机经过感知、滤波后所估计的目标在传感器坐标系中的坐标为 $[1,1,1]$,则导引微分方程的初值可以根据式(4.5.1)得到

$$\lambda_0 = \sqrt{\hat{x}_{s0}^2 + \hat{y}_{s0}^2 + \hat{z}_{s0}^2} = 1.732$$

$$\sigma_{\varphi 0} = \arctan\left(\frac{\hat{y}_{s0}}{\sqrt{\hat{x}_{s0}^2 + \hat{z}_{s0}^2}}\right) = 0.615\,5 \qquad (4.5.1)$$

$$\sigma_{\phi 0} = -\arctan\left(\frac{\hat{x}_{s0}}{\hat{z}_{s0}}\right) = -0.785\,6$$

导引部分期望信号设置为 $\lambda_d = 0.01$、$\dot{\sigma}_{\varphi d} = 0$、$\dot{\sigma}_{\phi d} = 0$ 和 $\phi_d = -\pi/4$，导引方程信号响应如图 4.5.2 所示。

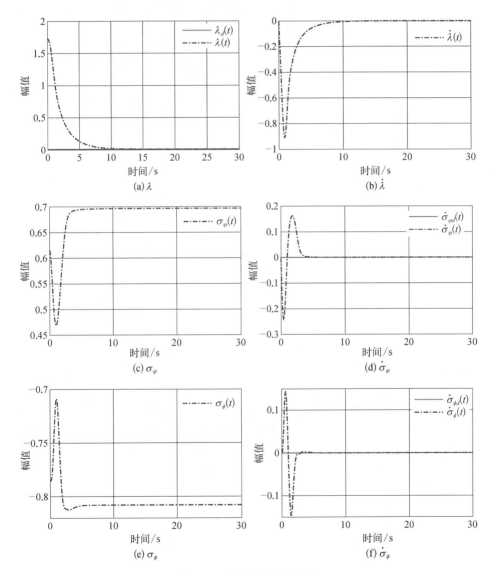

图 4.5.2　导引方程信号响应

导引方程产生的导引信号如图 4.5.3 所示。

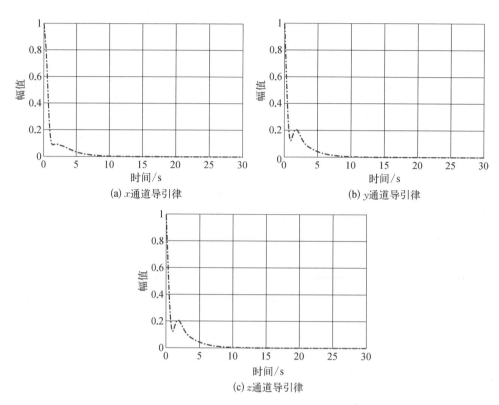

(a) x 通道导引律

(b) y 通道导引律

(c) z 通道导引律

图 4.5.3　导引方程产生的导引信号

由于本章所针对的相对运动方程为一阶方程,故需要对图 4.5.3 中的导引律进行一次积分,传递给无人机位置环。

无人机位置子系统响应如图 4.5.4 所示。

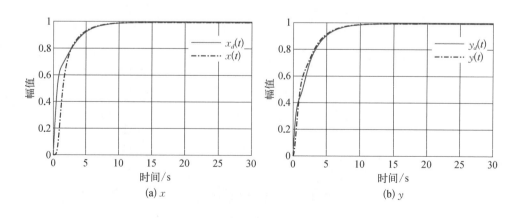

(a) x

(b) y

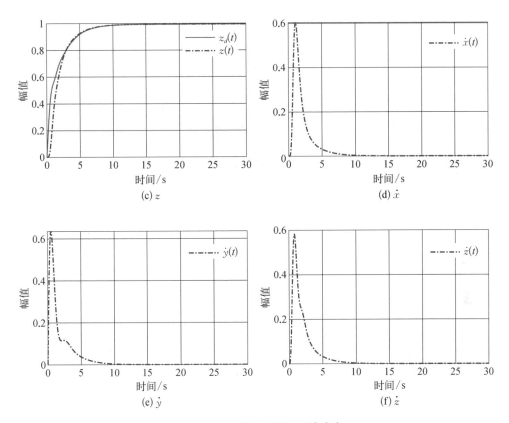

图 4.5.4　无人机位置子系统响应

无人机位置环产生的虚拟位置控制律 u_{1x}、u_{1y}、u_{1z} 如图 4.5.5 所示。

由四旋翼无人机欠驱动特性,得到无人机姿态环得到实际控制律,如图 4.5.6 所示。

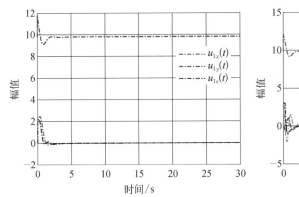

图 4.5.5　无人机位置环虚拟控制律

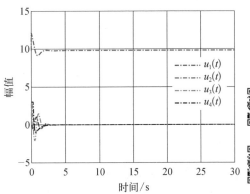

图 4.5.6　无人机实际控制律

无人机姿态环响应如图 4.5.7 所示。

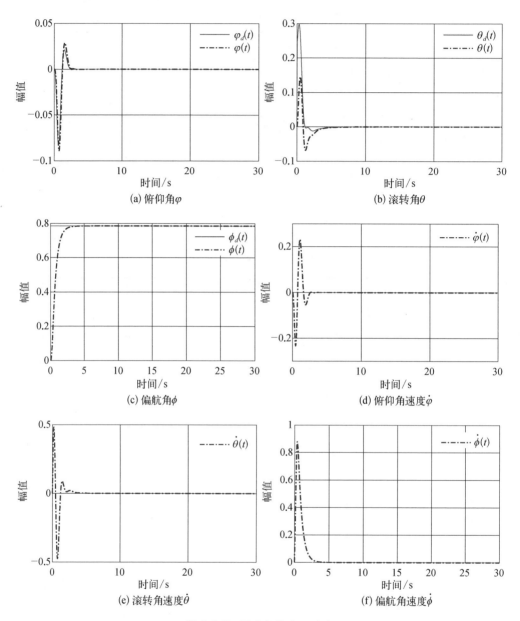

图 4.5.7   无人机姿态环响应

在整个追踪过程中,目标在无人机传感器中的状态变化,以及在世界坐标系下无人机的飞行轨迹如图 4.5.8 所示。

考虑实际追踪过程中无人机可能需要动态调整与目标之间的相对位置,进而

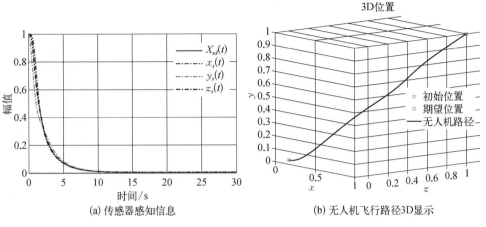

图 4.5.8　信息感知及无人机追踪响应图

进行动态追踪数值仿真。假设以无人机传感器捕获到目标那一时刻的无人机机体坐标系为基准,建立世界坐标系,则无人机在此世界坐标系下的坐标为 $[0,0,0]$。假设此时静止目标在此世界坐标系下的坐标为 $[1,1,1]$。期望信号设置为 $\lambda_d = 1 + \sin(0.1t)$,$\dot{\sigma}_{\varphi d} = 0$、$\dot{\sigma}_{\phi d} = 0$ 和 $\phi_d = -\pi/4$。则导引方程信号响应如图 4.5.9 所示。

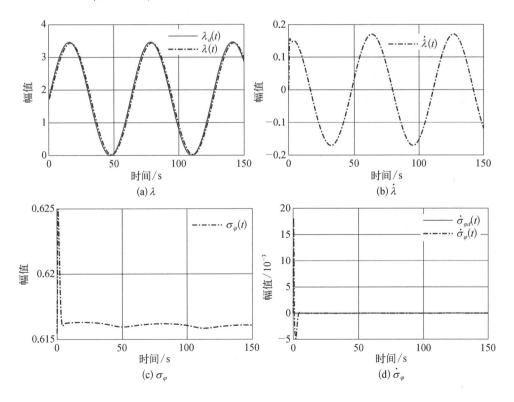

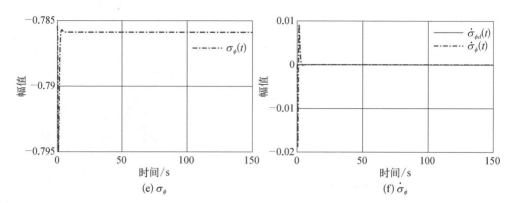

(e) σ_ϕ 　　　　　　　　　　　　(f) $\dot{\sigma}_\phi$

图 4.5.9　导引方程信号响应

导引方程产生的导引信号如图 4.5.10 所示。

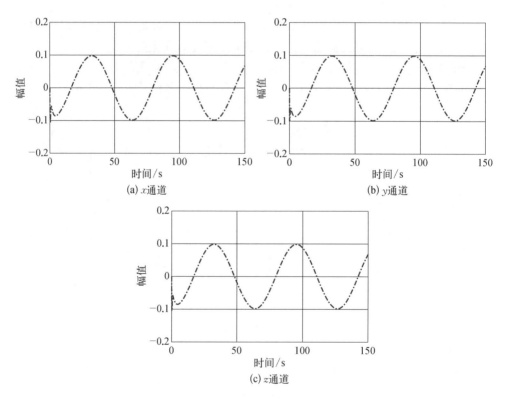

(a) x 通道 　　　　　　　　　　　　(b) y 通道

(c) z 通道

图 4.5.10　导引方程产生的导引信号

由于本章所针对的相对运动方程为一阶方程,故需要对图 4.5.10 中的导引信号进行一次积分,传递给无人机位置环。无人机位置子系统响应如图 4.5.11 所示。

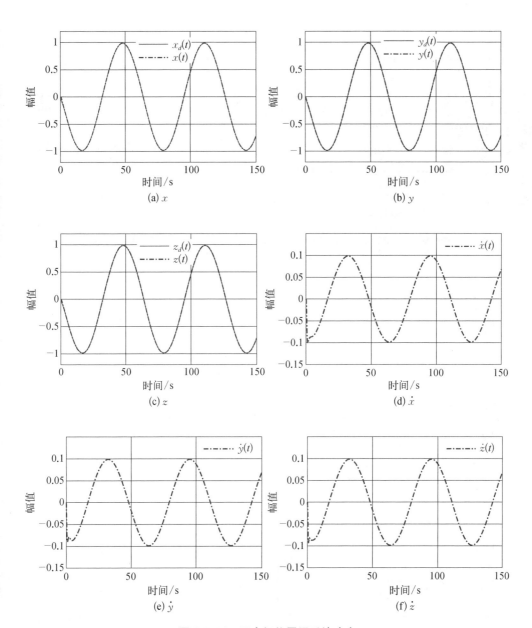

图 4.5.11　无人机位置子系统响应

无人机位置环产生的虚拟位置控制律 u_{1x}、u_{1y}、u_{1z} 如图 4.5.12 所示。

由四旋翼无人机欠驱动特性,得到无人机姿态环得到实际控制律,如图 4.5.13 所示。

无人机姿态环响应和信息感知及无人机追踪响应如图 4.5.14 和图 4.5.15 所示。

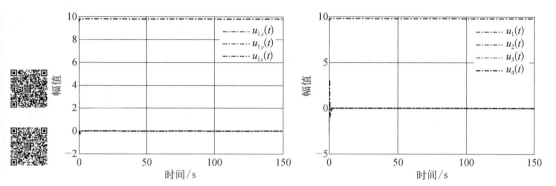

图 4.5.12　无人机位置环虚拟控制律　　　图 4.5.13　无人机实际控制律

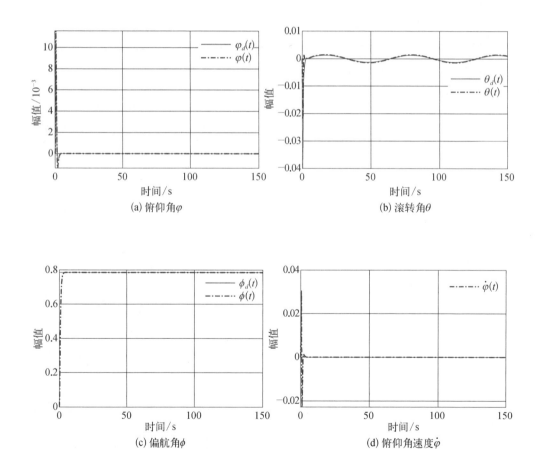

(a) 俯仰角φ　　　　　　　　　　(b) 滚转角θ

(c) 偏航角ϕ　　　　　　　　　　(d) 俯仰角速度$\dot{\varphi}$

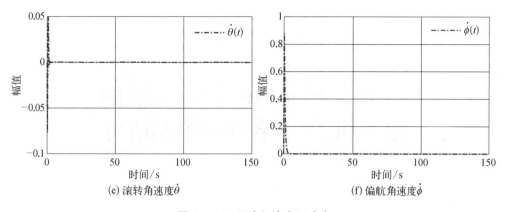

(e) 滚转角速度 $\dot{\theta}$ (f) 偏航角速度 $\dot{\phi}$

图 4.5.14 无人机姿态环响应

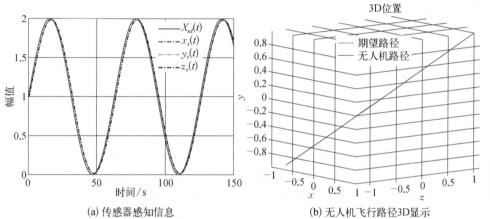

(a) 传感器感知信息   (b) 无人机飞行路径3D显示

图 4.5.15 信息感知及无人机追踪响应

4.6 小结

本章构成了简化的全状态耦合一体化模型,基于 PD 控制和 LQR 方法设计了导引律、控制律,并基于分离式设计思路完成了数值仿真验证;在无人机控制律设计之前,对接近规则安排进行充分讨论,根据四旋翼无人机的特性进行接近设计;最后,以数值仿真完成了对阶跃信号和正弦信号的追踪。

第**5**章

基于 Model-free 设计方法的
无人机追踪导引与控制研究

5.1　引言

　　本章的主要任务是以分离式设计的方法,基于 Model-free(不依赖于模型)思想的导引律、控制律,保证非合作目标-无人机追踪任务在无法获取准确模型、无法获取关键参数的情况下,仍能完成任务,在智能放牧体系中,达成追踪任务的"底线思维"。首先,以小角度解耦模型为基础,根据接近规则约束,分通道设计滑模变结构导引律,得到在视线坐标系下沿着 ox_{LOS} 轴、oy_{LOS} 轴、oz_{LOS} 轴的加速度输入信号。随后,根据已得到的三维空间方程,同样以滑模变结构导引律设计,并以模糊逻辑针对导引稳定性进行微调。其次,根据 ADRC 控制器"基于偏差调节偏差"的思想,以导引律得到的参考信号计算偏差信号,并基于四旋翼无人机欠驱动解算方法,分位置环、姿态环,不基于动力学模型进行控制律解算,得到无人机控制律。

5.2　基于平行接近法的导引律研究

5.2.1　基于解耦设计的自适应滑模导引律研究

　　对于解耦设计,首先考虑平面 $ox_{\text{LOS}}y_{\text{LOS}}$,如图 5.2.1 所示。

　　以纵向为例,假设在一个采样时间区间 T_k 内,设经过该时刻,视线倾角 σ_φ 的小角度增量记为 $\tilde{q}_\varphi$,可得

$$\sin \tilde{q}_\varphi = \frac{\Delta y_{\text{LOS}}}{\lambda} \tag{5.2.1}$$

式中,根据第 2 章视线坐标系定义,λ 为无人机与目标的相对距离;Δy_{LOS} 表示在采样时间区间 T 内 oy_{LOS} 方向上的相对位移;在较小时间区间 T 内,$\tilde{q}_\varphi$ 为较小量,以

小角度模型推导得

$$\tilde{q}_\varphi = \frac{\Delta y_{\text{LOS}}}{\lambda} \tag{5.2.2}$$

对式(5.2.2)求导,得到

$$\dot{\tilde{q}}_\varphi = \frac{\Delta \dot{y}_{\text{LOS}}}{\lambda} - \Delta y_{\text{LOS}} \frac{\dot{\lambda}}{\lambda^2} \tag{5.2.3}$$

根据式(5.2.2)有 $\Delta y_{\text{LOS}} = \lambda \tilde{q}$,代入式(5.2.3)得

$$\dot{\tilde{q}}_\varphi = -\frac{\dot{\lambda}}{\lambda} \tilde{q}_\varphi + \frac{\Delta \dot{y}_{\text{LOS}}}{\lambda} \tag{5.2.4}$$

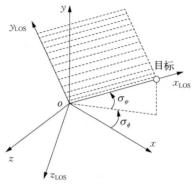

图 5.2.1　$ox_{\text{LOS}}y_{\text{LOS}}$ 平面内
导引律关系图

再求导得

$$\ddot{\tilde{q}}_\varphi = -\frac{\dot{\lambda}}{\lambda} \dot{\tilde{q}}_\varphi - \frac{\ddot{\lambda}\lambda - \dot{\lambda}^2}{\lambda^2} \tilde{q}_\varphi + \frac{\Delta \ddot{y}_{\text{LOS}}}{\lambda} - \frac{\Delta \dot{y}_{\text{LOS}}\dot{\lambda}}{\lambda^2} \tag{5.2.5}$$

由式(5.2.4)有 $\Delta \dot{y}_{\text{LOS}} = \lambda \dot{\tilde{q}}_\varphi + \dot{\lambda} \tilde{q}_\varphi$,代入式(5.2.5)有

$$\ddot{\tilde{q}}_\varphi = -\frac{2\dot{\lambda}}{\lambda} \dot{\tilde{q}}_\varphi - \frac{\ddot{\lambda}}{\lambda} \tilde{q}_\varphi + \frac{\Delta \ddot{y}_{\text{LOS}}}{\lambda} \tag{5.2.6}$$

根据视线坐标系纵向平面内的相对运动关系,可得

$$\Delta \ddot{y}_{\text{LOS}} = -a_{y\text{UAV}}^{\text{LOS}} + a_{y\text{Target}}^{\text{LOS}} \tag{5.2.7}$$

式中,$a_{y\text{Target}}^{\text{LOS}}$ 与 $a_{y\text{UAV}}^{\text{LOS}}$ 为目标、无人机在侧向平面内的加速度,为 y_{LOS} 方向上的分量。

将式(5.2.6)总结为状态空间方程为

$$\dot{x}_\varphi = \begin{bmatrix} 0 & 1 \\ -\dfrac{\ddot{\lambda}}{\lambda} & -\dfrac{2\dot{\lambda}}{\lambda} \end{bmatrix} x_\varphi + \begin{bmatrix} 0 \\ -\dfrac{1}{\lambda} \end{bmatrix} u_\varphi + \begin{bmatrix} 0 \\ \dfrac{1}{\lambda} \end{bmatrix} \varepsilon_\varphi \tag{5.2.8}$$

式中,$x_\varphi = \begin{bmatrix} \tilde{q}_\varphi & \dot{\tilde{q}}_\varphi \end{bmatrix}^{\text{T}}$,将 $u_\varphi = a_{y\text{UAV}}^{\text{LOS}}$ 作为系统(5.2.8)的控制量,将 $\varepsilon_\varphi = a_{y\text{Target}}^{\text{LOS}}$ 非合作目标在 y_{LOS} 方向上的加速度分量视为干扰量,可由第 3 章滤波估计值得到。

得到以上 $ox_{\text{LOS}}y_{\text{LOS}}$ 平面解耦模型后,在此解耦模型中,视线角遵循平行接近法约束,即式(2.3.10)要求,可设计滑模面为

$$s = \dot{\tilde{q}}_\varphi \tag{5.2.9}$$

式中,在无人机接近期望接近位置关系的同时,保持实现倾角增量 $\dot{\tilde{q}}_\varphi$ 为 0,在趋近过程中,动态满足平行接近法要求。

得到滑模面,设计自适应滑模趋近律为

$$\dot{s} = -\eta_1 \mid \lambda - \lambda_d \mid s - \eta_2 \mathrm{sgn}(s) \qquad (5.2.10)$$

式中，η_1 与 η_2 为可调增益常数，且 η_1 与 η_2 均大于零；λ_d 为期望到达的相对距离。该自适应趋近律在本研究中表示在无人机离目标较远时，增大趋近律指数项，以相对较快的形式趋近于目标，在离目标较近时，减小趋近律指数项，以较慢的形式进行调整，减缓在期望区域附近的抖动。

联立式(5.2.9)与式(5.2.10)，得到

$$u_\varphi = \eta_1 \lambda \mid \lambda - \lambda_d \mid s + \eta_2 \lambda \mathrm{sgn}(s) + \varepsilon_y^{\mathrm{LOS}} - \ddot{\lambda}\tilde{q}_\varphi - 2\dot{\lambda}\dot{\tilde{q}}_\varphi \qquad (5.2.11)$$

当 η_1 和 η_2 均大于零时，式(5.2.8)在输入为式(5.2.11)时稳定。

证明　针对 $ox_{\mathrm{LOS}}y_{\mathrm{LOS}}$ 平面系统(5.2.8)，取 Lyapunov 函数：

$$V = \frac{s^2}{2} \qquad (5.2.12)$$

取其微分，并代入平面系统(5.2.8)，得

$$\dot{V} = s\dot{s} = -\frac{2\dot{\lambda}}{\lambda}\dot{\tilde{q}}_\varphi^2 - \frac{\ddot{\lambda}}{\lambda}\dot{\tilde{q}}_\varphi\tilde{q}_\varphi - \frac{1}{\lambda}\dot{\tilde{q}}_\varphi u_\varphi + \frac{1}{\lambda}\dot{\tilde{q}}_\varphi\varepsilon_\varphi \qquad (5.2.13)$$

将式(5.2.11)代入式(5.2.13)得到

$$\begin{aligned} \dot{V} &= -\eta_1 \mid \lambda - \lambda_d \mid \dot{\tilde{q}}_\varphi s - \eta_2 \dot{\tilde{q}}_\varphi \mathrm{sgn}(s) \\ &= -\eta_1 \mid \lambda - \lambda_d \mid \dot{\tilde{q}}_\varphi^2 - \eta_2 \mid \dot{\tilde{q}}_\varphi \mid \end{aligned} \qquad (5.2.14)$$

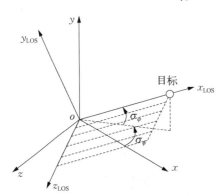

图 5.2.2 $ox_{\mathrm{LOS}}z_{\mathrm{LOS}}$ 平面内导引律关系图

当 $\eta_2 \geqslant 0$ 且 $\eta_1 > 0$ 时，满足任意时间 t 内，$V > 0$ 且 $\dot{V} < 0$，该系统渐近稳定。得证。

同样，在底平面 $ox_{\mathrm{LOS}}z_{\mathrm{LOS}}$ 内，如图 5.2.2 所示。将视线偏角 σ_ϕ 的小角度增量记为 $\tilde{q}_\phi$，视线角正方向为图示箭头方向，得

$$\sin\tilde{q}_\phi = \frac{-\Delta z_{\mathrm{LOS}}}{\lambda} \qquad (5.2.15)$$

基于式(5.2.15)按照 $ox_{\mathrm{LOS}}y_{\mathrm{LOS}}$ 平面推导，可得状态空间方程：

$$\dot{x}_\phi = \begin{bmatrix} 0 & 1 \\ -\dfrac{\ddot{\lambda}}{\lambda} & -\dfrac{2\dot{\lambda}}{\lambda} \end{bmatrix} x_\phi + \begin{bmatrix} 0 \\ \dfrac{1}{\lambda} \end{bmatrix} u_\phi + \begin{bmatrix} 0 \\ -\dfrac{1}{\lambda} \end{bmatrix} \varepsilon_\phi \qquad (5.2.16)$$

式中，$x_\phi = \begin{bmatrix} \tilde{q}_\phi & \dot{\tilde{q}}_\phi \end{bmatrix}^{\mathrm{T}}$，将 $u_\phi = a_{z\mathrm{UAV}}^{\mathrm{LOS}}$ 作为系统(5.2.16)的控制量，将 $\varepsilon_\phi = a_{z\mathrm{Target}}^{\mathrm{LOS}}$ 非

合作目标在 z_{LOS} 方向上的加速度分量视为干扰量,可由第 3 章滤波估计值得到。

以平行接近法为基础,设计滑模面为

$$s = \dot{\tilde{q}}_\phi \tag{5.2.17}$$

同样利用自适应趋近律即式(5.2.10),得到

$$u_\phi = -\eta_1\lambda\mid\lambda-\lambda_d\mid s - \eta_2\lambda\,\mathrm{sgn}(s) + \varepsilon + \ddot{\tilde{q}}_\phi + 2\dot{\lambda}\dot{\tilde{q}}_\phi \tag{5.2.18}$$

当 η_1 与 η_2 均大于零,系统(5.2.16)在输入为式(5.2.18)时稳定。

证明　针对 $ox_{LOS}z_{LOS}$ 平面系统(5.2.16),取 Lyapunov 函数:

$$V = \frac{s^2}{2} \tag{5.2.19}$$

取其微分,并代入平面系统(5.2.16),得

$$\dot{V} = s\dot{s} = -\frac{2\dot{\lambda}}{\lambda}\dot{\tilde{q}}_\phi^2 - \frac{\ddot{\lambda}}{\lambda}\dot{\tilde{q}}_\phi\tilde{q}_\phi + \frac{1}{\lambda}\dot{\tilde{q}}_\phi u_z^{LOS} - \frac{1}{\lambda}\dot{\tilde{q}}_\phi\varepsilon_z^{LOS} \tag{5.2.20}$$

将式(5.2.18)代入式(5.2.20)得到

$$\begin{aligned}\dot{V} &= -\eta_1\mid\lambda-\lambda_d\mid\dot{\tilde{q}}_\phi s - \eta_2\dot{\tilde{q}}_\phi\,\mathrm{sgn}(s)\\ &= -\eta_1\mid\lambda-\lambda_d\mid\dot{\tilde{q}}_\phi^2 - \eta_2\mid\dot{\tilde{q}}_\phi\mid\end{aligned} \tag{5.2.21}$$

当 $\eta_2 \geqslant 0$ 且 $\eta_1 > 0$ 时,满足任意时间 t 内, $V > 0$ 且 $\dot{V} < 0$,该系渐近稳定。得证。

除 $ox_{LOS}z_{LOS}$ 平面与 $ox_{LOS}y_{LOS}$ 平面,根据无人机与非合作目标沿视线坐标系 x 轴的运动关系,易得以下导引关系:

$$\dot{x}_\lambda = \begin{bmatrix} 0 & 1 \\ 0 & 0 \end{bmatrix} x_\lambda + \begin{bmatrix} 0 \\ -1 \end{bmatrix} u_\lambda + \begin{bmatrix} 0 \\ 1 \end{bmatrix}\varepsilon_\lambda \tag{5.2.22}$$

式中, $x_\lambda = [\lambda \quad \dot{\lambda}]^T$, $u_\lambda = a_{xUAV}^{LOS}$,输入为沿着视线坐标系 x 轴的无人机加速度,干扰量为 $\varepsilon_\lambda = a_{zTarget}^{LOS}$ 为非合作目标沿着视线坐标系 x 轴的加速度分量,同样可由滤波估计值得到。

对于视线坐标系的 x 轴,需要无人机到达两者之间的期望相对距离 λ_d ,所以设计滑模面为

$$s = ce + \dot{e} \tag{5.2.23}$$

式中, $e = \lambda - \lambda_d$ 。根据自适应趋近律即式(5.2.10),解出 u_λ 为

$$u_\lambda = \eta_1\mid\lambda-\lambda_d\mid s + \eta_2\,\mathrm{sgn}(s) + \varepsilon_x^{LOS} \tag{5.2.24}$$

且当 η_1 与 η_2 均大于零,系统(5.2.22)在输入为式(5.2.24)时稳定。

证明 针对沿视线坐标系 x 轴的导引关系,取 Lyapunov 函数为

$$V = \frac{s^2}{2} \tag{5.2.25}$$

取其微分,并代入沿视线坐标系 x 轴的导引关系式(5.2.22),得

$$\dot{V} = s\dot{s} = (-u_x^{\text{LOS}} + \varepsilon_x^{\text{LOS}})s + c\lambda s \tag{5.2.26}$$

将式(5.2.24)代入式(5.2.26)得到

$$\dot{V} = -\eta_1 \mid \lambda - \lambda_d \mid s^2 - \eta_2 \, \text{ssgn}(s) = -\eta_1 \mid \lambda - \lambda_d \mid s^2 - \eta_2 \mid s \mid \tag{5.2.27}$$

当 $\eta_2 \geq 0$ 且 $\eta_1 > 0$ 时,满足任意时间 t 内 $V > 0$ 且 $\dot{V} < 0$,该系统渐近稳定。得证。

基于三通道解耦小扰动模型,得到三个控制律为式(5.2.11)、式(5.2.18)与式(5.2.24)仅依赖于传感器所获得的 λ、$\dot{\lambda}$ 与 $\ddot{\lambda}$ 参数。并接近过程中具有一定自适应性,满足基于 Model-free 方法的要求。

5.2.2 基于三维空间耦合模型的模糊切换滑模导引律研究

5.2.1 节完成了基于三通道解耦小角度模型得到的三个控制律,其参数依赖性小,在无法取得精确模型时,可利用 5.2.1 节得到的控制律进行导引,达成"底线思维"。若进一步考虑三维运动关系,根据无人机与目标相对运动关系式(2.3.6),分别对相对距离通道、视线倾角通道和视线偏角通道进行导引律设计,探究其参数依赖性。首先以视线倾角 σ_φ 为例,得到视线倾角通道的相对运动关系:

$$\ddot{\sigma}_\varphi = -\dot{\sigma}_\phi^2 \sin \sigma_\varphi \cos \sigma_\varphi - \frac{2\dot{\lambda}\dot{\sigma}_\varphi}{\lambda} + \frac{\varepsilon_\varphi - u_\varphi}{\lambda} \tag{5.2.28}$$

同样,将 $u_\varphi = a_{y\text{UAV}}^{\text{LOS}}$ 视为控制量,将非合作目标加速度 $\varepsilon_\varphi = a_{y\text{Target}}^{\text{LOS}}$ 视为干扰量,并将干扰量扩展至可观测部分与不可观测部分,得到视线倾角通道的相对运动关系为

$$\ddot{\sigma}_\varphi = -\dot{\sigma}_\phi^2 \sin \sigma_\varphi \cos \sigma_\varphi - \frac{2\dot{\lambda}\dot{\sigma}_\varphi}{\lambda} + \frac{\varepsilon_{\text{KF}}^\varphi + \varepsilon_N^\varphi - u_\varphi}{\lambda} \tag{5.2.29}$$

其中,$\varepsilon_\varphi = \varepsilon_{\text{KF}}^\varphi + \varepsilon_N^\varphi$,$\varepsilon_{\text{KF}}^\varphi$ 为由滤波得到的可观测部分,而 ε_N^φ 为不可观测部分。

与 5.2.1 节相同,为确保无人机在接近目标过程中保持平行接近规则,所以设置滑模面为

$$s = \text{d}(\sigma_\varphi - \sigma_{\varphi d})/\text{d}t = \dot{\sigma}_\varphi \tag{5.2.30}$$

式中，$\sigma_{\varphi d}$ 为期望视线偏角状态，视为常数，并且设置自适应滑模趋近律为

$$\dot{s} = -\eta_1 \mid \lambda - \lambda_d \mid s - \eta_2 \text{sgn}(s) \tag{5.2.31}$$

解出导引律为

$$u_\varphi = \eta_1 \lambda \mid \lambda - \lambda_d \mid s + \eta_2 \lambda \text{sgn}(s) - \lambda \dot{\sigma}_\phi^2 \sin \sigma_\varphi \cos \sigma_\varphi - 2\dot{\lambda}\dot{\sigma}_\varphi + \varepsilon_{\text{KF}}^\varphi \tag{5.2.32}$$

此时，滑模导引律所需参数相较于基于三通道解耦小角度模型，参数依赖性更强。为确定参数 η_1 与 η_2 取值，以稳定为理论基础，取 Lyapunov 函数为

$$V = \frac{s^2}{2} \tag{5.2.33}$$

取其微分，并代入视线倾角通道的相对运动关系式(5.2.29)，得

$$\begin{aligned}
\dot{V} = s\dot{s} &= \dot{\sigma}_\varphi \left[-\dot{\sigma}_\phi^2 \sin \sigma_\varphi \cos \sigma_\varphi - \frac{2\dot{\lambda}\dot{\sigma}_\varphi}{\lambda} + \frac{1}{\lambda}(\varepsilon_{\text{KF}}^\varphi + \varepsilon_N^\varphi) - \frac{1}{\lambda}u_\varphi \right] \\
&= \dot{\sigma}_\varphi \varepsilon_N^\varphi - \eta_1 \dot{\sigma}_\varphi \mid \lambda - \lambda_d \mid s^2 - \eta_2 s\text{sgn}(s) \\
&= s\varepsilon_N^\varphi - \eta_1 \mid \lambda - \lambda_d \mid s^2 - \eta_2 \mid s \mid
\end{aligned} \tag{5.2.34}$$

为使系统达到稳定状态，需要指定常数 η_1 与 η_2 令式(5.2.34)恒小于等于零。针对趋近律即式(5.2.31)，假设自适应项为 $-\eta_1 \mid \lambda - \lambda_d \mid s$，而滑模项为 $-\eta_2 \text{sgn}(s)$，为使系统达到稳定状态，若指定常数 η_1 与 η_2 不变且数值较大，则会导致自适应趋近过程中或切换趋近过程中发生较大抖振，若指定常数 η_1 与 η_2 不变且数值较小，则当 ε_N^φ 产生较大异动时，控制律不足以保证系统处于稳定状态。

为保持平稳自适应过程，所以在进一步设计中，不改变常数 η_1，而通过引入模糊逻辑，实时调整滑模项 η_2 得到新的控制律为

$$u_\varphi^* = \eta_1 \lambda \mid \lambda - \lambda_d \mid s + \hat{K}\lambda \text{sgn}(s) + {}_*\lambda\dot{\sigma}_\phi^2 \sin \sigma_\varphi \cos \sigma_\varphi - 2\dot{\lambda}\dot{\sigma}_\varphi + \varepsilon_{\text{KF}}^\varphi \tag{5.2.35}$$

式中，$\hat{K}$ 为模糊估计项，并满足：

$$\begin{aligned}
\dot{V} = s\dot{s} &= \dot{\sigma}_\varphi \left[-\dot{\sigma}_\phi^2 \sin \sigma_\varphi \cos \sigma_\varphi - \frac{2\dot{\lambda}\dot{\sigma}_\varphi}{\lambda} + \frac{1}{\lambda}(\varepsilon_{\text{KF}}^\varphi + \varepsilon_N^\varphi) - \frac{1}{\lambda}u_\varphi^* \right] \\
&= s\varepsilon_N^\varphi - \eta_1 \mid \lambda - \lambda_d \mid s^2 - \hat{K} \mid s \mid \leqslant 0
\end{aligned} \tag{5.2.36}$$

基于以上推导，需设计 $\hat{K}$ 与 ε_N^φ 之间自适应关系的模糊调节系统，$\dot{V}$ 作为输入，

$\hat{K}$ 为输出。系统输入的模糊集定义为

$$\dot{V} = \{\text{NB, NM, ZO, PM, PB}\} \tag{5.2.37}$$

系统输出的模糊集定义为

$$\hat{K} = \{\text{NB, NM, ZO, PM, PB}\} \tag{5.2.38}$$

式中,NB 为模糊集合中的"负大"项,NM 为"负中",ZO 为"零",PM 为"正中",PB 为"正大"。

模糊系统的输入与输出均使用三角隶属度函数:

$$\mu = \begin{cases} \mu_{\text{NB}} = (N - x)/N \\ \mu_{\text{NM}} = \begin{cases} N/x \\ (2N - x)/N \end{cases} \\ \mu_{\text{ZO}} = \begin{cases} (x - N)/N \\ (3N - x)/N \end{cases} \\ \mu_{\text{PM}} = \begin{cases} (x - 2N)/N \\ (4N - x)/N \end{cases} \\ \mu_{\text{PB}} = (x - 4N)/N \end{cases} \tag{5.2.39}$$

式中,N 的值根据不同的传感器和不同的目标根据先验经验微调得到。

根据式(5.2.36)得到的系统稳定性要求,设计模糊规则如下:

$$\begin{aligned} &\text{R1: IF } \dot{V} \text{ is PB THEN } \hat{K} \text{ is PB} \\ &\text{R2: IF } \dot{V} \text{ is PM THEN } \hat{K} \text{ is PM} \\ &\text{R3: IF } \dot{V} \text{ is ZO THEN } \hat{K} \text{ is ZO} \\ &\text{R4: IF } \dot{V} \text{ is NM THEN } \hat{K} \text{ is NM} \\ &\text{R5: IF } \dot{V} \text{ is PB THEN } \hat{K} \text{ is PB} \end{aligned} \tag{5.2.40}$$

并利用重心法进行解模糊:

$$\hat{K} = \frac{\int v\mu_{\text{输出}}(v)\,dv}{\int \mu_{\text{输出}}(v)\,dv} \tag{5.2.41}$$

至此,得到完整的视线倾角 σ_φ 通道的导引律。同样,根据以上推导步骤,可以得到视线偏角 σ_ϕ 通道的基于模糊切换的自适应导引律:

$$\begin{aligned} u_\phi = &-\eta_1\lambda\cos\sigma_\varphi|\lambda - \lambda_d|s - \hat{K}\lambda\cos\sigma_\varphi\text{sgn}(s) \\ &-2\lambda\dot{\sigma}_\phi\dot{\sigma}_\varphi\cos\sigma_\varphi\sin\sigma_\varphi + 2\lambda\dot{\sigma}_\phi\cos\sigma_\varphi + \varepsilon_{\text{KF}}^\phi \end{aligned} \tag{5.2.42}$$

对于相对距离 λ 通道,与视线倾角 σ_φ 通道和视线偏角 σ_ϕ 通道不同的是,相对距离 λ 滑模面设置为

$$s = ce + \dot{e} \tag{5.2.43}$$

式中,$e = \lambda - \lambda_d$,相对距离 λ 滑模面,在预期的接引速度增益 c 下,保证稳定到达预期位置 λ_d,而视线倾角 σ_φ 通道和视线偏角 σ_ϕ 通道滑模面保证在接近过程中保持平行接近规则。

利用同样的趋近律,并且利用模糊逻辑实时调整 η_2 切换项得到相对距离 λ 通道的导引律为

$$u_\lambda = c\dot{\lambda} + \lambda\dot{\sigma}_\varphi\cos^2\sigma_\varphi + \lambda\dot{\sigma}_\varphi^2 + \varepsilon_{KF}^\phi + \eta_1 \mid \lambda - \lambda_d \mid s + \hat{K}\text{sgn}(s)$$
$$\tag{5.2.44}$$

同样,对于基于三通道解耦小角度模型得到的三个控制律为式(5.2.11)、式(5.2.18)与式(5.2.24),也可根据以上模糊逻辑确定滑模项增益 $\hat{K}$,增强导引律的自适应性。

5.3　基于自抗扰控制技术的无人机控制研究

5.3.1　四旋翼无人机动力学模型与控制分配研究

如图 2.4.1 所示,四旋翼无人机在定义机体坐标系时,以 X 型交叉机架布局为基础,定义机头方向 x_b 轴为正方向,而竖直指天方向为 y_b 轴正方向,以右手定则定义 z_b 轴为正方向。经过输入简化、双环系统合并得到无人机动力学系统为式(2.5.8)。

解算过程中,需要提供三个期望位置状态量,记为 x_d、y_d、z_d,以及期望偏航姿态角 ϕ_d。其中三个期望位置状态量 x_d、y_d、z_d 由解算导引律进行二次积分得到,而期望偏航姿态角由期望导引关系得到,如图 2.5.2(a)所示,在接近过程中,为保证目标尽量保持在传感器检测范围内,使 $\phi_d = \sigma_\phi$,利用偏航通道的接近与导引律视线偏角 σ_ϕ 通道接近,同时调整 $\ddot{z}$ 与 $\ddot{\phi}$ 达成接近,如图 5.3.1 所示。

视线偏角 σ_ϕ 通道以同时调整 $\ddot{z}$ 与 $\ddot{\phi}$ 达成接近的方案,参考由导引律即式(5.2.18)与式(5.2.42)$\ddot{z}$ 要求视线偏角增量在滑模趋近律下,尽量靠近平行接近规则的接近方法完成目标接近。而通过要求 $\phi_d = \sigma_\phi$ 使无人机控制偏航通

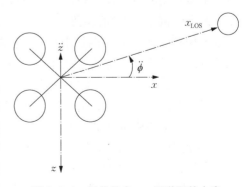

图 5.3.1　视线偏角 σ_ϕ 通道调整方案

道,达到的接近效果更加靠近于紧密追踪法,两者同时作用,无人机在视线偏角 σ_ϕ 通道的接近状态,动态接近于比例导引法。值得注意的是,根据已建立无人机动力学模型即式(5.3.8)与式(5.3.9),在四旋翼无人机的控制中,对 $\ddot{\phi}$ 通道的控制,与位置环系统解耦,可实现如图 5.3.1 所示的同时调整。

对于视线倾角 σ_φ 通道,如图 5.3.2 所示。

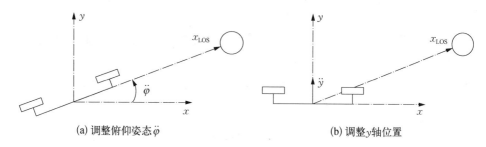

(a) 调整俯仰姿态 $\ddot{\varphi}$ (b) 调整 y 轴位置

图 5.3.2   视线倾角 σ_φ 通道调整方案

与图 5.3.1 视线偏角 σ_ϕ 通道调整对应,视线倾角 σ_φ 通道的调整方案如图 5.3.2(a)所示,第一种调整方案为调整俯仰角 φ 至视线倾角 σ_φ,根据已建立无人机动力学模型即式(5.3.8)与式(5.3.9),俯仰角 φ 改变会导致无人机处于瞬时不安定状态。所以在视线倾角 σ_φ 通道采用图 5.3.2(b)所示方案,通过导引律输出,以位置调整换取角度调整的思路,保证无人机在追踪过程中尽量保持安定状态。

至此,得到三个期望位置状态量 x_d、y_d、z_d 和一个期望姿态角即期望偏航姿态角 ϕ_d 后,可设计控制器,控制无人机完成对期望状态量的跟踪,完成目标追踪工作。

5.3.2   基于自抗扰控制技术的四旋翼无人机控制研究

在 5.3.1 节导引律设计中,通过搭建小角度简化模型,利用三维空间中的无人机与目标的相对运动关系模型,解算出导引律,此类方法统称为基于模型的控制方法。本节采用的自抗扰控制技术不是基于模型设计,其继承了 PID 控制的"基于偏差反馈消除偏差"的核心思想[1],利用系统状态与期望状态的误差,反馈消除误差,接近期望状态的思想,在控制律建立过程中,不基于系统模型,进行控制律设计。此类方法对于建模不精确,或模型存在无法建模部分时,不容易受到由于系统模型不足而引起的负面影响。此类方法统称为无模型控制方法。

以自抗扰控制技术搭建控制器,进行无人机控制,示意图如图 5.3.3 所示。

得到三个期望位置状态量 x_d、y_d、z_d 和一个期望姿态角即期望偏航姿态角 ϕ_d 后,以跟踪微分器安排过渡过程 v_1,并生成过渡过程的微分信号 v_2,此两信号向量与扩张状态观测器对系统状态的估计 z_1 与 z_2 形成误差后,以非线性组合并构成输入,补偿从扩张状态观测器得到的"总和扰动",输入控制对象,得到相应输出。值

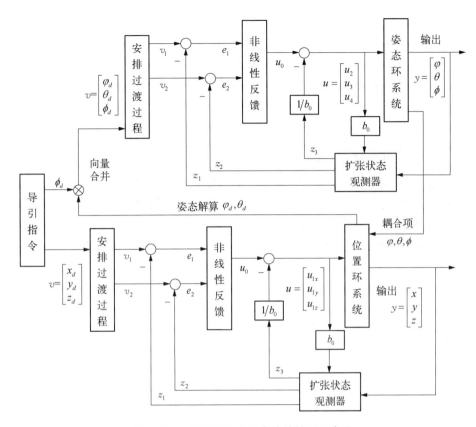

图 5.3.3　四旋翼无人机自抗扰控制示意图

得注意的是,在无人机的双环控制结构中,期望俯仰角 φ_d、滚转角 θ_d 由位置环解算得到,符合四旋翼无人机通过改变姿态来改变位置的欠驱动原理。

　　根据自抗扰控制器的设计分离性原则,其三部分,即安排过渡过程、扩张状态观测器设计和非线性误差反馈律设计,可以分为三个部分分离式设计,并参考无人机机体参数及输入饱和量。所以,对于安排过渡过程,利用跟踪微分器,生成误差信号以及误差信号的微分,并根据非线性函数,安排其过渡过程,在时间尺度参数 r_0 的作用下,安排无超调,快速逼近期望信号的过渡过程的递推方程如下所示:

$$\begin{cases} \mathrm{fh} = \mathrm{fhan}(v_1 - v,\ v_2,\ r_0,\ T) \\ v_1 = v_1 + Tv_2 \\ v_2 = v_2 + T\mathrm{fh} \end{cases} \tag{5.3.1}$$

式中,fh 为非线性函数 fhan 根据输入参数生成的一阶增量;T 为单位采样时间步长;而非线性函数 fhan 称为最速控制综合函数,$u = \mathrm{fhan}(x_1,\ x_2,\ r,\ T)$,表示如下:

$$\begin{cases} d = rT^2 \\ a_0 = Tx_2 \\ y = x_1 + a_0 \\ a_1 = \sqrt{d(d + 8|y|)} \\ a_2 = a_0 + \mathrm{sgn}(y)(a_1 - d)/2 \\ a = (a_0 + y)\mathrm{fsg}(y, d) + a_2(1 - \mathrm{fsg}(y, d)) \\ \mathrm{fhan} = -r(a/d)\mathrm{fsg}(a, d) - r\mathrm{sgn}(a)(1 - \mathrm{fsg}(a, d)) \end{cases} \tag{5.3.2}$$

式中，$\mathrm{fsg}(x, d) = (\mathrm{sgn}(x + d) - \mathrm{sgn}(x - d))/2$。式(5.3.2)最速控制综合函数可以保证，在时间尺度参数 r_0 与单位采样时间步长 T 设置得当时，使 v_1 在无超调的条件下，最快速收敛至期望信号。

得到由跟踪微分器产生的误差信号与误差微分信号后，利用输出与输入，得到系统状态变量的估计 z_1 与 z_2，并且得到系统的扩张状态观测 z_3，为系统的总和扰动的估计。得扩张状态观测器的如下递推形式：

$$\begin{cases} e = z_1(k) - y(k), \quad \mathrm{fe} = \mathrm{fal}(e, 0.5, \delta), \quad \mathrm{fe}_1 = \mathrm{fal}(e, 0.25, \delta) \\ z_1(k + 1) = z_1(k) + T[z_2(k) - \beta_{01}e] \\ z_2(k + 1) = z_2(k) + T[z_3(k) - \beta_{02}\mathrm{fe}] \\ z_3(k + 1) = z_3(k) + T(-\beta_{03}\mathrm{fe}_1) \end{cases} \tag{5.3.3}$$

式中，$\mathrm{fal}(e, \alpha, \delta) = \begin{cases} \dfrac{e}{\delta^{\alpha-1}}, & |e| \leq \delta \\ |e|^{\alpha}\mathrm{sgn}(e), & |e| > \delta \end{cases}$，而 δ 为非线性函数在原点附近的线

性段的区间长度，利用 $\mathrm{fal}(e, \alpha, \delta)$ 在系统状态估计过程中，有效减少系统状态的估计 z_1 与 z_2，以及系统的扩张状态观测 z_3 的高频振颤现象；而 β_{01}、β_{02} 和 β_{03} 为扩张状态观测器的可调节系数，由 Gao 等[2]试验并总结，将 β_{01}、β_{02} 和 β_{03} 可调节系数总结为以线性化单一调节参数的形式：

$$\begin{bmatrix} \beta_{01} \\ \beta_{02} \\ \beta_{03} \end{bmatrix} = \begin{bmatrix} 3\omega_o \\ 3\omega_o^2 \\ \omega_o^2 \end{bmatrix} \tag{5.3.4}$$

以扩张状态观测器带宽 ω_o 作为扩张状态观测器唯一需要调节的参数进行调节，大大减少了调节参数的难度。以带宽 ω_o 为基础构造的扩张状态观测器称为线性扩张状态观测器，与之对应的自抗扰控制器称为线性自抗扰控制器。

得到过渡过程 v_1 与过渡过程的微分信号 v_2、系统状态的估计 z_1 及 z_2 与系统的扩张状态观测 z_3，利用最速控制综合函数 $u = \mathrm{fhan}(x_1, x_2, r, T)$ 构造误差反馈律得到

$$\begin{cases} e_1 = v_1 - z_1, \quad e_2 = v_2 - z_2 \\ u_0 = - \text{fhan}(e_1, c^{\mathrm{T}} e_2, r, T') \\ u = u_0 - z_3/b_0 \end{cases} \tag{5.3.5}$$

式中，c 为一阶偏差的系数向量；r 为误差反馈律时间尺度参数；T' 为误差反馈律采样时间步长；b_0 为补偿因子，用于调整由扩张状态观测 z_3 得到的"总和扰动"并进行补偿。至此，得到由自抗扰控制器的无人机控制律，结合导引律、控制律可完成对四旋翼无人机的追踪控制。

5.4　数值仿真试验验证

本章数值仿真试验主要验证以分离式设计完成对全状态一体化耦合模型的控制试验。分离式设计思想主要根据全状态一体化耦合模型，即式（2.5.8）进行，易得全状态一体化耦合模型，根据工作坐标系的不同，主要分为三部分，分别为感知方程式、导引方程式与控制方程式，三个方程式以"输入"与"输出"相连，即彼之输出我之输入关系，不同输入输出构成的虚拟参考信号、虚拟输入关系如图 5.4.1 所示。

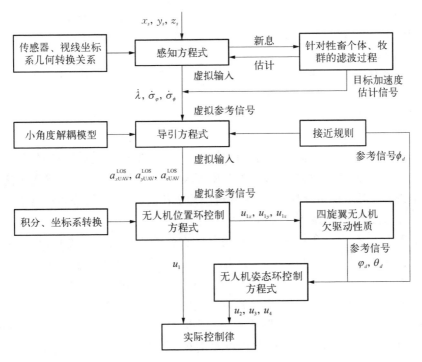

图 5.4.1　分离式设计输入输出传递示意图

图 5.4.1 的虚拟输入、虚拟参考信号安排严格按照图 2.5.1 状态量传递进行安排,此处需要进一步说明的是,针对全状态耦合一体化模型,即式(2.5.7),其中对于无人机位置环的虚拟参考信号为 $x_2^* = [\dot{x}, \dot{y}, \dot{z}]^T$,此处是通过积分、坐标系变换将原虚拟参考信号 $a_{x\text{Target}}^{\text{LOS}}$、$a_{y\text{Target}}^{\text{LOS}}$、$a_{z\text{Target}}^{\text{LOS}}$ 变换得到,本质仍是原虚拟参考信号,为凑成状态空间方程形式而变换。从数学意义上来说,虚拟参考信号为 $x_2^* = [\dot{x}, \dot{y}, \dot{z}]^T$ 是可以完成控制任务的,但是虚拟参考信号 $x_2^* = [\dot{x}, \dot{y}, \dot{z}]^T$ 在无人机位置环中,属于以风阻系数相乘而得到的状态量,若以 $x_2^* = [\dot{x}, \dot{y}, \dot{z}]^T$ 作为导引方程式的虚拟输入,则其值需要调整至非常大值才能完成控制目标,但是从无人机控制角度来看,无人机无法达到如此数量级的速度。所以,为了数值仿真紧贴物理意义,而非仅仅完成数学意义上的仿真,本节以 $\ddot{x}$、$\ddot{y}$、$\ddot{z}$ 为虚拟参考信号进行仿真试验,其他不同阶次的状态量均可通过积分、微分与几何关系得到。本章数值仿真参数如表 5.4.1 所示。

表 5.4.1   导引与控制分离式设计数值仿真参数

参　　　数	取　值
滑模变结构参数 η_1、η_2(λ 通道)	0.4、0.025
滑模变结构参数 η_1、η_2(σ_φ 通道)	0.1、0.05
滑模变结构参数 η_1、η_2(σ_ϕ 通道)	0.1、0.05
隶属度函数参数 N	0.05
跟踪微分器参数(x、y、z 三通道)	$r_0 = 4$, $T = 0.06$
扩张状态观测器参数(x、y、z 三通道)	$\omega_0 = 100$, $\delta = 0.08$
非线性反馈参数(x、y、z 三通道)	$r = 2$, $T' = 0.001$

首先,以阶跃信号为输入进行数值仿真。此处需要加以说明的是,各状态量传递非离线进行,而是在线完成后导出结果,此处为展示状态量、虚拟输入传递关系而顺序展示。对于导引方程式,直接通过坐标系转换关系、几何关系反解出其虚拟输入进行仿真得到,如图 5.4.2 所示。

图 5.4.2 中,为符合物理意义,将得到的虚拟输入进行饱和处理,规定虚拟输入,即 $\dot{\sigma}_\varphi$、$\dot{\sigma}_\phi$ 的上下限为 $[-1, 1]$,$\dot{\lambda}$ 的上下限为 $[-2, 2]$,单位都为 rad/s,归一化相对距离单位为 s。所得结果显示,在调整过程中,三个虚拟控制量均向零收敛,符合接近规则中的平行接近法。以感知方程式虚拟输入作为参考信号输入导引方程式,基于第 3 章研究结果,有界随机噪声($[-0.2, 0.2]$)模拟 $a_{x\text{Target}}^{\text{LOS}}$、$a_{y\text{Target}}^{\text{LOS}}$、$a_{z\text{Target}}^{\text{LOS}}$ 观测得到的结果,并利用小角度解耦模型与模糊变结构导引律解出虚拟输入,如图 5.4.3 所示。

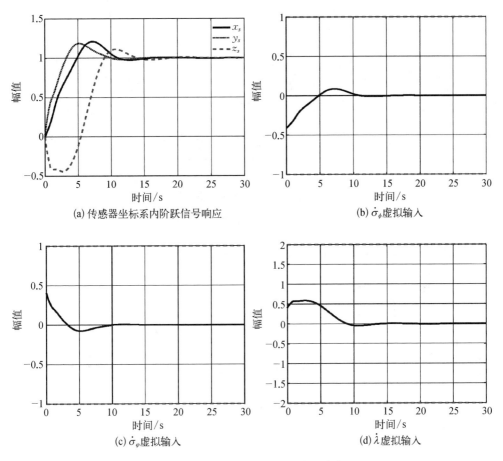

(a) 传感器坐标系内阶跃信号响应

(b) $\dot{\sigma}_\phi$虚拟输入

(c) $\dot{\sigma}_\varphi$虚拟输入

(d) $\dot{\lambda}$虚拟输入

图 5.4.2　感知方程式阶跃信号响应

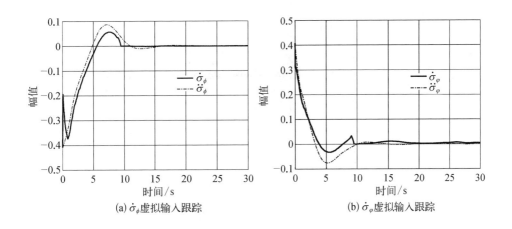

(a) $\dot{\sigma}_\phi$虚拟输入跟踪

(b) $\dot{\sigma}_\varphi$虚拟输入跟踪

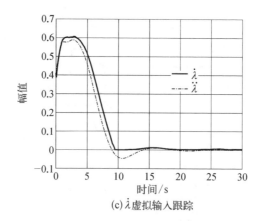

(c) $\dot{\lambda}$ 虚拟输入跟踪

图 5.4.3　导引方程式虚拟信号跟踪

导引方程式得到的虚拟输入如图 5.4.4 所示。

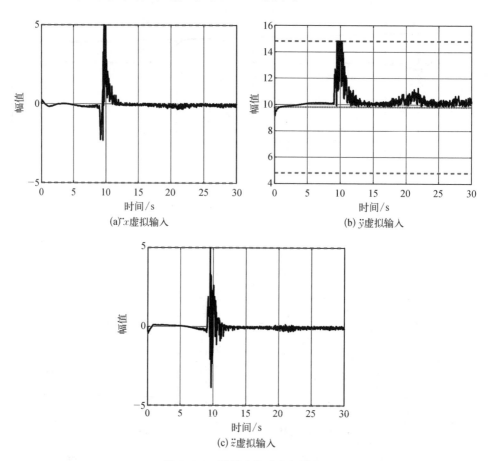

(a) $\ddot{x}$ 虚拟输入　　　　　　(b) $\ddot{y}$ 虚拟输入

(c) $\ddot{z}$ 虚拟输入

图 5.4.4　导引方程式虚拟输入

而导引信号的虚拟输入,转换至四旋翼无人机动力学模型上得到无人机虚拟跟踪信号如图 5.4.5 所示。

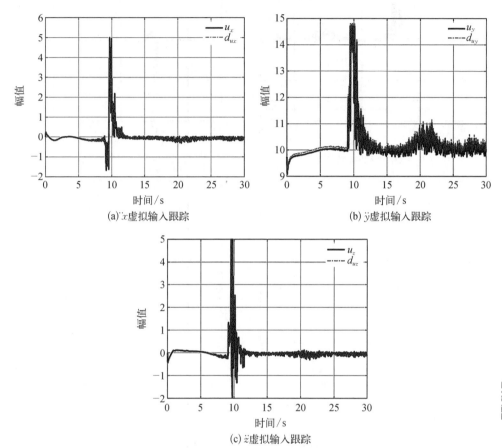

图 5.4.5 无人机位置环虚拟信号跟踪

如图 5.4.5 所示,由于虚拟输入跟踪与无人机位置环产生的虚拟输入是同阶,跟踪信号即一体化位置环所需虚拟输入 u_{1x}、u_{1y}、u_{1z}。得到输入后根据四旋翼无人机欠驱动特性,转换至无人机姿态环得到实际控制律,如图 5.4.6 所示。

通过以上解出控制律后,得到传感器坐标系内阶跃响应与无人机位置环阶跃响应如图 5.4.7 所示。

该无人机姿态环阶跃信号响应如图 5.4.8 所示。

为进一步验证分离式设计对动态信号的跟踪能力,以正弦信号输入检测分离式设计,同样对于各状态量传递非离线进行,而是在线完成后导出结果,此处为展示状态量、虚拟输入传递关系而顺序展示,得到的响应如图 5.4.9 所示。

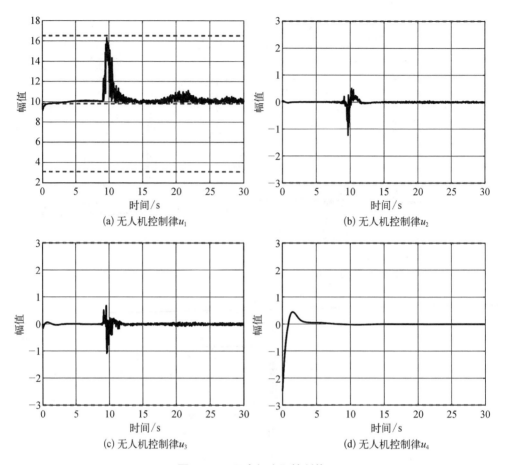

(a) 无人机控制律u_1 (b) 无人机控制律u_2

(c) 无人机控制律u_3 (d) 无人机控制律u_4

图 5.4.6   无人机实际控制律

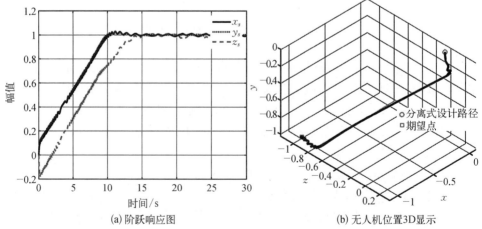

(a) 阶跃响应图   (b) 无人机位置3D显示

图 5.4.7   无人机位置环阶跃信号响应

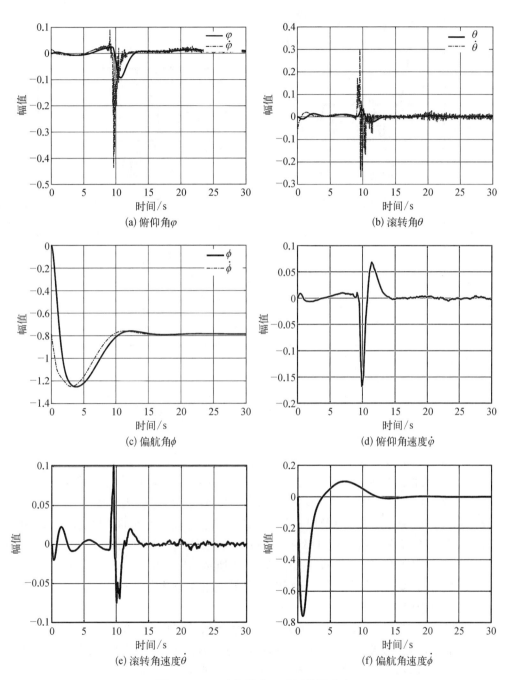

图 5.4.8 无人机姿态环阶跃信号响应

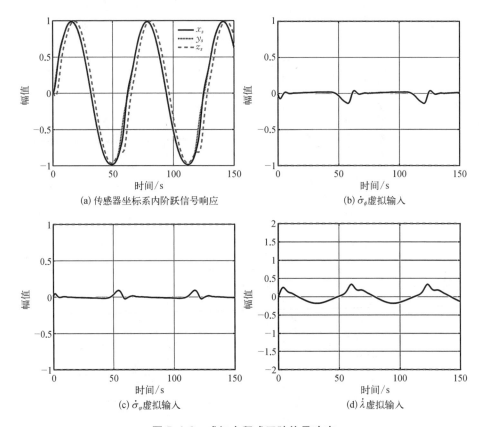

图 5.4.9   感知方程式正弦信号响应

为符合物理意义,将得到的虚拟输入进行饱和处理,规定虚拟输入,即 $\dot{\sigma}_\varphi$、$\dot{\sigma}_\phi$ 的上下限为 $[-1,1]$,$\dot{\lambda}$ 的上下限为 $[-2,2]$,单位分别为 rad/s,归一化相对距离单位为 s^{-1}。所得结果显示,在调整过程中,三个虚拟控制量均向零收敛,符合接近规则中的平行接近法。以感知方程式虚拟输入作为参考信号输入导引方程式,以有界随机噪声($[-0.2,0.2]$)模拟 $a_{x\text{Target}}^{\text{LOS}}$、$a_{y\text{Target}}^{\text{LOS}}$、$a_{z\text{Target}}^{\text{LOS}}$ 观测得到的结果,并利用小角度解耦模型与模糊变结构导引律解出虚拟输入,如图 5.4.10 所示。

导引方程式得到的虚拟输入如图 5.4.11 所示。

而导引信号的虚拟输入,转换至四旋翼无人机动力学模型上,得到无人机虚拟跟踪信号如图 5.4.12 所示。

如图 5.4.12 所示,由于虚拟输入跟踪与无人机位置环产生的虚拟输入是同阶,均为二阶,跟踪信号即一体化位置环所需虚拟输入 u_{1x}、u_{1y}、u_{1z}。得到输入后,由四旋翼无人机欠驱动特性,转换至无人机姿态环,得到实际控制律如图 5.4.13 所示。

通过以上解出控制律后,得到传感器坐标系内正弦信号响应与无人机位置环阶跃响应如图 5.4.14 所示。

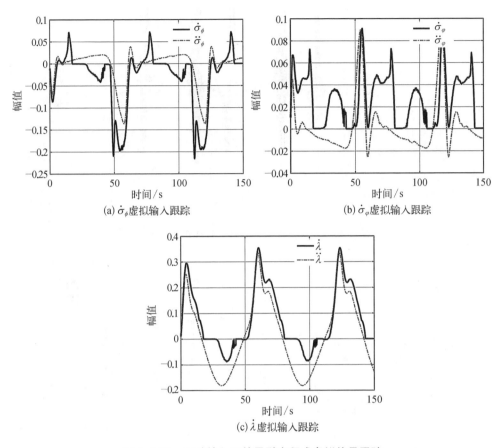

(a) $\dot{\sigma}_\phi$ 虚拟输入跟踪

(b) $\dot{\sigma}_\varphi$ 虚拟输入跟踪

(c) $\dot{\lambda}$ 虚拟输入跟踪

图 5.4.10　正弦输入下的导引方程式虚拟信号跟踪

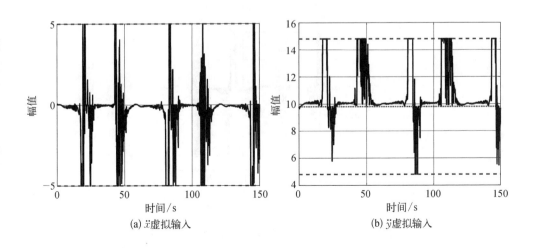

(a) $\ddot{x}$ 虚拟输入

(b) $\ddot{y}$ 虚拟输入

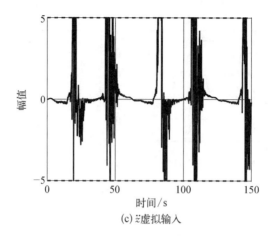

(c) $\ddot{z}$虚拟输入

图 5.4.11　正弦输入下的导引方程式虚拟输入

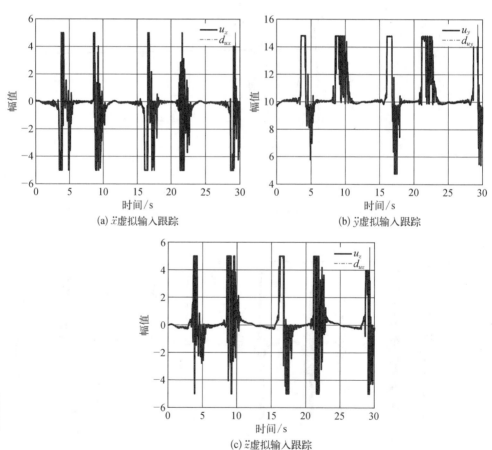

(a) $\ddot{x}$虚拟输入跟踪

(b) $\ddot{y}$虚拟输入跟踪

(c) $\ddot{z}$虚拟输入跟踪

图 5.4.12　正弦输入下无人机位置环虚拟信号跟踪

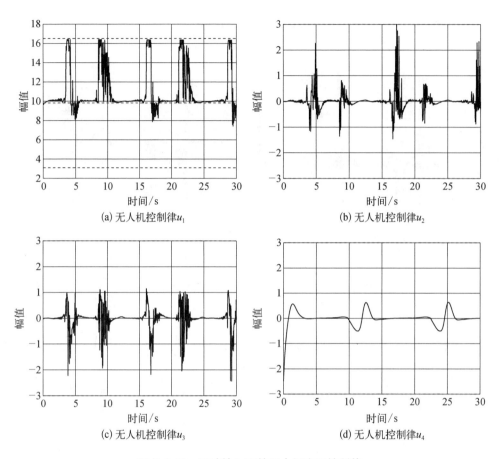

(a) 无人机控制律u_1　　　(b) 无人机控制律u_2

(c) 无人机控制律u_3　　　(d) 无人机控制律u_4

图 5.4.13　正弦输入下的无人机实际控制律

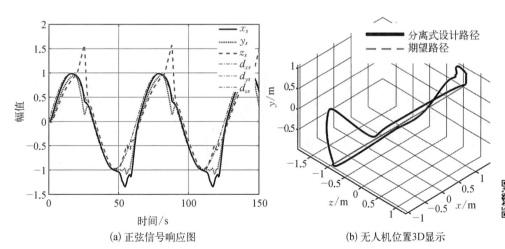

(a) 正弦信号响应图　　　(b) 无人机位置3D显示

图 5.4.14　无人机位置环正弦信号响应与无人机位置环阶跃响应

得到无人机姿态环阶跃信号响应如图 5.4.15 所示。

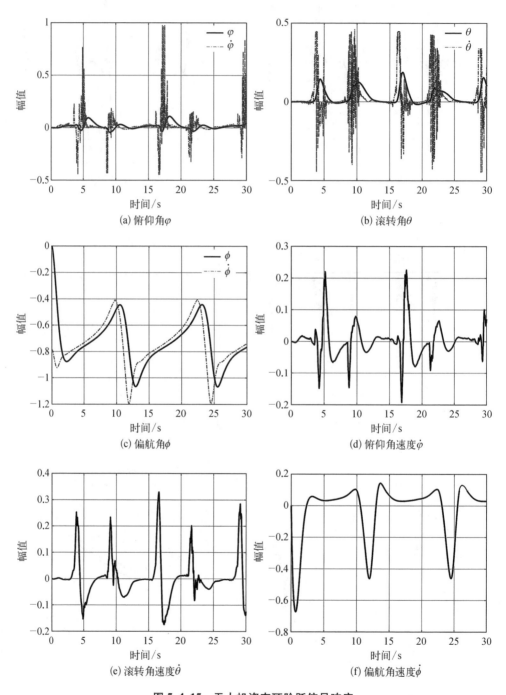

(a) 俯仰角φ

(b) 滚转角θ

(c) 偏航角ϕ

(d) 俯仰角速度$\dot{\varphi}$

(e) 滚转角速度$\dot{\theta}$

(f) 偏航角速度$\dot{\phi}$

图 5.4.15　无人机姿态环阶跃信号响应

由图 5.4.14 所得结果可知,对于正弦信号的跟踪,相较于阶跃信号更加困难,在持续的目标加速度随机干扰下,如图 5.4.10 所示,导引律对虚拟输入的跟踪效果较差,无法紧密跟踪信号,导致获得响应存在突变,针对动态信号跟踪相较于阶跃信号存在突变,但是在循环中也完成了正弦信号的跟踪。

5.5　小结

本章以 Model-free 的思想与分离式设计的思路,基于滑模变结构方法、自抗扰控制技术设计了导引律、控制律,并基于分离式设计思路完成了数值仿真验证。对于导引律,以解耦模型分别设计了不同通道的导引律,同样也以三维耦合模型进行进一步设计,并利用模糊逻辑规则,在保证导引律稳定的条件下,减少高频抖振。在无人机控制律设计之前,对接近规则安排进行充分讨论,根据四旋翼无人机的特性进行了接近设计。最后,以数值仿真完成了对阶跃信号、正弦信号的跟踪。

参 考 文 献

[1]　Han J Q. From PID to active disturbance rejection control[J]. IEEE Transactions on Industrial Electronics, 2009, 56(3): 900-906.

[2]　Gao Z. Active disturbance rejection control: A paradigm shift in feedback control system design [C]. American Control Conference, Minneapolis, 2006: 2399-2405.

（三）

导引与控制一体化设计篇

第6章

基于反馈线性化和LQR的无人机滤波导引与控制一体化研究

6.1 引言

　　本章主要基于第4章建立的全状态耦合一体化简化模型,但是与第4章的不同点在于,本章不再以制导回路和控制回路的分离式设计思想来分析问题,而是设计一体化控制律对整个模型进行控制。本章内容属于基于模型的控制范畴,虽已经对一体化模型进行了简化处理,但设计一体化控制律完成控制依旧是一个极大的挑战。同时畜牧生产中,放牧作为一种长时间的生产模式,需要无人机在完成目标的情况下,尽量保证长航时,因此一体化控制律的设计还需考虑控制量的累积大小。首先,对一体化模型已有的状态量传递规则进行进一步明确,并且以状态空间方程传递形式明确不同通道、耦合的子系统,基于四旋翼无人机欠驱动理论,以一体化位置环与姿态环进行一体化模型分析。然后,面对耦合严重、形式复杂的一体化位置环,采用反馈线性化的方法将非线性耦合模型转变为线性非耦合的简单形式,再采用LQR控制方式,实现能量的有效降低。

6.2 全状态耦合一体化简化模型数学分析

　　首先将第4章所得的状态空间方程展开,结果如下:

$$
\begin{cases}
\dot{\lambda} = L_{11}(V_x^{\mathrm{T}} - \dot{x}) + L_{12}(V_y^{\mathrm{T}} - \dot{y}) + L_{13}(V_z^{\mathrm{T}} - \dot{z}) \\
\dot{\sigma}_\varphi = L_{21}(V_x^{\mathrm{T}} - \dot{x}) + L_{22}(V_y^{\mathrm{T}} - \dot{y}) + L_{23}(V_z^{\mathrm{T}} - \dot{z}) \\
\dot{\sigma}_\phi = L_{31}(V_x^{\mathrm{T}} - \dot{x}) + L_{32}(V_y^{\mathrm{T}} - \dot{y}) + L_{33}(V_z^{\mathrm{T}} - \dot{z})
\end{cases}
$$

$$
\begin{cases}
\ddot{x} = -\dfrac{k_1}{m}\dot{x} + u_{1x} \\[2mm]
\ddot{y} = -\dfrac{k_2}{m}\dot{y} + u_{1y} - g \\[2mm]
\ddot{z} = -\dfrac{k_3}{m}\dot{z} + u_{1z} \\[2mm]
\ddot{\varphi} = -\dfrac{k_4 l}{J_{zz}}\dot{\varphi} + u_2 \\[2mm]
\ddot{\theta} = -\dfrac{k_5 l}{J_{xx}}\dot{\theta} + u_3 \\[2mm]
\ddot{\phi} = -\dfrac{k_6 l}{J_{yy}}\dot{\phi} + u_4
\end{cases}
\tag{6.2.1}
$$

式中, $u_{1x} = (-\sin\varphi\cos\phi\cos\theta + \sin\phi\sin\theta)u_1$; $u_{1z} = (\sin\varphi\sin\phi\cos\theta + \cos\phi\sin\theta)u_1$; $u_{1y} = u_1\cos\varphi\cos\theta$。

为了方便设计控制器,将式(6.2.1)的前六行视为无人机导引位置一体化子系统,可得

$$
\begin{cases}
\dot{\lambda} = L_{11}(V_x^{\mathrm{T}} - \dot{x}) + L_{12}(V_y^{\mathrm{T}} - \dot{y}) + L_{13}(V_z^{\mathrm{T}} - \dot{z}) \\[2mm]
\dot{\sigma}_\varphi = L_{21}(V_x^{\mathrm{T}} - \dot{x}) + L_{22}(V_y^{\mathrm{T}} - \dot{y}) + L_{23}(V_z^{\mathrm{T}} - \dot{z}) \\[2mm]
\dot{\sigma}_\phi = L_{31}(V_x^{\mathrm{T}} - \dot{x}) + L_{32}(V_y^{\mathrm{T}} - \dot{y}) + L_{33}(V_z^{\mathrm{T}} - \dot{z}) \\[2mm]
\ddot{x} = -\dfrac{k_1}{m}\dot{x} + u_{1x} \\[2mm]
\ddot{y} = -\dfrac{k_2}{m}\dot{y} + u_{1y} - g \\[2mm]
\ddot{z} = -\dfrac{k_3}{m}\dot{z} + u_{1z}
\end{cases}
\tag{6.2.2}
$$

分析式(6.2.2)可知,无人机导引位置一体化子系统具有非线性和强耦合特性,根据式(6.2.2)形式,状态量的传递逻辑为

$$
\begin{bmatrix} \dot{\lambda} \\ \dot{\sigma}_\varphi \\ \dot{\sigma}_\phi \end{bmatrix} \rightarrow
\begin{bmatrix} \dot{x} \\ \dot{y} \\ \dot{z} \end{bmatrix}
\begin{array}{l} \rightarrow \ddot{x} \rightarrow u_{1x} \\ \rightarrow \ddot{y} \rightarrow u_{1y} \\ \rightarrow \ddot{z} \rightarrow u_{1z} \end{array}
\tag{6.2.3}
$$

从物理意义上来考虑,目标与无人机的相对位置信息同时取决于目标和无人

机的运动状态。当目标由无人机传感器捕获,并经过滤波获得目标状态的估计后,相对位置状态量便可通过改变无人机自身运动状态而实现。由于本章所采用的一体化简化模型,使用速度阶描述无人机与目标的相对运动状态,故而相对位置状态量为速度量。

同时,还需考虑无人机姿态控制子系统,如下:

$$
\begin{cases}
\ddot{\varphi} = -\dfrac{k_4 l}{J_{zz}}\dot{\varphi} + u_2 \\[2mm]
\ddot{\theta} = -\dfrac{k_5 l}{J_{xx}}\dot{\theta} + u_3 \\[2mm]
\ddot{\phi} = -\dfrac{k_6 l}{J_{yy}}\dot{\phi} + u_4
\end{cases}
\tag{6.2.4}
$$

无人机姿态控制子系统设计时,需给出三个控制参考信号,即通过无人机传感器获得目标与无人机的相对位置信息,得到相对位置信息后,得出位置环虚拟控制量输入,转入姿态环,可由

$$
\begin{cases}
u_1 = \sqrt{u_{1x}^2 + (u_{1y} + g)^2 + u_{1z}^2} \\[2mm]
\varphi_d = \arctan\left(\dfrac{-u_{1x}\cos\phi + u_{1z}\sin\phi}{u_{1y}}\right) \\[2mm]
\theta_d = \arctan\left(\dfrac{u_{1x}\sin\phi\cos\varphi + u_{1z}\cos\phi\cos\varphi}{u_{1y}}\right)
\end{cases}
\tag{6.2.5}
$$

计算出姿态参考信号 φ_d、θ_d,故实际需给出的参考信号为 λ_d、$\sigma_{\varphi d}$、$\sigma_{\phi d}$ 和 ϕ_d。

全状态耦合一体化简化模型的控制流程如图 6.2.1 所示。

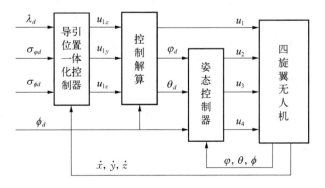

图 6.2.1　全状态耦合一体化简化模型控制流程图

6.3　基于 Feedback-linearization 和 ESO 的全状态耦合一体化简化模型最优控制律设计

6.3.1　反馈线性化过程

对于无人机导引位置一体化子系统,采用输入-输出反馈线性化的思想,对式(6.2.2)第一、第二和第三行求一次导,并代入式(6.2.2)第四、第五和第六行,可得到相对位置状态量与控制输入的直接关系:

$$
\begin{cases}
\ddot{\lambda} = - L_{11}u_{1x} - L_{12}u_{1y} - L_{13}u_{1z} + \dot{L}_{11}(V_x^{\mathrm{T}} - V_x) + \dot{L}_{12}(V_y^{\mathrm{T}} - V_y) + \dot{L}_{13}(V_z^{\mathrm{T}} - V_z) \\
\qquad + L_{11}\left(a_x^{\mathrm{T}} + \dfrac{k_1}{m}\dot{x}\right) + L_{12}\left(a_y^{\mathrm{T}} + \dfrac{k_2}{m}\dot{y} + g\right) + L_{13}\left(a_z^{\mathrm{T}} + \dfrac{k_3}{m}\dot{z}\right) \\[4pt]
\ddot{\sigma}_\varphi = - L_{21}u_{1x} - L_{22}u_{1y} - L_{23}u_{1z} + \dot{L}_{21}(V_x^{\mathrm{T}} - V_x) + \dot{L}_{22}(V_y^{\mathrm{T}} - V_y) + \dot{L}_{23}(V_z^{\mathrm{T}} - V_z) \\
\qquad + L_{21}\left(a_x^{\mathrm{T}} + \dfrac{k_1}{m}\dot{x}\right) + L_{22}\left(a_y^{\mathrm{T}} + \dfrac{k_2}{m}\dot{y} + g\right) + L_{23}\left(a_z^{\mathrm{T}} + \dfrac{k_3}{m}\dot{z}\right) \\[4pt]
\ddot{\sigma}_\phi = - L_{31}u_{1x} - L_{33}u_{1z} + \dot{L}_{31}(V_x^{\mathrm{T}} - V_x) + \dot{L}_{33}(V_z^{\mathrm{T}} - V_z) + L_{31}\left(a_x^{\mathrm{T}} + \dfrac{k_1}{m}\dot{x}\right) \\
\qquad + L_{33}\left(a_z^{\mathrm{T}} + \dfrac{k_3}{m}\dot{z}\right)
\end{cases}
$$

$$(6.3.1)$$

为得到相对位置状态量与控制输入的简要且明确关系,令

$$
- L_{11}u_{1x} - L_{12}u_{1y} - L_{13}u_{1z} = v_{1x} - \dot{L}_{11}(V_x^{\mathrm{T}} - V_x) - \dot{L}_{12}(V_y^{\mathrm{T}} - V_y) - \dot{L}_{13}(V_z^{\mathrm{T}} - V_z)
$$
$$
- L_{11}\left(a_x^{\mathrm{T}} + \frac{k_1}{m}\dot{x}\right) - L_{12}\left(a_y^{\mathrm{T}} + \frac{k_2}{m}\dot{y} + g\right) - L_{13}\left(a_z^{\mathrm{T}} + \frac{k_3}{m}\dot{z}\right)
$$
$$
- L_{21}u_{1x} - L_{22}u_{1y} - L_{23}u_{1z} = v_{1y} - \dot{L}_{21}(V_x^{\mathrm{T}} - V_x) - \dot{L}_{22}(V_y^{\mathrm{T}} - V_y) - \dot{L}_{23}(V_z^{\mathrm{T}} - V_z)
$$
$$
- L_{21}\left(a_x^{\mathrm{T}} + \frac{k_1}{m}\dot{x}\right) - L_{22}\left(a_y^{\mathrm{T}} + \frac{k_2}{m}\dot{y} + g\right) - L_{23}\left(a_z^{\mathrm{T}} + \frac{k_3}{m}\dot{z}\right)
$$
$$
- L_{31}u_{1x} - L_{33}u_{1z} = v_{1z} - \dot{L}_{31}(V_x^{\mathrm{T}} - V_x) - \dot{L}_{33}(V_z^{\mathrm{T}} - V_z) - L_{31}\left(a_x^{\mathrm{T}} + \frac{k_1}{m}\dot{x}\right)
$$
$$
- L_{33}\left(a_z^{\mathrm{T}} + \frac{k_3}{m}\dot{z}\right)
$$

$$(6.3.2)$$

即

$$
-L \cdot \begin{bmatrix} u_{1x} \\ u_{1y} \\ u_{1z} \end{bmatrix} = \begin{bmatrix} v_{1x} - \dot{L}_{11}(V_x^T - V_x) - \dot{L}_{12}(V_y^T - V_y) - \dot{L}_{13}(V_z^T - V_z) - \cdots \\ \quad - L_{11}\left(a_x^T + \dfrac{k_1}{m}\dot{x}\right) - L_{12}\left(a_y^T + \dfrac{k_2}{m}\dot{y} + g\right) - L_{13}\left(a_z^T + \dfrac{k_3}{m}\dot{z}\right) \\ v_{1y} - \dot{L}_{21}(V_x^T - V_x) - \dot{L}_{22}(V_y^T - V_y) - \dot{L}_{23}(V_z^T - V_z) - \cdots \\ \quad - L_{21}\left(a_x^T + \dfrac{k_1}{m}\dot{x}\right) - L_{22}\left(a_y^T + \dfrac{k_2}{m}\dot{y} + g\right) - L_{23}\left(a_z^T + \dfrac{k_3}{m}\dot{z}\right) \\ v_{1z_\phi} - \dot{L}_{31}(V_x^T - V_x) - \dot{L}_{33}(V_z^T - V_z) - L_{31}\left(a_x^T + \dfrac{k_1}{m}\dot{x}\right) - L_{33}\left(a_z^T + \dfrac{k_3}{m}\dot{z}\right) \end{bmatrix}
$$
$$(6.3.3)$$

$$
\begin{bmatrix} u_{1x} \\ u_{1y} \\ u_{1z} \end{bmatrix} = -L^T \cdot \begin{bmatrix} v_{1x} - \dot{L}_{11}(V_x^T - V_x) - \dot{L}_{12}(V_y^T - V_y) - \dot{L}_{13}(V_z^T - V_z) - \cdots \\ \quad - L_{11}\left(a_x^T + \dfrac{k_1}{m}\dot{x}\right) - L_{12}\left(a_y^T + \dfrac{k_2}{m}\dot{y} + g\right) - L_{13}\left(a_z^T + \dfrac{k_3}{m}\dot{z}\right) \\ v_{1y} - \dot{L}_{21}(V_x^T - V_x) - \dot{L}_{22}(V_y^T - V_y) - \dot{L}_{23}(V_z^T - V_z) - \cdots \\ \quad - L_{21}\left(a_x^T + \dfrac{k_1}{m}\dot{x}\right) - L_{22}\left(a_y^T + \dfrac{k_2}{m}\dot{y} + g\right) - L_{23}\left(a_z^T + \dfrac{k_3}{m}\dot{z}\right) \\ v_{1z} - \dot{L}_{31}(V_x^T - V_x) - \dot{L}_{33}(V_z^T - V_z) - L_{31}\left(a_x^T + \dfrac{k_1}{m}\dot{x}\right) - L_{33}\left(a_z^T + \dfrac{k_3}{m}\dot{z}\right) \end{bmatrix}
$$
$$(6.3.4)$$

将式(6.3.4)代入式(6.3.3)可得

$$
\begin{cases} \ddot{\lambda} = v_{1x} + w_1 \\ \ddot{\sigma}_\varphi = v_{1y} + w_2 \\ \ddot{\sigma}_\phi = v_{1z} + w_3 \end{cases}
$$
$$(6.3.5)$$

式中，w_1、w_2 和 w_3 表示由建模不准确和不确定性因素对反馈线性化产生的干扰。

由式(6.3.5)可知，通过构造的新输入 v_{1x}、v_{1y} 和 v_{1z} 将式(6.3.1)的非线性部分消去，可以将二阶非线性系统转化为简单的线性双积分器系统。

6.3.2　基于 LQR 和 ESO 的反馈线性化无人机全状态耦合一体化控制系统设计

对于反馈线性化的无人机导引位置一体化子系统(式(6.3.5))，可以将其拆分为相对距离通道、视线倾角通道和视线偏角通道,分别设计控制律。

对于相对距离通道:

$$\ddot{\lambda} = v_{1x} + w_1 \tag{6.3.6}$$

考虑由于建模不准确和不确定性因素对反馈线性化产生的干扰 w_1,引入扩张状态观测器(extended state observer, ESO),对位置干扰 w_1 进行观测,并后续进行控制补偿。

扩张状态观测器的递推形式如下:

$$\begin{cases} e = z_1(k) - y(k), \quad \mathrm{fe} = \mathrm{fal}(e, 0.5, \delta), \quad \mathrm{fe}_1 = \mathrm{fal}(e, 0.25, \delta) \\ z_1(k+1) = z_1(k) + T[z_2(k) - \beta_{01}e] \\ z_2(k+1) = z_2(k) + T[z_3(k) - \beta_{02}\mathrm{fe}] \\ z_3(k+1) = z_3(k) + T(-\beta_{03}\,\mathrm{fe}_1) \end{cases} \tag{6.3.7}$$

式中,$\mathrm{fal}(e, \alpha, \delta) = \begin{cases} \dfrac{e}{\delta^{\alpha-1}}, & |e| \leqslant \delta \\ |e|^{\alpha}\mathrm{sgn}(e), & |e| > \delta \end{cases}$,$\delta$ 为非线性函数在原点附近的线性段的区间长度,利用 $\mathrm{fal}(e, \alpha, \delta)$,在系统状态估计过程中,能有效减少系统状态的估计 z_1 与 z_2,与系统的扩张状态观测 z_3 的高频振颤现象。

对于相对距离通道确定部分:

$$\ddot{\lambda} = v_{1x} \tag{6.3.8}$$

控制目标为 $\lambda \to \lambda_d$,可令 $e_\lambda = \lambda - \lambda_d$,则

$$\begin{bmatrix} \dot{e}_\lambda \\ \ddot{e}_\lambda \end{bmatrix} = \begin{bmatrix} 0 & 1 \\ 0 & 0 \end{bmatrix} \begin{bmatrix} e_\lambda \\ \dot{e}_\lambda \end{bmatrix} + \begin{bmatrix} 0 \\ 1 \end{bmatrix} v_{1x} \tag{6.3.9}$$

设计:

$$v_{1x} = -\begin{bmatrix} k_{1x} & k_{2x} \end{bmatrix} \begin{bmatrix} e_\lambda \\ \dot{e}_\lambda \end{bmatrix} \tag{6.3.10}$$

采用第 4 章所述的 LQR 方法,引入能量函数 J:

$$J = \int_0^\infty (x^{\mathrm{T}}Q_x x + u^{\mathrm{T}}R_u u)\mathrm{d}t \tag{6.3.11}$$

通过设计半正定矩阵 Q_x 和 R_u,求解得出使能量函数 J 最小的 k_{1x} 和 k_{2x}。

同理,对于视线倾角通道和视线偏角通道,可以设计如下控制器:

$$v_{1y} = - \begin{bmatrix} k_{1y} & k_{2y} \end{bmatrix} \begin{bmatrix} e_{\sigma_\varphi} \\ \dot{e}_{\sigma_\varphi} \end{bmatrix} \tag{6.3.12}$$

$$v_{1z} = - \begin{bmatrix} k_{1z} & k_{2z} \end{bmatrix} \begin{bmatrix} e_{\sigma_\phi} \\ \dot{e}_{\sigma_\phi} \end{bmatrix} \tag{6.3.13}$$

式(6.3.12)中的 k_{1y} 和 k_{2y},以及式(6.3.13)中的 k_{1z} 和 k_{2z},均通过 LQR 方法求解。

对于无人机姿态子系统(式(6.2.1)),也将其拆分为俯仰通道、滚转通道和偏航通道,分别设计控制律。

对于俯仰通道:

$$\ddot{\varphi} = - \frac{k_4 l}{J_{zz}} \dot{\varphi} + u_2 \tag{6.3.14}$$

控制目标为 $\varphi \to \varphi_d$,可令 $e_\varphi = \varphi - \varphi_d$,则

$$\begin{bmatrix} \dot{e}_\varphi \\ \ddot{e}_\varphi \end{bmatrix} = \begin{bmatrix} 0 & 1 \\ 0 & - \dfrac{k_4 l}{J_{zz}} \end{bmatrix} \begin{bmatrix} e_\lambda \\ \dot{e}_\lambda \end{bmatrix} + \begin{bmatrix} 0 \\ 1 \end{bmatrix} u_2 \tag{6.3.15}$$

设计:

$$u_2 = - \begin{bmatrix} k_{1\varphi} & k_{2\varphi} \end{bmatrix} \begin{bmatrix} e_\varphi \\ \dot{e}_\varphi \end{bmatrix} \tag{6.3.16}$$

采用 LQR 方法,通过设计半正定矩阵 Q_x 和 R_u,求解 $k_{1\varphi}$ 和 $k_{2\varphi}$。

同理,对于滚转通道和偏航通道,控制目标为 $\theta \to \theta_d$, $\phi \to \phi_d$。可令 $e_\theta = \theta - \theta_d$, $e_\phi = \phi - \phi_d$,设计如下控制器:

$$u_3 = - \begin{bmatrix} k_{1\theta} & k_{2\theta} \end{bmatrix} \begin{bmatrix} e_\theta \\ \dot{e}_\theta \end{bmatrix} \tag{6.3.17}$$

$$u_4 = - \begin{bmatrix} k_{1\phi} & k_{2\phi} \end{bmatrix} \begin{bmatrix} e_\phi \\ \dot{e}_\phi \end{bmatrix} \tag{6.3.18}$$

式(6.3.17)中的 $k_{1\theta}$ 和 $k_{2\theta}$,以及式(6.3.18)中的 $k_{1\phi}$ 和 $k_{2\phi}$,同样通过 LQR 方法求解。

6.4　数值仿真试验验证

本节数值仿真基于式(6.2.1)所示的全状态耦合一体化简化模型进行。无人机在惯性坐标系中的位置由中间状态量 $\dot{x}$、$\dot{y}$ 和 $\dot{z}$ 分别积分得到。已知参数如表 6.4.1 所示。

表 6.4.1　全状态耦合一体化简化模型数值仿真参数

参　　　　数	取　值
LQR 参数 k_1、k_2（λ 通道）	2, 1.8
LQR 参数 k_1、k_2（σ_φ 通道）	3.5, 3
LQR 参数 k_1、k_2（σ_ϕ 通道）	3.5, 3
ESO 三通道相同参数 δ、b_0	0.01, 1
ESO 参数 β_{01}、β_{02}、β_{03}（λ 通道）	0.03, 0.000 3, 0.000 1
ESO 参数 β_{01}、β_{02}、β_{03}（σ_φ 通道）	0.03, 0.000 3, 0.000 1
ESO 参数 β_{01}、β_{02}、β_{03}（σ_ϕ 通道）	0.03, 0.000 3, 0.000 1
反馈线性化干扰 w_1、w_2、w_3	$0.02 \cdot \sin(0.5t)$
LQR 参数 k_1、k_2（φ 通道）	15, 10
LQR 参数 k_1、k_2（θ 通道）	15, 10
LQR 参数 k_1、k_2（ϕ 通道）	15, 10

依旧先以单纯靠近目标进行数值仿真。假设以无人机传感器捕获到目标那一时刻的无人机机体坐标系为基准,建立世界坐标系,则无人机在此世界坐标系中的坐标为 $[0, 0, 0]$。假设此时静止目标在此世界坐标系中的坐标为 $[1, 1, 1]$。根据图 4.2.6,无人机经过感知、滤波后,目标在传感器坐标系中的坐标为 $[1, 1, 1]$。则导引控制一体化方程的初值可根据式(6.4.1)得到:

$$
\begin{bmatrix} \lambda_0 \\ \sigma_{\varphi 0} \\ \sigma_{\phi 0} \end{bmatrix} = \begin{bmatrix} \sqrt{\hat{x}_{s0}^2 + \hat{y}_{s0}^2 + \hat{z}_{s0}^2} \\ \arctan\left(\dfrac{\hat{y}_{s0}}{\sqrt{\hat{x}_{s0}^2 + \hat{z}_{s0}^2}}\right) \\ -\arctan\left(\dfrac{\hat{x}_{s0}}{\hat{z}_{s0}}\right) \end{bmatrix} = \begin{bmatrix} 1.732 \\ 0.615\ 5 \\ -0.785\ 6 \end{bmatrix} \tag{6.4.1}
$$

期望信号设置为 $\lambda_d = 0.01$、$\sigma_{\varphi d} = \sigma_{\varphi 0}$、$\sigma_{\phi d} = \sigma_{\phi 0}$ 和 $\phi_d = -\pi/4$。导引位置子系统响应如图 6.4.1 所示。

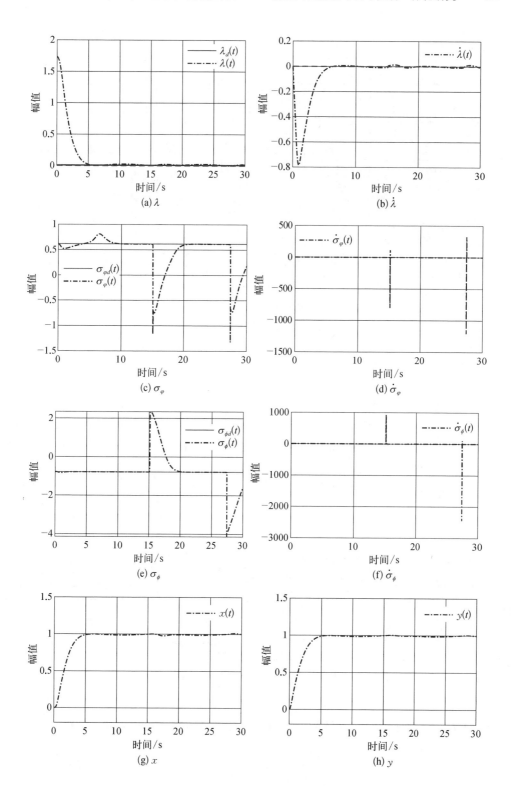

(a) λ

(b) $\dot{\lambda}$

(c) σ_{φ}

(d) $\dot{\sigma}_{\varphi}$

(e) σ_{ϕ}

(f) $\dot{\sigma}_{\phi}$

(g) x

(h) y

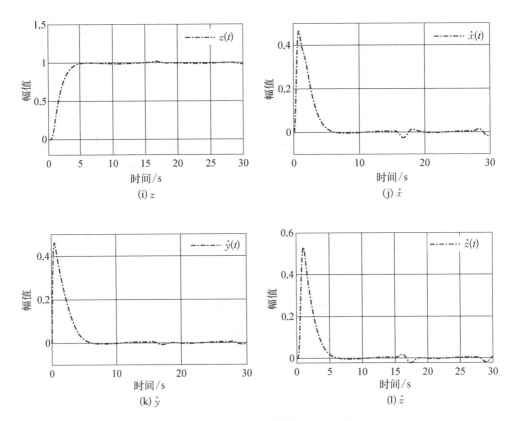

图 6.4.1   无人机导引位置子系统响应图

无人机位置环产生的虚拟位置控制律 u_{1x}、u_{1y}、u_{1z} 如图 6.4.2 所示。由四旋翼无人机欠驱动特性,得到无人机姿态环得到实际控制律,如图 6.4.3 所示。

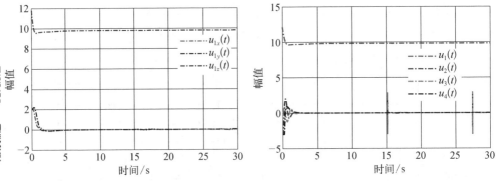

图 6.4.2   无人机导引位置子系统虚拟控制律   **图 6.4.3   无人机实际控制律**

无人机姿态环响应如图 6.4.4 所示。

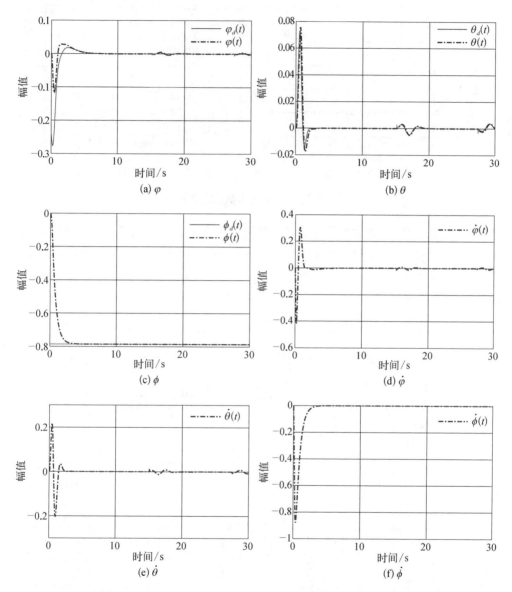

图 6.4.4　无人机姿态环响应

在整个追踪过程中,目标在无人机传感器中的状态变化,以及在世界坐标系下无人机的飞行轨迹如图 6.4.5 所示。

考虑实际追踪过程中,无人机可能需要动态调整与目标之间的相对位置,进而进行动态追踪数值仿真。假设以无人机传感器捕获到目标那一时刻的无人机

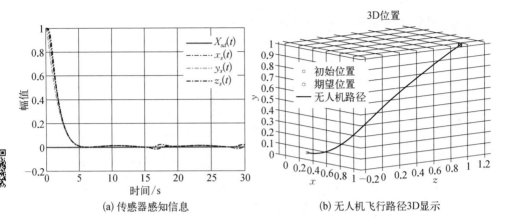

(a) 传感器感知信息　　　　　　　　(b) 无人机飞行路径3D显示

图 6.4.5　感知及无人机追踪响应图

机体坐标系为基准,建立世界坐标系,则无人机在此世界坐标系中的坐标为[0, 0, 0]。假设此时静止目标在此世界坐标系中的坐标为[1, 1, 1]。期望信号设置为 $\lambda_d = 1 + \sin(0.1 \cdot t)$、$\sigma_{\varphi d} = \sigma_{\varphi 0}$、$\sigma_{\phi d} = \sigma_{\phi 0}$ 和 $\phi_d = -\pi/4$。导引位置子系统响应如图 6.4.6 所示。

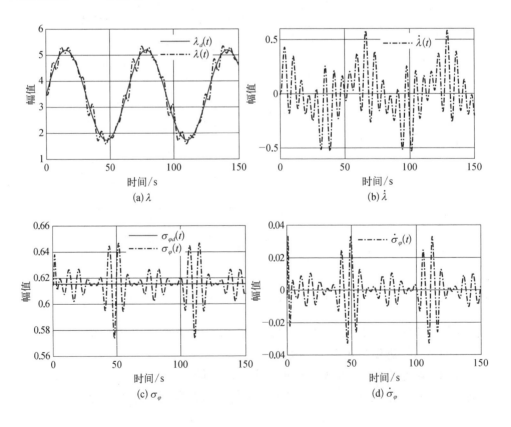

(a) λ　　　　　　　　　　　　　　(b) $\dot{\lambda}$

(c) σ_{φ}　　　　　　　　　　　　　(d) $\dot{\sigma}_{\varphi}$

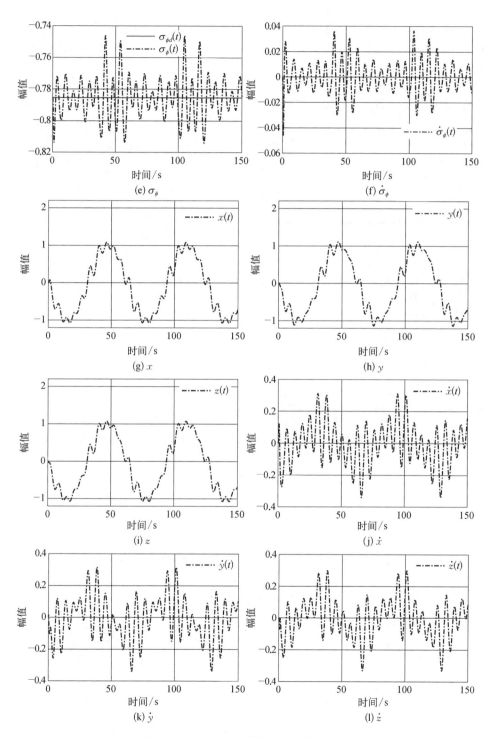

图 6.4.6 无人机导引位置子系统响应图

　　无人机导引位置环产生的虚拟位置控制律 u_{1x}、u_{1y}、u_{1z} 如图 6.4.7 所示。由四旋翼无人机欠驱动特性,得到无人机姿态环得到实际控制律如图 6.4.8 所示。

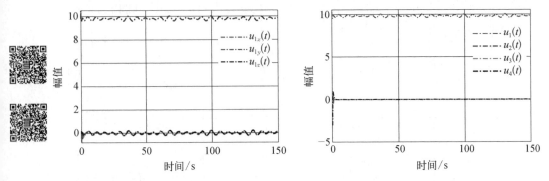

图 6.4.7　无人机导引位置子系统虚拟位置控制律　　　**图 6.4.8　无人机实际控制律**

　　无人机姿态环响应如图 6.4.9 所示。

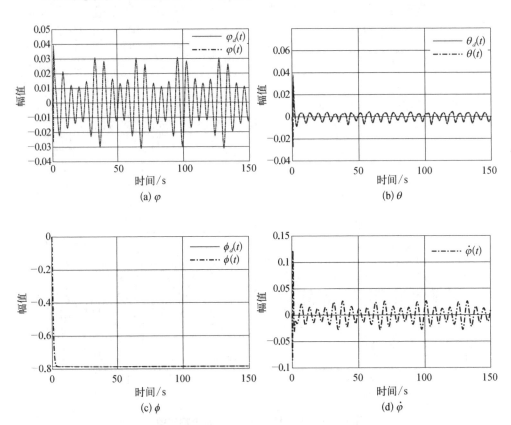

(a) φ

(b) θ

(c) ϕ

(d) $\dot{\varphi}$

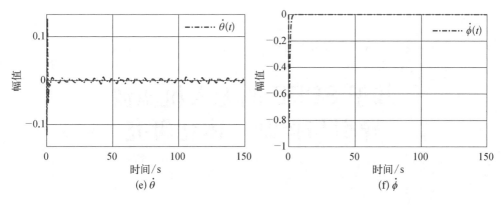

图 6.4.9　无人机姿态环响应

在整个追踪过程中,目标在无人机传感器中的状态变化,以及在世界坐标系下无人机的飞行轨迹如图 6.4.10 所示。

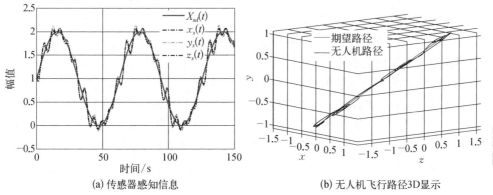

(a) 传感器感知信息　　　　　　　(b) 无人机飞行路径3D显示

图 6.4.10　感知及无人机追踪响应图

6.5　小结

本章针对全状态耦合一体化简化模型,完成了一体化控制律设计,并数值仿真成功证明了该一体化控制律设计思想的有效性。针对本章所面对全状态耦合一体化简化模型的非线性和强耦合特性,通过反馈线性化的方法,将其转变为线性系统,并采用 LQR 控制器和 ESO 设计一体化控制律。在数值仿真中,以无人机静态跟踪(阶跃信号)和动态跟踪(正弦信号)为例,证明了该一体化控制律设计的有效性。

第7章

基于 SDRE 的无人机滤波
导引与控制一体化研究

7.1　引言

　　本章主要针对全状态耦合一体化模型,即式(2.5.8)整体式展开,针对一体化模型,设计一体化控制律对整个模型进行控制。本章内容属于基于模型的控制范畴,但是所面对全状态耦合一体化模型,其严重的耦合、复杂的形式,是设计一体化控制律完成控制最大的挑战。考虑畜牧生产中,放牧作为一种长时间的生产模式,需要无人机在完成目标的情况下,尽量保证长航时,因此以最优理论作为一体化控制律设计,可将能量消耗尽可能降低,以合理控制好"油门"与"刹车"的关系,达到"省油"的效果。首先,对一体化模型已有的状态量传递规则进行进一步明确,并且以状态空间方程传递形式描述不同通道、耦合的子系统,基于四旋翼无人机欠驱动特性,以一体化位置环与姿态环进行一体化模型分析。然后,面对一体化模型,采用 SDRE 控制律,以最优控制理论推导达到消耗尽量低,首先面对的是一体化模型的 SDC 参数化困难,在解析法构造系统矩阵时,面对奇异性缺陷与可控性条件不可调和时,需要以数值解法进行 SDC 参数化,以完成 SDRE控制。

7.2　全状态耦合一体化模型数学分析

　　由于四旋翼无人机的欠驱动特性,需要由四个控制量(本书根据各螺旋桨升力组合为 u_1、u_2、u_3 和 u_4),根据耦合情况配合调节六个状态量(分为位置环与姿态环)。所以本章对全状态耦合一体化模型的分析也根据四旋翼无人机的双环控制特性进行。首先对于式(2.5.8)第一式,即以滤波为基础,根据已建立模型展开整理可得

$$
\begin{cases}
\dot{x}_s = -\lambda\dot{\sigma}_\phi\cos\xi_\varphi\cos\xi_\phi + \lambda\dot{\phi}\cos\xi_\varphi\cos\xi_\phi \\
\qquad + \dot{\lambda}\cos\xi_\varphi\sin\xi_\phi - \lambda\dot{\xi}_\varphi\sin\xi_\varphi\sin\xi_\phi \\
\dot{y}_s = \lambda\dot{\sigma}_\varphi\cos\xi_\varphi - \lambda\dot{\varphi}\cos\xi_\varphi + \dot{\lambda}\sin\xi_\varphi \\
\dot{z}_s = \dot{\lambda}\cos\xi_\varphi\cos\xi_\phi - \lambda(\dot{\xi}_\varphi\sin\xi_\varphi\cos\xi_\phi + \dot{\xi}_\phi\sin\xi_\phi\cos\xi_\varphi)
\end{cases}
\tag{7.2.1}
$$

根据传感器倾角 ξ_φ 与传感器偏角 ξ_ϕ 的定义,式(7.2.1)可进一步整理为

$$
\begin{cases}
\dot{x}_s = -\lambda\dot{\sigma}_\phi\cos\!\left(\arctan\dfrac{y_s}{\sqrt{z_s^2+x_s^2}}\right)\cos\!\left(\arctan\dfrac{x_s}{z_s}\right) \\
\qquad + \lambda\dot{\phi}\cos\!\left(\arctan\dfrac{y_s}{\sqrt{z_s^2+x_s^2}}\right)\cos\!\left(\arctan\dfrac{x_s}{z_s}\right) \\
\qquad + \dot{\lambda}\cos\!\left(\arctan\dfrac{y_s}{\sqrt{z_s^2+x_s^2}}\right)\sin\!\left(\arctan\dfrac{x_s}{z_s}\right) \\
\qquad - \lambda(\dot{\sigma}_\varphi - \dot{\varphi})\sin\!\left(\arctan\dfrac{y_s}{\sqrt{z_s^2+x_s^2}}\right)\sin\!\left(\arctan\dfrac{x_s}{z_s}\right) \\
\dot{y}_s = \lambda\dot{\sigma}_\varphi\cos\!\left(\arctan\dfrac{y_s}{\sqrt{z_s^2+x_s^2}}\right) - \lambda\dot{\varphi}\cos\!\left(\arctan\dfrac{y_s}{\sqrt{z_s^2+x_s^2}}\right) \\
\qquad + \dot{\lambda}\sin\!\left(\arctan\dfrac{y_s}{\sqrt{z_s^2+x_s^2}}\right) \\
\dot{z}_s = \dot{\lambda}\cos\!\left(\arctan\dfrac{y_s}{\sqrt{z_s^2+x_s^2}}\right)\cos\!\left(\arctan\dfrac{x_s}{z_s}\right) \\
\qquad - \lambda\left[(\dot{\sigma}_\varphi - \dot{\varphi})\sin\!\left(\arctan\dfrac{y_s}{\sqrt{z_s^2+x_s^2}}\right)\cos\!\left(\arctan\dfrac{x_s}{z_s}\right)\right. \\
\qquad \left. + (-\dot{\sigma}_\phi + \dot{\phi})\sin\!\left(\arctan\dfrac{x_s}{z_s}\right)\cos\!\left(\arctan\dfrac{y_s}{\sqrt{z_s^2+x_s^2}}\right)\right]
\end{cases}
\tag{7.2.2}
$$

根据式(7.2.2),从传感器坐标系到视线坐标系的状态量对应关系,可将式(7.2.2)整理为

$$
\begin{bmatrix}
\dot{x}_s \\
\dot{y}_s \\
\dot{z}_s
\end{bmatrix}
=
\begin{bmatrix}
g_1(x) & 0 & 0 \\
0 & g_3(x) & 0 \\
0 & 0 & g_5(x)
\end{bmatrix}
\begin{bmatrix}
\dot{\sigma}_\phi \\
\dot{\sigma}_\varphi \\
\dot{\lambda}
\end{bmatrix}
+
\begin{bmatrix}
f_1(x) \\
f_3(x) \\
f_5(x)
\end{bmatrix}
\tag{7.2.3}
$$

式中,统一将时变状态量向量表示为 $x(t)$ 并简记为 x,

$$g_1(x) = -\lambda\cos\left(\arctan\frac{y_s}{\sqrt{z_s^2 + x_s^2}}\right)\cos\left(\arctan\frac{x_s}{z_s}\right)$$

$$f_1(x) = \lambda\dot{\phi}\cos\left(\arctan\frac{y_s}{\sqrt{z_s^2 + x_s^2}}\right)\cos\left(\arctan\frac{x_s}{z_s}\right)$$

$$+ \dot{\lambda}\cos\left(\arctan\frac{y_s}{\sqrt{z_s^2 + x_s^2}}\right)\sin\left(\arctan\frac{x_s}{z_s}\right)$$

$$- \lambda(\dot{\sigma}_\varphi - \dot{\varphi})\sin\left(\arctan\frac{y_s}{\sqrt{z_s^2 + x_s^2}}\right)\sin\left(\arctan\frac{x_s}{z_s}\right)$$

$$g_3(x) = \lambda\cos\left(\arctan\frac{y_s}{\sqrt{z_s^2 + x_s^2}}\right)$$

$$f_3(x) = -\lambda\dot{\varphi}\cos\left(\arctan\frac{y_s}{\sqrt{z_s^2 + x_s^2}}\right) + \dot{\lambda}\sin\left(\arctan\frac{y_s}{\sqrt{z_s^2 + x_s^2}}\right)$$

$$g_5(x) = \cos\left(\arctan\frac{y_s}{\sqrt{z_s^2 + x_s^2}}\right)\cos\left(\arctan\frac{x_s}{z_s}\right)$$

$$f_5(x) = -\lambda\left[(\dot{\sigma}_\varphi - \dot{\varphi})\sin\left(\arctan\frac{y_s}{\sqrt{z_s^2 + x_s^2}}\right)\cos\left(\arctan\frac{x_s}{z_s}\right)\right.$$

$$\left. + (-\dot{\sigma}_\phi + \dot{\phi})\sin\left(\arctan\frac{x_s}{z_s}\right)\cos\left(\arctan\frac{y_s}{\sqrt{z_s^2 + x_s^2}}\right)\right]$$

根据式(2.5.6)形式,状态量的传递逻辑为

$$\dot{x}_s \to \dot{\sigma}_\phi, \quad \dot{y}_s \to \dot{\sigma}_\varphi, \quad \dot{z}_s \to \dot{\lambda} \tag{7.2.4}$$

从物理意义上来考虑,在传感器坐标系内,目标产生横移,即 x_s 轴变化时,同时在视线坐标系中产生视线偏角 σ_ϕ 的偏移,同理对应传感器坐标系竖直方向 y_s 与视线倾角 σ_φ、传感器坐标系景深方向 z_s 与相对距离 λ。由式(7.2.3)得到状态量的传递逻辑式(7.2.4)符合物理意义,但是从数学角度上分析,在数值稳定性得到保障的情况下,可以通过凑项的方法完成状态量传递逻辑的任意对应,如何对应需要根据控制律设计的需求进行确定。

同样,对于式(2.5.8)第一式,即目标-无人机相对运动关系,整理可得

$$
\begin{cases}
\ddot{\lambda} = \cos \sigma_\varphi \cos \sigma_\phi \dfrac{k_1}{m}\dot{x} + \lambda \dot{\sigma}_\phi^2 \cos^2 \sigma_\varphi + \lambda \dot{\sigma}_\varphi^2 + a_{x\text{Target}}^{\text{LOS}} - u_x^{\#} \cos \sigma_\varphi \cos \sigma_\phi \\[2mm]
\qquad + \sin \sigma_\varphi \cos \sigma_\phi \left(u_y^{\#} - g - \dfrac{k_2}{m}\dot{y} \right) - \sin \sigma_\phi \left(u_z^{\#} - \dfrac{k_3}{m}\dot{z} \right) \\[3mm]
\ddot{\sigma}_\varphi = \dfrac{k_2 \cos \sigma_\varphi}{\lambda m}\dot{y} - \dot{\sigma}_\phi^2 \sin \sigma_\varphi \cos \sigma_\varphi - \dfrac{2\dot{\lambda}\dot{\sigma}_\varphi}{\lambda} + \dfrac{a_{y\text{Target}}^{\text{LOS}}}{\lambda} \\[3mm]
\qquad - \dfrac{\sin \sigma_\varphi}{\lambda}\left(u_x^{\#} - \dfrac{k_1}{m}\dot{x} \right) - \dfrac{\cos \sigma_\varphi}{\lambda}\left(u_y^{\#} - g \right) \\[3mm]
\ddot{\sigma}_\phi = -\dfrac{k_3 \cos \sigma_\phi}{\lambda m \cos \sigma_\varphi}\dot{z} + 2\dot{\sigma}_\phi \dot{\sigma}_\varphi \tan\sigma_\varphi - \dfrac{2\dot{\lambda}\dot{\sigma}_\phi}{\lambda} - \dfrac{a_{z\text{Target}}^{\text{LOS}}}{\lambda \cos \sigma_\varphi} \\[3mm]
\qquad - \dfrac{\sin \sigma_\phi}{\lambda}\left(u_x^{\#} - \dfrac{k_1}{m}\dot{x} \right) + \dfrac{\tan\sigma_\varphi \sin \sigma_\phi}{\lambda}\left(u_y^{\#} - g - \dfrac{k_2}{m}\dot{y} \right) + \dfrac{u_z^{\#}\cos \sigma_\phi}{\lambda \cos \sigma_\varphi}
\end{cases}
$$

$$(7.2.5)$$

式中,原式 a_{UAV} 按照视线坐标系展开,是以惯性坐标系下的无人机位置环配合视线坐标系-惯性坐标系转换矩阵 L_l 进行整理的。而 $u_{1x}^{\#}$、$u_{1y}^{\#}$ 和 $u_{1z}^{\#}$ 为将无人机位置环引入式(7.2.5)后得到的,标#表示伪输入,伪输入 $u_{1x}^{\#}$、$u_{1y}^{\#}$ 和 $u_{1z}^{\#}$ 在式(7.2.5)中只按照时变状态参数处理。按照式(7.2.5)整理,得到

$$
\begin{bmatrix} \ddot{\sigma}_\phi \\ \ddot{\sigma}_\varphi \\ \ddot{\lambda} \end{bmatrix} = \begin{bmatrix} f_2(x) \\ f_4(x) \\ f_6(x) \end{bmatrix} + K \begin{bmatrix} u_{1z} \\ u_{1y} - g \\ u_{1x} \end{bmatrix} + K \begin{bmatrix} -\dfrac{k_3}{m}\dot{z} \\[2mm] -\dfrac{k_2}{m}\dot{y} \\[2mm] -\dfrac{k_1}{m}\dot{x} \end{bmatrix}
$$

$$(7.2.6)$$

式中,$f_2(x) = 2\dot{\sigma}_\phi \dot{\sigma}_\varphi \tan\sigma_\varphi - \dfrac{2\dot{\lambda}\dot{\sigma}_\phi}{\lambda} - \dfrac{a_{z\text{Target}}^{\text{LOS}}}{\lambda \cos \sigma_\varphi}$,$f_4(x) = -\dot{\sigma}_\phi^2 \sin \sigma_\varphi \cos \sigma_\varphi - \dfrac{2\dot{\lambda}\dot{\sigma}_\varphi}{\lambda} +$ $\dfrac{a_{y\text{Target}}^{\text{LOS}}}{\lambda}$,$f_6(x) = \lambda \dot{\sigma}_\phi^2 \cos^2 \sigma_\varphi + \lambda \dot{\sigma}_\varphi^2 + a_{x\text{Target}}^{\text{LOS}}$。而 K 为

$$
K = \begin{bmatrix} -\sin \sigma_\phi & +\sin \sigma_\varphi \cos \sigma_\phi & -\cos \sigma_\varphi \cos \sigma_\phi \\[3mm] 0 & -\dfrac{\sin \sigma_\varphi}{\lambda} & -\dfrac{\cos \sigma_\varphi}{\lambda} \\[3mm] \dfrac{\cos \sigma_\phi}{\lambda \cos \sigma_\varphi} & \dfrac{\tan\sigma_\varphi \sin \sigma_\phi}{\lambda} & -\dfrac{\sin \sigma_\phi}{\lambda} \end{bmatrix}
$$

$$(7.2.7)$$

根据式(7.2.6),状态量传递逻辑为

$$\dot{\sigma}_{\phi} \rightarrow \dot{z}, \quad \dot{\sigma}_{\varphi} \rightarrow \dot{y}, \quad \dot{\lambda} \rightarrow \ddot{x} \tag{7.2.8}$$

从物理意义上来考虑,视线偏角 σ_{ϕ} 的变化可由沿着惯性坐标系水平 z 轴的平飞,即改变 z 轴进行代偿追踪;而视线倾角 σ_{φ} 的改变,可以通过沿着惯性坐标系竖直 y 轴进行增加或降低高度进行代偿追踪;而相对距离 λ 仅可通过沿着 x 轴进行调节。

将式(7.2.3)、式(7.2.6)与无人机位置环系统即式(2.4.2)前三项合并整理,可得

$$\begin{bmatrix} \dot{x}_s \\ \dot{y}_s \\ \dot{z}_s \\ \ddot{\sigma}_{\phi} \\ \ddot{\sigma}_{\varphi} \\ \ddot{\lambda} \end{bmatrix} = \begin{bmatrix} 0_{3\times3} & G \\ 0_{3\times3} & 0_{3\times3} \end{bmatrix} \begin{bmatrix} x_s \\ y_s \\ z_s \\ \dot{\sigma}_{\phi} \\ \dot{\sigma}_{\varphi} \\ \dot{\lambda} \end{bmatrix} + \begin{bmatrix} f_1(x) \\ f_3(x) \\ f_5(x) \\ f_2(x) \\ f_4(x) \\ f_6(x) \end{bmatrix} + \begin{bmatrix} 0_{3\times3} \\ K \end{bmatrix} \begin{bmatrix} u_{1z} \\ u_{1y} - g \\ u_{1x} \end{bmatrix} + \begin{bmatrix} 0_{3\times3} \\ K \end{bmatrix} \begin{bmatrix} -\dfrac{k_3}{m}\dot{z} \\ -\dfrac{k_2}{m}\dot{y} \\ -\dfrac{k_1}{m}\dot{x} \end{bmatrix}$$

$$\tag{7.2.9}$$

式中, $u_{1x} = u_1 \sin \varphi$, $u_{1y} = u_1(\cos \varphi \cos \theta)$, $u_{1z} = u_1(-\cos \varphi \sin \theta)$ 。则以位置环虚拟控制器 u_{1x} 、 u_{1y} 和 u_{1z} 为基础,推导三个子系统,并以物理意义基础串联状态量,得到三个子系统状态量传递逻辑为

$$\begin{aligned} \dot{x}_s &\rightarrow \dot{\sigma}_{\phi} \rightarrow \ddot{\sigma}_{\phi} \rightarrow \ddot{\sigma}_{\phi} \rightarrow \ddot{z} \rightarrow u_{1z} \\ \dot{y}_s &\rightarrow \dot{\sigma}_{\varphi} \rightarrow \ddot{\sigma}_{\varphi} \rightarrow \dot{y} \rightarrow \ddot{y} \rightarrow u_{1y} \\ \dot{z}_s &\rightarrow \dot{\lambda} \rightarrow \ddot{\lambda} \rightarrow \dot{x} \rightarrow \ddot{x} \rightarrow u_{1x} \end{aligned} \tag{7.2.10}$$

以三个虚拟控制器 u_{1x} 、 u_{1y} 和 u_{1z} 为基础,得到以上三个系统,以三个子系统为基础设计控制律,稳定获取三个虚拟控制器 u_{1x} 、 u_{1y} 、 u_{1z} 的数值解。考虑姿态环如式(2.4.2)后三项所示,由双环控制基础可得,针对全状态耦合一体化模型,并参考图5.3.1及图5.3.2接近规则,如图7.2.1所示。

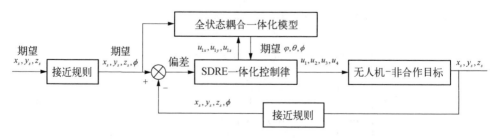

图 7.2.1　一体化控制律示意图

需要提供参考信号为 x_{sd}、y_{sd}、z_{sd}、ϕ_d，并将系统分为一体化位置环与姿态环进行控制律设计。值得注意的是，利用全状态耦合一体化模型理论实现无人机目标追踪，将目标-无人机视为一个系统后，无须增设导引律，仅通过设计控制器即可完成目标追踪。

7.3　基于 SDRE 控制理论的全状态耦合一体化模型控制律设计

状态相关 Riccati 方程（SDRE）控制是线性最优控制的扩展，通过在线解算代数 Riccati 方程（algebraic Riccati equation，ARE）而给出次优控制律的控制方法。对于任意非线性、全状态可观测的系统，若可表示为如下形式：

$$\dot{x}(t) = f(x(t)) + B(x(t))u(t) \tag{7.3.1}$$

式中，$x(t)$ 为状态向量，$f(x(t))$ 为系统方程耦合项，$B(x(t))$ 为输入驱动耦合项，两项均由部分或全部时变状态量 $x(t)$ 组成，并满足假设 7.3.1。

假设 7.3.1　系统（7.3.1）满足 $f(0)=0$，即当 $x(t)=0$ 时，有 $f(x(t))=0$，这个点称为系统原点。

定义时间 t 为零至无穷的代价函数，为

$$J(x(t), u(t)) = \frac{1}{2}\int_0^\infty x^{\mathrm{T}}(t)Q(x(t))x(t) + u^{\mathrm{T}}(t)R(x(t))u(t)\mathrm{d}t \tag{7.3.2}$$

式中，$Q(x(t))$、$R(x(t))$ 为与状态向量相关的权重矩阵，可设计不同形式匹配代价函数计算。假设有控制律：

$$u(x(t)) = -K(x(t))x(t) \tag{7.3.3}$$

在令代价函数趋近于最小值时，使得仿射系统即式（7.3.1）对于任意状态 x，均可使得 $\lim_{t\to\infty}x(t)=0$，此问题称为 SDRE 问题的非线性整定问题。

对于由式（7.3.1）确定的非线性系统，若存在矩阵 $A(x)$，使系统耦合项 $f(x(t))$ 满足：

$$f(x(t)) = A(x(t))x(t) \tag{7.3.4}$$

取得 $A(x(t))$ 的过程称为 SDC 参数化过程，由此系统可整理为

$$\dot{x}(t) = A(x(t))x(t) + B(x(t))u(t) \tag{7.3.5}$$

式中，$A(x(t))$ 与 $B(x(t))$ 在时变过程中基于时变状态向量 $x(t)$ 按照常数矩阵进

行处理。以线性最优形式,求得系统整定最优输入解为

$$u^*(x(t)) = -R^{-1}(x(t))B^{-1}(x(t))P(x(t))x(t) \tag{7.3.6}$$

式中,$P(x(t))$ 为 SDRE 的唯一对称正定解:

$$P(x(t))A(x(t)) + A^{\mathrm{T}}(x(t))P(x(t))$$
$$- P(x(t))B(x(t))R^{-1}(x(t))B^{\mathrm{T}}(x(t))P(x(t)) + Q(x(t)) = 0 \tag{7.3.7}$$

该 Riccati 方程是由约束条件(系统方程)与代价条件(代价函数)构造哈密顿-雅可比-贝尔曼(Hamilton-Jacobi-Bellman,HJB)偏微分方程解算推导得到的。

假设 7.3.2　系统耦合项 $f(x(t))$、输入驱动耦合项 $B(x(t))$、状态权重矩阵 $Q(x(t))$ 与输入权重矩阵 $R(x(t))$ 在任意状态 $x(t)$ 下充分平滑。

当系统满足假设 7.3.2 时,有

$$\frac{\partial}{\partial t}V(x(t)) + \inf_{u(*) \subset [\mathrm{DB},\mathrm{UB}]} H\left(x(t), u(\cdot), \frac{\partial}{\partial t}V(x(t))\right) = 0 \tag{7.3.8}$$

式中,DB、UB 定义为输入在执行机构条件限制下的输入下界与上界;代价值函数 $V(x(t))$ 定义为

$$V(x(t)) \stackrel{\mathrm{def}}{=} \inf_{u(*) \subset [\mathrm{DB},\mathrm{UB}]} J(x(t), u(*)) \tag{7.3.9}$$

而哈密尔顿方程 H 定义为

$$H = \frac{\partial V(x(t))}{\partial t}(f(x(t)) + B(x(t))u(t))$$
$$+ \frac{1}{2}(x^{\mathrm{T}}(t)Q(x(t))x(t) + u^{\mathrm{T}}(t)R(x(t))u(t)) \tag{7.3.10}$$

至此,HJB 偏微分方程整理为

$$\frac{\partial V(x(t))}{\partial t}(f(x(t)) + B(x(t))u(t))$$
$$+ \frac{1}{2}(x^{\mathrm{T}}(t)Q(x(t))x(t) + u^{\mathrm{T}}(t)R(x(t))u(t)) = 0 \tag{7.3.11}$$

若 $\partial V(x(t))/\partial t$ 满足[1]:

$$\frac{\partial V(0)}{\partial x} = 0 \tag{7.3.12}$$

并将 $\partial V(x(t))/\partial t$ 记为

$$\frac{\partial V(x(t))}{\partial x(t)} = P(x(t))x(t) \tag{7.3.13}$$

考虑存在矩阵 $A(x)$ 使式(7.3.4)成立,则 HJB 偏微分方程(7.3.11)可整理为式(7.3.7)的形式。HJB 偏微分方程的解代表着最优输入解 $u^*(x(t))$ 满足系统条件约束下,使由输入 $u(t)$、状态 $x(t)$ 构成的代价函数值最小的解。从目标-无人机追踪系统来考虑,SDRE 控制解法能保证在目标-无人机追踪系统中,追踪目标任务完成下使得输入 $u(t)$ 的解最小。

7.4　SDC 参数化过程

7.4.1　SDC 参数化理论基础

根据以上 SDRE 理论推导,本节给出 SDRE 成立的条件,即 SDC 参数化需要满足以下引理和定理。

引理 7.4.1(可控性条件)[2]　SDC 参数化过程产生的系统矩阵 $A(x(t))$ 与输入驱动耦合矩阵 $B(x(t))$ 组成的矩阵组合 $\{A(x(t)), B(x(t))\}$ 需要满足可控性条件,即可控性矩阵:

$$M_C = [B(x), A(x)B(x), A^2(x)B(x), \cdots, A^{n-1}(x)B(x)] \tag{7.4.1}$$

为满秩。

引理 7.4.2(可观性条件)[3]　SDC 参数化过程产生的系统矩阵 $A(x(t))$ 与状态权重矩阵 $Q(x(t))$ 组成的矩阵组合 $\{A(x(t)), Q(x(t))\}$ 需要满足可观性条件,即可观性矩阵:

$$M_O = [Q(x), Q(x)A(x), Q(x)A^2(x), \cdots, Q(x)A^{n-1}(x)]^{\mathrm{T}} \tag{7.4.2}$$

为满秩。

定理 7.4.1　任意状态量 $x(t)$ 条件下,若状态权重矩阵 $Q(x(t))$ 与输入权重矩阵 $R(x(t))$ 非负,则在 SDRE 控制律 $u^*(x(t))$ 调节下,由式(7.3.1)确定的系统稳定。

证明　取 Lyapunov 函数为

$$V = x^{\mathrm{T}}(t)P(x(t))x(t) \tag{7.4.3}$$

取其导数为

$$\dot{V} = \frac{\mathrm{d}(x^{\mathrm{T}}(t)P(x(t))x(t))}{\mathrm{d}t} \tag{7.4.4}$$

对于任意状态 $x(t)$ 确定、在满足 SDRE 最优控制存在条件下,即式(7.3.12)条件,有 $\dot{P}(x) = 0^{[4]}$,所以式(7.4.4)整理为(缩写时变项,如 $x(t)$ 记为 x):

$$
\begin{aligned}
\dot{V} &= \dot{x}^{\mathrm{T}} P(x) x + x^{\mathrm{T}} P(x) \dot{x} \\
&= (A(x)x - B(x)R^{-1}(x)B^{\mathrm{T}}(x)P(x)x)P(x)x \\
&\quad + x^{\mathrm{T}} P(x)(A(x)x - B(x)R^{-1}(x)B^{\mathrm{T}}(x)P(x)x) \\
&= x^{\mathrm{T}}(A^{\mathrm{T}}(x)P(x) - P(x)B(x)R^{-1}(x)B^{\mathrm{T}}(x)P(x) \\
&\quad + P(x)A(x) - P(x)B(x)R^{-1}(x)B^{\mathrm{T}}(x)P(x))x
\end{aligned}
\tag{7.4.5}
$$

根据式(7.3.7),式(7.4.5)可整理为

$$
\dot{V} = -x^{\mathrm{T}}(Q(x) + P(x)B(x)R^{-1}(x)B^{\mathrm{T}}(x)P(x))x \tag{7.4.6}
$$

考虑到 $Q(x(t))$、$R(x(t))$ 非负,而 $P(x)$ 为正,$B(x)R^{-1}(x)B^{\mathrm{T}}(x)$ 为正,所以满足 $\dot{V} \leqslant 0$,系统稳定。定理 7.3.1 得证。

根据以上引理及定理,SDC 参数化处理获得系统矩阵 $A(x(t))$ 的过程,需要满足可控、可观以及状态权重矩阵 $Q(x(t))$ 与输入权重矩阵 $R(x(t))$ 非负的条件。以经过数学处理得到的式(7.2.9)为基础,易得非合作目标-无人机全状态耦合一体化模型中,以凑项解析法整理系统矩阵 $A(x(t))$ 为

$$
A(x(t)) = \begin{bmatrix} A_1 & A_2 \\ 0_{3\times 3} & A_3 \end{bmatrix} \tag{7.4.7}
$$

式中,$A_1 = \mathrm{diag}\left(\dfrac{f_1(x)}{x_s}, \dfrac{f_3(x)}{y_s}, \dfrac{f_5(x)}{z_s}\right)$,$A_2 = \mathrm{diag}(g_1(x), g_3(x), g_5(x))$,$A_3 = \mathrm{diag}\left(\dfrac{f_2(x)}{\dot{\sigma}_\phi}, \dfrac{f_4(x)}{\dot{\sigma}_\varphi}, \dfrac{f_6(x)}{\dot{\lambda}}\right)$,其中 $\mathrm{diag}(\cdot)$ 表示以向量"·"为主对角元素的对角阵,$0_{3\times 3}$ 表示维度为 3×3 的零矩阵,状态向量 $x(t) = [x_s, y_s, z_s, \dot{\sigma}_\phi, \dot{\sigma}_\varphi, \dot{\lambda}, \dot{z},$ $\dot{y}, \dot{z}]^{\mathrm{T}}$,组成状态向量的各标量均为时变状态项,此处简写表示。

而对于矩阵 $B(x(t))$,根据式(7.2.9),对应虚拟输入量以 $[u_{1z}, u_{1y}, u_{1x}]^{\mathrm{T}}$ 排列,可以整理为

$$
B(x(t)) = \begin{bmatrix} 0_{3\times 3} \\ K \end{bmatrix} \tag{7.4.8}
$$

对于输入权重矩阵 $R(x(t))$ 与状态权重矩阵 $Q(x(t))$,取 $R(x(t))$ 为单位矩阵,表示平均各虚拟输入权重,取状态权重矩阵 $Q(x(t))$ 为

$$
Q(x(t)) = \mathrm{diag}(a_1, a_2, a_3) \tag{7.4.9}
$$

式中,a_1、a_2、a_3 为非零正数组成的向量,其中常数表示针对状态向量 $x(t) =$

$[x_s, y_s, z_s, \dot{\sigma}_\phi, \dot{\sigma}_\varphi, \dot{\lambda}, \dot{z}, \dot{y}, \dot{z}]^\mathrm{T}$ 中各状态的各个权重数。至此,SDC 参数化第一阶段完成,显然,以系统矩阵 $A(x(t))$、输入驱动矩阵 $B(x(t))$、输入权重矩阵 $R(x(t))$ 与状态权重矩阵 $Q(x(t))$ 满足引理 7.4.1、引理 7.4.2 与定理 7.4.1。

但是,由凑项解析法得到系统矩阵 $A(x(t))$ 即式(7.4.7)在实现过程中具有巨大的奇异性风险。首先,对于系统矩阵 $A(x(t))$,对于其子矩阵 A_3,其构成如下:

$$A_3 = \mathrm{diag}\left(\frac{f_2(x)}{\dot{\sigma}_\phi}, \frac{f_4(x)}{\dot{\sigma}_\varphi}, \frac{f_6(x)}{\dot{\lambda}}\right) \tag{7.4.10}$$

其分母项为状态量 $\dot{\sigma}_\phi$、$\dot{\sigma}_\varphi$ 和 $\dot{\lambda}$,对应非合作目标-无人机全状态一体化耦合模型即式(2.5.7)中,基于视线坐标系的两个视线角速度与相对运动速度,在追踪任务接近完成时,从物理意义上考虑,该三个状态量应当趋于零(与第 5 章分离式设计不同的是,基于 SDRE 理论的全状态耦合一体化控制设计可不预先规定或安排何种接近方式,接近方式由实时最优解算得到,所以在接近过程中,无法确定三个状态量是否趋近于零,但是在追踪任务接近完成时,状态量 $\dot{\sigma}_\phi$、$\dot{\sigma}_\varphi$ 和 $\dot{\lambda}$ 必然趋近于 0),所以 A_3 极易奇异导致无解,若将 A_3 利用不易为零的状态量进行凑项,则无法保证引理 7.4.1、引理 7.4.2 与定理 7.4.1 成立。所以,在通过 SDC 参数化方法构造系统矩阵 $A(x(t))$ 时,需综合考虑数值稳定性以及物理意义等因素。

7.4.2　扩展自由度与 SDC 线性参数化

对于 SDC 参数化过程,构造系统矩阵 $A(x(t))$ 的理论基础,首先基于假设 7.3.2,系统(7.3.1)经过 SDC 参数化,得到系统为式(7.3.5)的形式,若状态 $x(t)$ 仅为一维标量,那么系统矩阵 $A(x(t))$ 有且仅有唯一解,若状态 $x(t)$ 为时变维向量,以 $f(x) = [x_2, x_1^3]^\mathrm{T}$ 为例,假设 $x(t) = [x_1, x_2]^\mathrm{T}$,则可凑出不同的 $A(x(t))$,并且满足引理 7.4.1、引理 7.4.2 与定理 7.4.1,得到

$$A_1 = \begin{bmatrix} 0 & 1 \\ x_2^2 & 0 \end{bmatrix}, \quad A_2 = \begin{bmatrix} -x_2 & 1+x_1 \\ x_2^2 & 0 \end{bmatrix}, \quad \cdots \tag{7.4.11}$$

而假设有一个参数 τ,值域为 $\tau \in (0, 1)$,易得

$$\tau A_1 x + (1-\tau) A_2 x = \tau f(x) + (1-\tau) f(x) = f(x) = Ax \tag{7.4.12}$$

整理为

$$\tau A_1 + (1-\tau) A_2 = A \tag{7.4.13}$$

将参数 τ 推广到 n 维有

$$A(x, \tau) = \sum_{i=1}^{n} \left(\prod_{j=1}^{n} \tau_j\right)(1-\tau_{i-1}) A_i(x) + (1-\tau_n) A_{n+1}(x) \tag{7.4.14}$$

式(7.4.14)为 SDC 参数化的扩展自由度性质,同时代表了 $A(x, \tau)$ 有无限多种解法。基于平滑性假设(假设 7.3.2),可以局部线性化方法得到在确定状态 $x(t)$ 下的线性近似 SDC 参数化解 $A^{\#}(x(t))$,并根据不同确定状态 $x(t)$ 进行线性化计算,避免以解析法进行 SDC 参数化所造成的奇异性错误。

所以,以数值解法进行 SDC 参数化,求解 $A^{\#}(x(t))$,本节利用小扰动法进行线性化推导得出:对于任意状态量 $x(t)$,在其任意第 i 维进行小扰动叠加,有

$$x_{i+\varepsilon}(t) = x(t) + (\text{zeros}(i) + \varepsilon) \tag{7.4.15}$$

式中,$\text{zeros}(\cdot)$ 表示与状态量 $x(t)$ 维度相同的零向量,并在其第 i 维加上小扰动量 ε,得到 $x_{i+\varepsilon}(t)$ 为任意状态量 $x(t)$ 的第 i 维加上小扰动量 ε 后的状态量。对于任意经过小扰动叠加过程的状态量 $x_{i+\varepsilon}(t)$,均可以得到

$$A_i^{\#} x_{i+\varepsilon}(t) = f(x_{i+\varepsilon}(t); u(t) = 0) \tag{7.4.16}$$

若将 $A_i^{\#}$ 进行列向量表示为 $a_i^{\#}$,则可得

$$X_{i+\varepsilon}(t) a_i^{\#} = f(x_{i+\varepsilon}(t); u(t) = 0) \tag{7.4.17}$$

式中,$x_{i+\varepsilon}(t)$ 向量矩阵化表示结果 $X_{i+\varepsilon}(t)$ 为

$$X_{i+\varepsilon}(t) = \begin{bmatrix} x_{i+\varepsilon}^{\mathrm{T}}(t) & 0 & \cdots & 0 \\ 0 & x_{i+\varepsilon}^{\mathrm{T}}(t) & \cdots & 0 \\ \vdots & \vdots & & \vdots \\ 0 & 0 & \cdots & x_{i+\varepsilon}^{\mathrm{T}}(t) \end{bmatrix} \tag{7.4.18}$$

根据状态量 $x(t)$ 维度 N,构造 $2N+1$ 个扰动叠加矩阵 $X_{i+\varepsilon}(t)$ 并合并得到总扰动矩阵 $\tilde{X}_{\varepsilon}(t)$ 为

$$\tilde{X}_{\varepsilon}(t) = [X_{1+\varepsilon}(t), \cdots, X_{N+\varepsilon}(t), X_{1-\varepsilon}(t), \cdots, X_{N-\varepsilon}(t), X(t)]^{\mathrm{T}} \tag{7.4.19}$$

根据式(7.4.17),总扰动矩阵与系统矩阵列向量表示 a 相乘,得到结果为

$$\tilde{X}_{\varepsilon}(t) a = F = [f(x_{1+\varepsilon}; 0), \cdots, f(x_{N+\varepsilon}; 0), f(x_{1-\varepsilon}; 0), \cdots, f(x_{N-\varepsilon}; 0), f(x; 0)]^{\mathrm{T}} \tag{7.4.20}$$

根据最小二乘问题,构造 K 阵对 a 向量进行约束,有

$$Ka = 0 \tag{7.4.21}$$

式中,易得 a 向量维度为 $N^2 \times 1$,K 阵维度为 $k \times N^2$,而 0 矩阵维度为 $k \times 1$,参数 k 的确定由 a 向量为零项进行确定,a 向量中有几位零项,则参数 k 数值为几。而对应 K 阵行向量取值,对应 a 向量,若 a 向量某行构成项为 0,则对应 K 阵行向量某列为 1,若 a 向量某行构成项不为 0,则对应 K 阵行向量某列为 0,从而保证

式(7.4.21)成立。

因此,系统矩阵参数化 $A^{\#}(x(t))$ 的求解问题变为在约束(7.4.21)下,求解最小二乘问题:

$$\min(\tilde{X}_\varepsilon a^{\#} - F)^{\mathrm{T}}(\tilde{X}_\varepsilon a^{\#} - F) \tag{7.4.22}$$

而式(7.4.22)的求解,可以根据求解以下矩阵运算得到[5]:

$$\begin{bmatrix} a^{\#} \\ L \end{bmatrix} = \mathrm{pinv}\left(\begin{bmatrix} 2\tilde{X}_\varepsilon^{\mathrm{T}}\tilde{X}_\varepsilon & K^{\mathrm{T}} \\ K & 0 \end{bmatrix}\right)\begin{bmatrix} 2\tilde{X}^{\mathrm{T}}F \\ 0 \end{bmatrix} \tag{7.4.23}$$

式中,L 为拉格朗日算子向量;$\mathrm{pinv}(\cdot)$ 表示 MATLAB 的伪逆函数;系统矩阵数值解 $A^{\#}$ 由向量 $a^{\#}$ 得到。至此,基于数值解法的 SDC 参数化求解完毕,在数值仿真中,由小扰动线性化数值解法得到的系统矩阵数值解 $A^{\#}$ 规避了解析法中式(7.4.10)导致的奇异性问题,又保证了引理 7.4.1、引理 7.4.2 与定理 7.4.1 成立。

7.5　数值仿真试验验证

本节数值仿真基于全状态耦合一体化模型,即式(2.5.8)进行,通过第 5 章内容解算一体化控制律为 u_1、u_2、u_3、u_4 并利用积分、微分法得到式(7.2.9)中速度项,即 $\dot{x}$、$\dot{y}$、$\dot{z}$,并以已知量的形式进行加和,而无人机在惯性坐标系中的位置则归一化表示。全状态耦合一体化模型数值仿真参数如表 7.5.1 所示。

表 7.5.1　全状态耦合一体化模型数值仿真参数

参　数	取　值
小扰动线性化参数(针对 x_s、y_s、z_s)	0.1
小扰动线性化参数(针对 $\dot{\lambda}$、$\dot{\sigma}_\varphi$、$\dot{\sigma}_\phi$)	0.001
SDRE 位置环状态权重矩阵 Q	$\mathrm{diag}(5, 5, 5, 1, 1, 1)$
SDRE 输入权重矩阵	$\mathrm{diag}(1, 1, 1)$

为更加严格地模拟非合作目标的无序运动,在数值仿真阶段,基于第 3 章研究结果,以有界随机噪声([-0.2, 0.2])模拟 $a_{x\mathrm{Target}}^{\mathrm{LOS}}$、$a_{y\mathrm{Target}}^{\mathrm{LOS}}$、$a_{z\mathrm{Target}}^{\mathrm{LOS}}$ 观测得到的结果,而非由滤波器得到的更为精确的目标加速度估计信号。然后,由于针对不同传感器的感知特性,在数值仿真以及后续处理,均将传感器感知得到的空间三维信息归一化后进行处理。因此,首先利用阶跃信号进行分析,利用 MATLAB 共仿真 30 s,得到系统响应如图 7.5.1 所示。

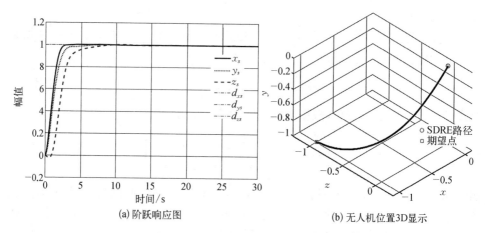

(a) 阶跃响应图   (b) 无人机位置3D显示

图 7.5.1   一体化控制律阶跃响应

得到位置环三个虚拟控制律如图 7.5.2 所示,其中各轴控制律饱和上限为 $[-3, 3]$,单位为 m/s^2。

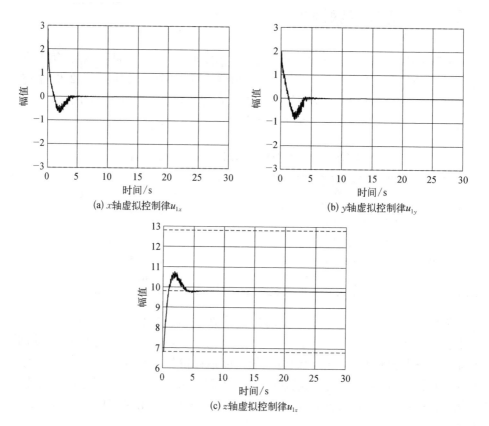

(a) x 轴虚拟控制律 u_{1x} (b) y 轴虚拟控制律 u_{1y}

(c) z 轴虚拟控制律 u_{1z}

图 7.5.2   一体化位置环虚拟控制律

对于导引关系,根据状态量传递关系(7.2.10),绘制导引方程虚拟控制量,即中间状态量 $\dot{\lambda}$、$\dot{\sigma}_\varphi$、$\dot{\sigma}_\phi$ 如图 7.5.3 所示,注意此处的"虚拟控制量"并不单独设计控制律进行调节,此处为直接由一体化控制律控制一体化模型,而记录模型参数得到。

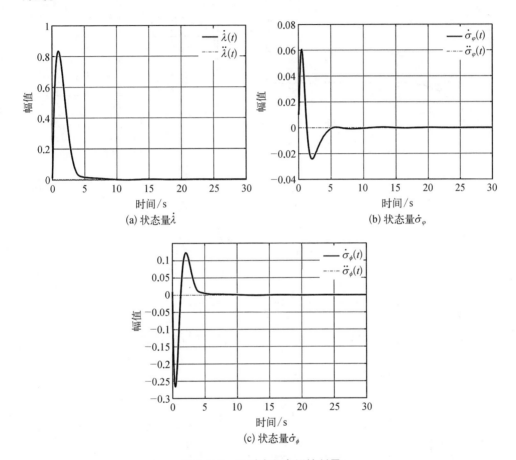

图 7.5.3　导引方程虚拟控制量

无人机姿态环各姿态状态量与姿态量一阶状态量如图 7.5.4 所示。

无人机实际控制律 u_1、u_2、u_3、u_4 如图 7.5.5 所示,对于姿态环,其中各控制律饱和上限为 $[-2, 2]$,单位为 m/s^2,在图中上限以虚线绘制,下限也由虚线绘制。

除了阶跃信号,采用正弦函数输入检测系统对动态信号的跟踪能力,仿真 150 s,结果如图 7.5.6 所示。

得到位置环三个虚拟控制律如图 7.5.7 所示,其中各轴控制律饱和上限为 $[-3, 3]$,单位为 m/s^2。

同样,得到虚拟控制量,即中间状态量 $\dot{\lambda}$、$\dot{\sigma}_\varphi$、$\dot{\sigma}_\phi$,如图 7.5.8 所示。

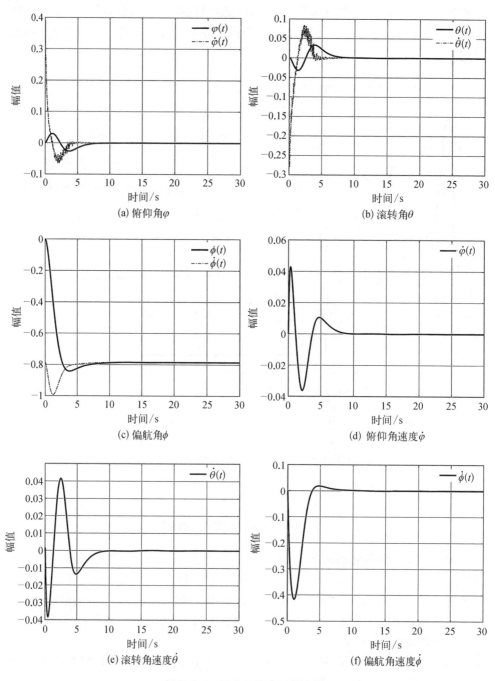

图 7.5.4　无人机姿态环状态量

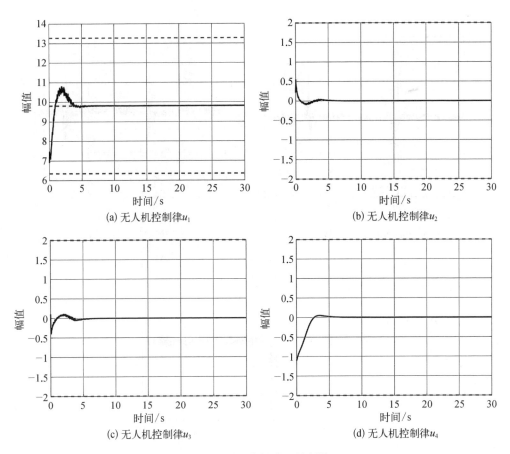

(a) 无人机控制律u_1

(b) 无人机控制律u_2

(c) 无人机控制律u_3

(d) 无人机控制律u_4

图 7.5.5 无人机实际控制律

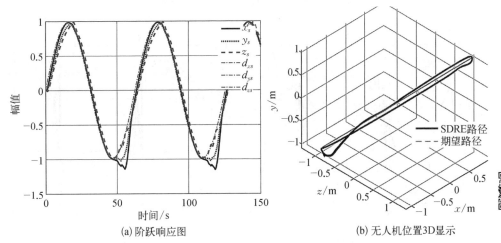

(a) 阶跃响应图

(b) 无人机位置3D显示

图 7.5.6 一体化控制律正弦信号响应

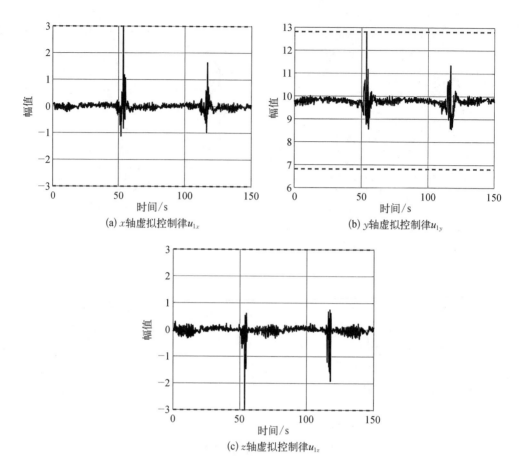

(a) x 轴虚拟控制律 u_{1x} (b) y 轴虚拟控制律 u_{1y}

(c) z 轴虚拟控制律 u_{1z}

图 7.5.7   跟踪正弦信号一体化位置环虚拟控制律

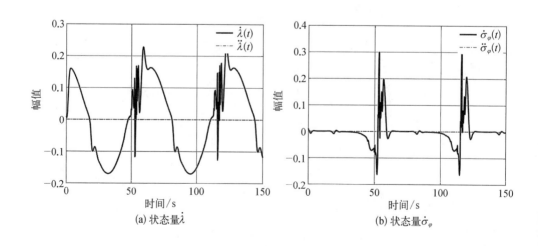

(a) 状态量 $\dot{\lambda}$ (b) 状态量 $\dot{\sigma}_\varphi$

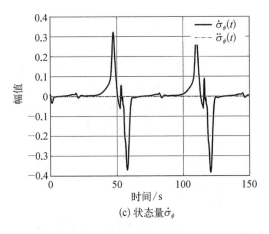

(c) 状态量 $\dot{\sigma}_\phi$

图 7.5.8　跟踪正弦信号导引方程虚拟状态量

跟踪正弦信号、无人机姿态环,各姿态状态量与姿态量一阶状态量如图 7.5.9 所示。

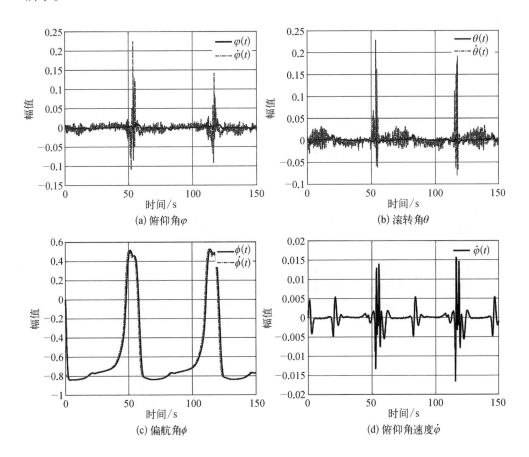

(a) 俯仰角 φ

(b) 滚转角 θ

(c) 偏航角 ϕ

(d) 俯仰角速度 $\dot{\varphi}$

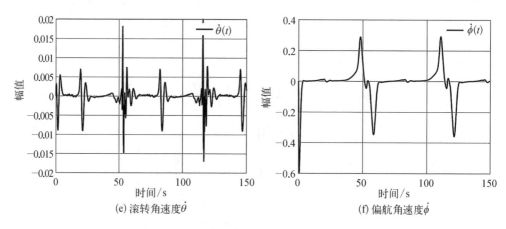

(e) 滚转角速度 $\dot{\theta}$　　　　　　(f) 偏航角速度 $\dot{\phi}$

图 7.5.9　跟踪正弦信号无人机姿态环状态量

得到跟踪正弦信号一体化控制律 u_1、u_2、u_3、u_4 如图 7.5.10 所示。

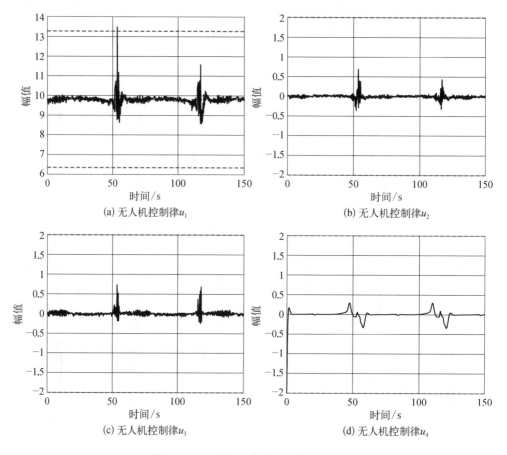

(a) 无人机控制律 u_1　　　　　　(b) 无人机控制律 u_2

(c) 无人机控制律 u_3　　　　　　(d) 无人机控制律 u_4

图 7.5.10　跟踪正弦信号一体化控制律

根据以上数值仿真结果可以得到,一体化控制律对于阶跃信号、正弦信号的跟踪都成功完成,并且在时变的目标加速度干扰下仍能完成稳定追踪,以最优化理论作为设计的初衷,是以最小的控制消耗完成任务,对于阶跃信号数值仿真、跟踪正弦信号数值仿真为例,以代价函数(7.3.2)输入部分定义控制消耗为

$$u_c = \int_0^{tf} u^T(t) R(x(t)) u(t) dt \qquad (7.5.1)$$

式中,tf 为数值仿真结束时间,可得表 7.5.2 结果,对于分离式设计,得到的控制律集合仍按照一体化设计控制律权重进行加权计算控制消耗值。

表 7.5.2　控制消耗对比

控制设计方法	数值仿真任务	控制消耗值
一体化设计控制律	阶跃信号跟踪	9.031×10^4
	正弦信号跟踪	9.638×10^4
分离式设计控制律	阶跃信号跟踪	1.0634×10^5
	正弦信号跟踪	1.2295×10^5

由表 7.5.2 可以看出,以最优控制理论为基础的一体化设计 SDRE 控制律,在不同数值仿真任务中均能以最低的控制消耗值完成任务,满足更合理地操控"油门"与"刹车",让无人系统更"省油"的要求。根据数值仿真结果,阶跃信号跟踪、正弦信号跟踪分别减少控制消耗 15.07% 与 21.61%。同时,对比惯性坐标系内,如图 5.4.7 与图 7.5.1 无人机生成的运动轨迹,一体化设计控制律得到的轨迹更加平滑;针对动态信号,如图 5.4.14 和图 7.5.6,产生突变更小,跟踪效果更好。

7.6　小结

本章首先针对全状态耦合一体化模型,完成了一体化控制律设计,并以数值仿真的成功,证明了一体化控制律设计思想的有效性。其次,本章所面对的全状态耦合一体化模型,其严重的耦合、复杂的形式,经过状态量串联、小扰动线性化等方法处理,以 SDC 参数化的扩展自由度为基础,在保持耦合的情况下,以数值解法对全状态耦合一体化模型进行逼近,并基于数值解与 SDRE 设计了一体化控制律。在数值仿真中,以系统跟踪阶跃信号、正弦信号为例,说明一体化控制律设计有效且高效,与分离式设计相比,将能量消耗尽可能降低,更加合理地控制"油门"与"刹车"的关系,达到"省油"的效果。

参 考 文 献

[1]　van der Schaft A J. On a state space approach to nonlinear H_∞ control[J]. Systems & Control Letters, 1991, 16 (1): 1 - 8.

[2]　Cimen T. State-dependent Riccati equation(SDRE) control: A survey[J]. IFAC Proceeding Volumes, 2008, 41(2): 3761 - 3775.

[3]　Banks H T, Lewis B M, Tran H T. Nonlinear feedback controllers and compensators: A state-dependent Riccati equation approach[J]. Computational Optimization and Applications, 2007, 37(2): 177 - 218.

[4]　Nekoo S R. Tutorial and review on the state-dependent Riccati equation [J]. Journal of Applied Nonlinear Dynamics, 2019, 8(2): 109 - 166.

[5]　Vaddi S, Menon P, Ohlmeyer E, et al. Numerical state-dependent Riccati equation approach for missile integrated guidance control[J]. Journal of Guidance, Control, and Dynamics, 2009, 32(2): 699 - 703.

第 *8* 章

基于命令滤波神经网络 Backstepping 控制的无人机 滤波导引与控制一体化研究

8.1 引言

　　无人机导引控制一体化模型是一个非常复杂的动力学系统,其动力学方程具有高度非线性、强耦合及时变等特点,存在建模和测量不精确、负载变化以及外部扰动不确定等问题,如何实现机电一体化系统的稳定控制是关键,无人机导引控制一体化系统不仅是一个变量耦合的非线性系统,而且也是系统动力学特性与控制特性相互耦合的非线性系统。

　　Backstepping 技术是一种基于 Lyapunov 稳定系统的非线性控制方法,其适用范围相当广泛。"Backstepping"预示出它是一种具有递归性质的设计过程。Backstepping 设计方法的基本思想是将复杂的非线性系统分解成不超过系统阶数的子系统,然后为每个子系统分别设计 Lyapunov 函数和中间虚拟控制量,一直"后退"到整个系统,直到完成整个控制律的设计。用这种方法设计的控制系统具有渐近稳定性,并且对不确定因素具有一定的鲁棒性。

　　本章将无人机导引控制一体化模型视为一类具有不确定非线性项的多输入多输出仿射非线性系统,结合命令滤波技术及神经网络技术设计自适应神经网络Backstepping 控制器视线无人机在视线坐标系中跟踪目标。通过命令滤波技术避免了由于 Backstepping 设计对虚拟控制函数多次求导而可能出现的"微分爆炸",同时可以连续获取虚拟控制函数的导数,并且可以有效避免对非线性系统的下三角形式的严格约束。此外,在设计过程中,滤波器还可以避免作为虚拟控制的输入变量和状态变量的幅值限制及速率限制。采用的神经网络类型为 RBF 神经网络,用于处理包括外部扰动等系统未知非线性项。通过构造的 Lyapunov 函数分析控制系统稳定性。

8.2　系统描述

由第 7 章可知,无人机导引控制一体化模型是典型的多输入多输出非线性系统,其描述位置关系的状态方程可描述为三个相互关联的相对位置子系统及无人机姿态子系统。

视线坐标系 x 轴坐标 x_s、相对速度 $\dot{\lambda}$、无人机 x 轴方向速度 $\dot{x}$ 的子系统如下:

$$
\begin{cases}
\dot{x}_s = f_1(x) + g_1(x)\dot{\lambda} \\
\ddot{\lambda} = f_2(x) + g_2(x)\dot{x} \\
\ddot{x} = u_{1x} - \dfrac{k_1}{m}\dot{x}
\end{cases}
\tag{8.2.1}
$$

视线坐标系 y 轴坐标 y_s、视线倾角角速度 $\dot{\sigma}_\varphi$、无人机 y 轴方向速度 $\dot{y}$ 的子系统如下:

$$
\begin{cases}
\dot{y}_s = f_3(x) + g_3(x)\dot{\sigma}_\varphi \\
\ddot{\sigma}_\varphi = f_4(x) + g_4(x)\dot{y} \\
\ddot{y} = u_{1y} - g - \dfrac{k_2}{m}\dot{y}
\end{cases}
\tag{8.2.2}
$$

视线坐标系 z 轴坐标 z_s、视线偏角角速度 $\dot{\sigma}_\phi$、无人机 z 轴方向速度 $\dot{z}$ 的子系统如下:

$$
\begin{cases}
\dot{z}_s = f_5(x) + g_5(x)\dot{\sigma}_\phi \\
\ddot{\sigma}_\phi = f_6(x) + g_6(x)\ddot{z} \\
\ddot{z} = u_{1z} - \dfrac{k_3}{m}\dot{z}
\end{cases}
\tag{8.2.3}
$$

描述无人机姿态关系的状态方程为

$$
\begin{cases}
\ddot{\varphi} = u_2 - \dfrac{k_4 l}{J_{zz}}\dot{\varphi} \\
\ddot{\theta} = u_3 - \dfrac{k_5 l}{J_{xx}}\dot{\theta} \\
\ddot{\phi} = u_4 - \dfrac{k_6 l}{J_{yy}}\dot{\phi}
\end{cases}
\tag{8.2.4}
$$

式中,x_s、y_s、z_s、$\dot{x}_s$、$\dot{y}_s$、$\dot{z}_s$ 为传感器坐标系下的目标相对位置及速度;$\dot{\lambda}$、$\dot{\sigma}_\varphi$、$\dot{\sigma}_\phi$

为传感器坐标系下无人机相对目标的相对速度、视线倾角角速度及视线偏角角速度，$\ddot{\lambda}$、$\ddot{\sigma}_\varphi$、$\ddot{\sigma}_\phi$ 为无人机相对于目标的加速度、视线倾角角加速度及视线偏角角加速度；$\dot{x}$、$\dot{y}$、$\dot{z}$、$\ddot{x}$、$\ddot{y}$、$\ddot{z}$ 为描述无人机在 x 轴方向、y 轴方向及 z 轴方向上的速度及加速度；u_{1x}、u_{1y}、u_{1z} 为无人机实际控制输入 u_1 分解在 3 个子系统上的控制输入，其中 $u_{1x} = u_1 \sin\varphi$，$u_{1y} = u_1(\cos\varphi\cos\theta)$，$u_{1z} = u_1(-\cos\varphi\sin\theta)$。

8.3　无人机导引控制一体化模型 Backstepping 控制律设计

基于上述 Backstepping 控制原理，设计控制函数如下（以系统（8.2.1）为例），定义误差变量为

$$z_{x_s} = x_s - x_{sd} \tag{8.3.1}$$

$$z_{\dot{\lambda}} = \dot{\lambda} - \alpha_{x_s} \tag{8.3.2}$$

$$z_{\dot{x}} = \dot{x} - \alpha_{\dot{\lambda}} \tag{8.3.3}$$

设计虚拟控制律及实际控制律为

$$\alpha_{x_s} = \frac{1}{g_1(x)}(-c_1 z_{x_s} - f_1(x) + \dot{x}_{sd}) \tag{8.3.4}$$

$$\alpha_{\dot{\lambda}} = \frac{1}{g_2(x)}(-c_2 z_{\dot{\lambda}} - g_1(x)z_{x_s} - f_2(x) + \dot{\alpha}_{x_s}) \tag{8.3.5}$$

$$u_{1x} = -c_3 z_{\dot{x}} - g_2(x)z_{\dot{\lambda}} + \frac{k_1}{m}\dot{x} + \dot{\alpha}_{\dot{\lambda}} \tag{8.3.6}$$

由于 α_{x_s}、$\alpha_{\dot{\lambda}}$ 中包含关于变量 x_s、y_s、z_s、$\dot{\lambda}$、$\dot{\sigma}_\varphi$、$\dot{\sigma}_\phi$、$\dot{x}$、$\dot{y}$、$\dot{z}$、φ、θ、ϕ 的复合函数 $f_1(x)$、$f_2(x)$、$g_1(x)$、$g_2(x)$，而对其求关于时间的导数，获得的形式如下：

$$\frac{\mathrm{d}f_1(x)}{\mathrm{d}t} = \frac{\partial f_1(x)}{\partial x_s}\dot{x}_s + \frac{\partial f_1(x)}{\partial y_s}\dot{y}_s + \frac{\partial f_1(x)}{\partial z_s}\dot{z}_s + \frac{\partial f_1(x)}{\partial\dot{\lambda}}\ddot{\lambda} + \frac{\partial f_1(x)}{\partial\dot{\sigma}_\varphi}\ddot{\sigma}_\varphi + \frac{\partial f_1(x)}{\partial\dot{\varphi}}\ddot{\varphi}$$

$$\frac{\mathrm{d}f_2(x)}{\mathrm{d}t} = \frac{\partial f_2(x)}{\partial x_s}\dot{x}_s + \frac{\partial f_2(x)}{\partial y_s}\dot{y}_s + \frac{\partial f_2(x)}{\partial z_s}\dot{z}_s + \frac{\partial f_2(x)}{\partial\dot{\lambda}}\ddot{\lambda} + \frac{\partial f_2(x)}{\partial\dot{\sigma}_\varphi}\ddot{\sigma}_\varphi + \frac{\partial f_2(x)}{\partial\dot{\sigma}_\phi}\ddot{\sigma}_\phi$$

$$\frac{\mathrm{d}g_1(x)}{\mathrm{d}t} = \frac{\partial g_1(x)}{\partial x_s}\dot{x}_s + \frac{\partial g_1(x)}{\partial y_s}\dot{y}_s + \frac{\partial g_1(x)}{\partial z_s}\dot{z}_s$$

$$\frac{\mathrm{d}g_2(x)}{\mathrm{d}t} = \frac{\partial g_2(x)}{\partial x_s}\dot{x}_s + \frac{\partial g_2(x)}{\partial y_s}\dot{y}_s + \frac{\partial g_2(x)}{\partial z_s}\dot{z}_s$$

虚拟控制函数及实际控制律应包括如上非线性函数的导数,非线性函数的导数中的各变量关系均已知,因此非线性函数的导数是可通过计算获得的。

通过构造如下 Lyapunov 函数分析控制系统稳定性:

$$V = \frac{1}{2}z_{x_s}^2 + \frac{1}{2}z_{\lambda}^2 + \frac{1}{2}z_{\dot{x}}^2 \tag{8.3.7}$$

则

$$
\begin{aligned}
\dot{V} &= z_{x_s}\dot{z}_{x_s} + z_{\lambda}\dot{z}_{\lambda} + z_{\dot{x}}\dot{z}_{\dot{x}} \\
&= z_{x_s}(f_1(x) + g_1(x)\dot{\lambda} - \dot{x}_{sd}) \\
&\quad + z_{\lambda}(f_2(x) + g_2(x)\dot{x} - \dot{\alpha}_{x_s}) + z_{\dot{x}}\left(u_{1x} - \frac{k_1}{m}\dot{x} - \dot{\alpha}_{\lambda}\right)
\end{aligned}
\tag{8.3.8}
$$

令 $\dot{\lambda} = z_{\lambda} + \alpha_{x_s}$, $\dot{x} = z_{\dot{x}} + \alpha_{\lambda}$, 则

$$
\begin{aligned}
\dot{V} &= z_{x_s}(f_1(x) + g_1(x)(z_{\lambda} + \alpha_{x_s}) - \dot{x}_{sd}) \\
&\quad + z_{\lambda}(f_2(x) + g_2(x)(z_{\dot{x}} + \alpha_{\lambda}) - \dot{\alpha}_{x_s}) \\
&\quad + z_{\dot{x}}\left(u_{1x} - \frac{k_1}{m}\dot{x} - \dot{\alpha}_{\lambda}\right)
\end{aligned}
\tag{8.3.9}
$$

代入式(8.3.4)、式(8.3.5)及式(8.3.6),则

$$
\begin{aligned}
\dot{V} &= z_{x_s}\left\{f_1(x) + g_1(x)\left[z_{\lambda} + \frac{1}{g_1(x)}(-c_1 z_{x_s} - f_1(x) + \dot{x}_{sd})\right] - \dot{x}_{sd}\right\} \\
&\quad + z_{\lambda}\left\{f_2(x) + g_2(x)\left[z_{\dot{x}} + \frac{1}{g_2(x)}(-c_2 z_{\lambda} - g_1(x)z_{x_s} - f_2(x) + \dot{\alpha}_{x_s})\right] - \dot{\alpha}_{x_s}\right\} \\
&\quad + z_{\dot{x}}\left(-c_3 z_{\dot{x}} - g_2(x)z_{\lambda} + \frac{k_1}{m}\dot{x} + \dot{\alpha}_{\lambda} - \frac{k_1}{m}\dot{x} - \dot{\alpha}_{\lambda}\right) \\
&= -c_1 z_{x_s}^2 - c_2 z_{\lambda}^2 - c_3 z_{\dot{x}}^2 \leqslant 0
\end{aligned}
\tag{8.3.10}
$$

其余相对位置子系统及无人机姿态控制系统设计过程与如上过程一致。仿真结果如图 8.3.1~图 8.3.3 所示。期望轨迹 $x_{sd}(t) = 0.5$, $y_{sd}(t) = 0.5$, $z_{sd}(t) = 0.01$。

可见,Backstepping 控制方法在虚拟控制求导过程中导致系统方程微分项的膨胀,控制器表达式变得复杂,同时也导致系统控制输入幅值瞬间增大,如图 8.3.3 所示。为了解决这一问题,采用基于滤波器的控制方法,即采用滤波器实现虚拟项的求导。

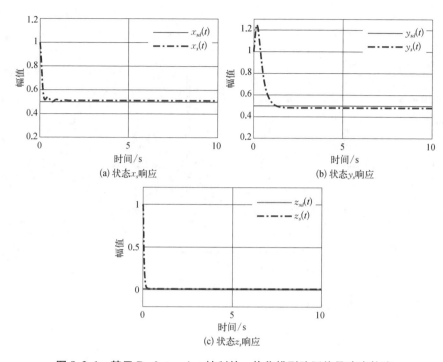

图 8.3.1　基于 **Backstepping** 控制的一体化模型阶跃信号响应轨迹

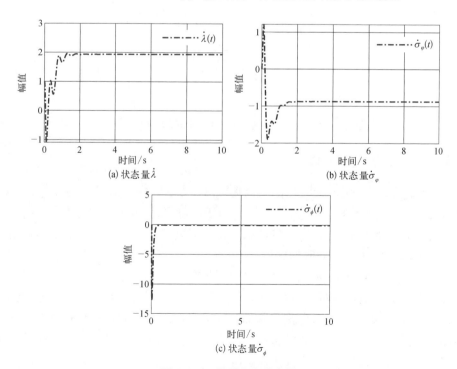

图 8.3.2　导引方程状态量

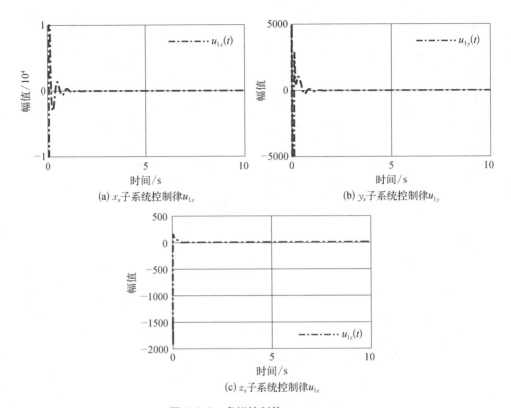

图 8.3.3　虚拟控制律 u_{1x}、u_{1y}、u_{1z}

8.4　基于命令滤波神经网络 Backstepping 控制系统设计

8.4.1　命令滤波器原理

8.3 节已经推导出 Backstepping 控制器设计方法,这种设计过程在每一步计算虚拟控制变量的导数时非常烦琐,尤其是对于高阶系统,或是针对复杂多变量系统如飞行器动力学模型,计算导数的解析解工作量非常大。为此,引入命令滤波器,来减少 Backstepping 控制律的代数计算复杂度。命令滤波器可以避免微分运算,利用命令滤波器来产生命令信号的导数信号,从而减小了工作量。命令滤波器的另外一个优势就是避免对非线性系统下三角形式的严格约束。此外,在设计过程中,滤波器还可以避免作为虚拟控制的输入变量和状态变量的幅值限制器及速率限制器。例如,当控制输入变量超过饱和界限期望的控制量不能提供所需值时,跟踪误差会越来越大,而不能收敛于期望值。

命令滤波器可以根据期望的动态特性产生命令信号的滤波信号及其微分信号。本节采用二阶命令滤波器,故对二阶命令滤波器进行介绍说明。

图 8.4.1 为命令滤波器工作原理,通过滤波器产生滤波信号及其导数项,同时对控制指令在幅值、带宽和速率具有一定的限制作用。

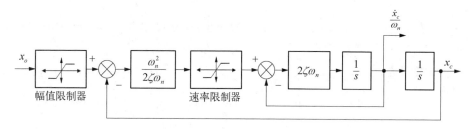

图 8.4.1 命令滤波器工作原理

定义命令滤波器为

$$\dot{\varphi}_1 = \omega_n \varphi_2$$
$$\dot{\varphi}_2 = -2\zeta\omega_n\varphi_2 - \omega_n(\varphi_1 - \alpha) \tag{8.4.1}$$

式中,$\varphi_1 = x_c$, $\varphi_2 = \dot{x}_c/\omega_n$ 为滤波器的输出信号,如果输入信号 $x_o = \alpha$ 有界并且满足 $t \geq 0$ 时 $\varphi_1(0) = \alpha(0)$, $\varphi_2(0) = 0$,那么对于任何 $\mu > 0$,都存在 $\zeta \in (0, 1]$ 和 $\omega_n > 0$,使得 $|\varphi_1 - \alpha| \leq \mu$、$|\dot{\varphi}_1|$ 和 $|\dot{\varphi}_2|$ 是有界的。

命令信号 $x_o = \alpha$ 和滤波信号 $x_c = \varphi_1$ 的传递函数为

$$\frac{X_c(s)}{X_o(s)} = H(s) = \frac{\omega_n^2}{s^2 + 2\zeta\omega_n s + \omega_n^2} \tag{8.4.2}$$

式中,ζ 为阻尼比;ω_n 为无阻尼自然频率。若 x_c 的带宽比 $H(s)$ 的带宽小,则误差 $|\varphi_1 - \alpha|$ 较小。若 x_o 带宽已知,滤波产生 x_c 及其导数,并且 x_o 比较小,则可以选择足够大的无阻尼自然频率 ω_n。值得注意的是,信号 $\dot{x}_c$ 是通过积分计算得到的,而不是通过微分计算得到的。这样就能减少测量噪声的影响。尽管如此,噪声也会影响无阻尼自然频率 ω_n 的选取。

8.4.2 基于命令滤波神经网络 Backstepping 的一体化模型控制律设计

首先考虑无人机相对位置子系统,无人机相对位置子系统经过变量转换及模型近似后,原系统视为类多输入多输出的仿射非线性系统:

$$\begin{cases} \dot{x}_{i1} = f_{i1}(\bar{x}_i) + g_{i1}(\bar{x}_i)x_{i2} + d_{i1}(\bar{x}_i, t) \\ \dot{x}_{i2} = f_{i2}(\bar{x}_i) + g_{i2}(\bar{x}_i)x_{i3} + d_{i2}(\bar{x}_i, t) \\ \dot{x}_{i3} = f_{i3}(\bar{x}_i) + g_{i2}(\bar{x}_i)u_{1i} + d_{i3}(\bar{x}_i, t) \end{cases} \tag{8.4.3}$$

定义误差变量:

$$z_{i1} = x_{i1} - y_{id}, \quad w_{i1} = z_{i1} - \varpi_{i1}$$
$$z_{i2} = x_{i2} - x_{i2}^{c}, \quad w_{i2} = z_{i2} - \varpi_{i2} \qquad (8.4.4)$$
$$z_{i3} = x_{i3} - x_{i3}^{c}, \quad w_{i3} = z_{i3} - \varpi_{i3}$$

式中,z_{il} 为误差面;x_{il}^{c} 为滤波器输出;w_{il} 为补偿后的跟踪误差信号;ϖ_{il} 为滤波器误差补偿信号;y_{id} 为参考信号。

由误差变量得

$$\dot{z}_{i1} = \dot{x}_{i1} - \dot{y}_{id} = f_{i1}(\bar{x}_i) + g_{i1}(\bar{x}_i)x_{i2} + d_{i1}(\bar{x}_i, t) - \dot{y}_{id} \qquad (8.4.5)$$

$$\dot{w}_{i1} = \dot{z}_{i1} - \dot{y}_{id} = f_{i1}(\bar{x}_i) + g_{i1}(\bar{x}_i)x_{i2} + d_{i1}(\bar{x}_i,t) - \dot{y}_{id} - \dot{\varpi}_{i1} \qquad (8.4.6)$$

假设系统包含不确定扰动及其他未知非线性项 $d_{i1}(\bar{x}_i)$,因此采用 RBF 神经网络逼近,则

$$d_{i1}(\bar{x}_i) = \theta_{i1}^{*\mathrm{T}}\varphi_{i1} + \varepsilon_{i1} \qquad (8.4.7)$$

式中,θ_{i1}^{*} 为理想权值;$\varphi_{i1}(\bar{x}_i)$ 为神经网络基函数;ε_{i1} 为逼近误差,且 $|\varepsilon_{i1}| \leqslant \varepsilon_i^{*}$。

则有

$$\begin{aligned}
\dot{w}_{i1} &= g_{i1}(\bar{x}_i)x_{i2} + f_{i1}(\bar{x}_i) + \theta_{i1}^{*\mathrm{T}}\varphi_{i1} + \varepsilon_{i1} - \dot{y}_{id} - \dot{\varpi}_{i1} \\
&= g_{i1}(\bar{x}_i)x_{i2} + f_{i1}(\bar{x}_i) + \tilde{\theta}_{i1}^{\mathrm{T}}\varphi_{i1} + \theta_{i1}^{\mathrm{T}}\varphi_{i1} + \varepsilon_{i1} - \dot{y}_{id} - \dot{\varpi}_{i1} \qquad (8.4.8) \\
&= g_{i1}(\bar{x}_i)(z_{i2} + x_{i2}^{c}) + f_{i1}(\bar{x}_i) + \tilde{\theta}_{i1}^{\mathrm{T}}\varphi_{i1} + \theta_{i1}^{\mathrm{T}}\varphi_{i1} + \varepsilon_{i1} - \dot{y}_{id} - \dot{\varpi}_{i1}
\end{aligned}$$

构造 Lyapunov 函数如下:

$$V_{i1} = \frac{1}{2}w_{i1}^2 + \frac{1}{2\sigma_{i1}}\tilde{\theta}_{i1}^{\mathrm{T}}\tilde{\theta}_{i1} \qquad (8.4.9)$$

式中,$\tilde{\theta}_{i1} = \theta_{i1}^{*} - \theta_{i1}$,$\theta_{i1}$ 定义为 θ_{i1}^{*} 的估计值;$\sigma_{i1} > 0$ 为设计参数。

对其微分可得

$$\begin{aligned}
\dot{V}_{i1} &= w_{i1}\dot{w}_{i1} + \frac{1}{\sigma_{i1}}\tilde{\theta}_{i1}^{\mathrm{T}}\dot{\tilde{\theta}}_{i1} \\
&= w_{i1}\{g_{i1}(\bar{x}_i)[(z_{i2} + x_{i2}^{c}) - \alpha_{i1}] + g_{i1}(\bar{x}_i)\alpha_{i1} + f_{i1}(\bar{x}_i) + \theta_{i1}^{\mathrm{T}}\varphi_{i1} - \dot{y}_{id} - \dot{\varpi}_{i1}\} \\
&\quad + w_{i1}\varepsilon_{i1} + w_{i1}\tilde{\theta}_{i1}^{\mathrm{T}}\varphi_{i1} - \frac{1}{\sigma_{i1}}\tilde{\theta}_{i1}^{\mathrm{T}}\dot{\theta}_{i1}
\end{aligned}$$

$$(8.4.10)$$

设计虚拟控制函数 α_{i1} 为

$$\alpha_{i1} = g_{i1}^{-1}(-c_{i1}z_{i1} - \theta_{i1}^{\mathrm{T}}\varphi_{i1} - f_{i1}(\bar{x}_i) + \dot{y}_{id}) \qquad (8.4.11)$$

代入可得

$$\begin{aligned}
\dot{V}_{i1} &= w_{i1}\{g_{i1}(\bar{x}_i)[(z_{i2} + x_{i2}^c) - \alpha_{i1}] + (-c_{i1}z_{i1} - \theta_{i1}^{\mathrm{T}}\varphi_{i1} - f_{i1}(\bar{x}_i) + \dot{y}_{id}) \\
&\quad + f_{i1}(\bar{x}_i) + \theta_{i1}^{\mathrm{T}}\varphi_{i1} - \dot{y}_{id} - \dot{\varpi}_{i1}\} + w_{i1}\varepsilon_{i1} + w_{i1}\tilde{\theta}_{i1}^{\mathrm{T}}\varphi_{i1} - \frac{1}{\sigma_{i1}}\tilde{\theta}_{i1}^{\mathrm{T}}\dot{\theta}_{i1} \\
&= w_{i1}[g_{i1}(\bar{x}_i)(x_{i2}^c - \alpha_{i1}) + g_{i1}(\bar{x}_i)z_{i2} - c_{i1}z_{i1} - \dot{\varpi}_{i1}] \\
&\quad + w_{i1}\varepsilon_{i1} + w_{i1}\tilde{\theta}_{i1}^{\mathrm{T}}\varphi_{i1} - \frac{1}{\sigma_{i1}}\tilde{\theta}_{i1}^{\mathrm{T}}\dot{\theta}_{i1}
\end{aligned}$$

$$(8.4.12)$$

设计滤波器误差补偿信号 ϖ_{i1} 及第一个 RBF 网络自适应律 θ_{i1} 为

$$\dot{\varpi}_{i1} = -c_{i1}\varpi_{i1} + g_{i1}((x_{i2}^c - \alpha_{i1}) + \varpi_{i2}) \qquad (8.4.13)$$

$$\dot{\theta}_{i1} = \sigma_{i1}\varphi_{i1}w_{i1} - \rho_{i1}\theta_{i1} \qquad (8.4.14)$$

可得

$$\dot{V}_{i1} = -c_{i1}w_{i1}^2 + g_{i1}(\bar{x}_i)w_{i1}w_{i2} + w_{i1}\varepsilon_{i1} + \frac{\rho_{i1}}{\sigma_{i1}}\tilde{\theta}_{i1}^{\mathrm{T}}\theta_{i1} \qquad (8.4.15)$$

设计第二个 Lyapunov 函数为

$$V_{i2} = V_{i1} + \frac{1}{2}w_{i2}^2 + \frac{1}{2\sigma_{i2}}\tilde{\theta}_{i2}^{\mathrm{T}}\tilde{\theta}_{i2} \qquad (8.4.16)$$

计算其微分可得

$$\begin{aligned}
\dot{V}_{i2} &= \dot{V}_{i1} + w_{i2}\dot{w}_{i2} - \frac{1}{\sigma_{i2}}\tilde{\theta}_{i2}^{\mathrm{T}}\dot{\theta}_{i2} \\
&= \dot{V}_{i1} + w_{i2}[\theta_{i2}^{\mathrm{T}}\varphi_{i2} + g_{i2}(\bar{x}_i)(x_{i3}^c - \alpha_{i2}) + g_{i2}(\bar{x}_i)\alpha_{i2} + f_{i2}(\bar{x}_i) + g_{i2}(\bar{x}_i)z_{i3} - \dot{x}_{i2}^c - \dot{\varpi}_{i2}] \\
&\quad + w_{i2}\tilde{\theta}_{i2}^{\mathrm{T}}\varphi_{i2} + w_{i2}\varepsilon_{i2} - \frac{1}{\sigma_{i2}}\tilde{\theta}_{i2}^{\mathrm{T}}\dot{\theta}_{i2}
\end{aligned}$$

$$(8.4.17)$$

设计虚拟控制函数 α_{i2}、神经网络权值自适应律 θ_{i2} 及滤波器误差补偿信号 ϖ_{i2} 为

$$\alpha_{i2} = g_{i2}^{-1}(-c_{i2}z_{i2} - g_{i1}z_{i1} - \theta_{i2}^{\mathrm{T}}\varphi_{i2} - f_{i2}(\bar{x}_i) + \dot{x}_{i2}^c) \qquad (8.4.18)$$

$$\dot{\theta}_{i2} = \sigma_{i2}\varphi_{i2}w_{i2} - \rho_{i2}\theta_{i2} \qquad (8.4.19)$$

$$\dot{\varpi}_{i2} = - c_{i2} \, \varpi_{i2} - g_{i1} \, \varpi_{i1} + g_{i2}((x_{i3}^c - \alpha_{i2}) + \varpi_{i3}) \qquad (8.4.20)$$

代入得

$$\dot{V}_{i2} = - c_{i1} w_{i1}^2 - c_{i2} w_{i2}^2 + g_{i2}(\bar{x}_i) w_{i2} w_{i3} + w_{i1}\varepsilon_{i1} + w_{i2}\varepsilon_{i2}$$
$$+ \frac{\rho_{i1}}{\sigma_{i1}} \tilde{\theta}_{i1}^{\mathrm{T}} \theta_{i1} + \frac{\rho_{i2}}{\sigma_{i2}} \tilde{\theta}_{i2}^{\mathrm{T}} \theta_{i2} \qquad (8.4.21)$$

设计第三个 Lyapunov 函数为

$$V_{i3} = V_{i2} + \frac{1}{2} w_{i3}^2 + \frac{1}{2\sigma_{i3}} \tilde{\theta}_{i3}^{\mathrm{T}} \tilde{\theta}_{i3} \qquad (8.4.22)$$

式中

$$\dot{w}_{i3} = g_{i3}(\bar{x}_i) u_i + f_{i3}(\bar{x}_i) + \tilde{\theta}_{i3}^{\mathrm{T}} \varphi_{i3} + \theta_{i3}^{\mathrm{T}} \varphi_{i3} + \varepsilon_{i3} - \dot{x}_{i3}^c - \dot{\varpi}_{i3} \qquad (8.4.23)$$

设计实际控制输入、滤波器误差补偿信号及神经网络权值自适应律为

$$u_i = g_{i3}^{-1}(- c_{i3} z_{i3} - g_{i2} z_{i2} - \theta_{i3}^{\mathrm{T}} \varphi_{i3} - f_{i3}(\bar{x}_i) + \dot{x}_{i3}^c) \qquad (8.4.24)$$
$$\dot{\theta}_{i3} = \sigma_{i3} \varphi_{i3} w_{i3} - \rho_{i3} \theta_{i3} \qquad (8.4.25)$$
$$\dot{\varpi}_{i3} = - c_{i3} \, \varpi_{i3} - g_{i2} \, \varpi_{i2} \qquad (8.4.26)$$

代入 Lyapunov 微分方程可得

$$\dot{V}_{i3} = - c_{i1} w_{i1}^2 - c_{i2} w_{i2}^2 - c_{i3} w_{i3}^2 + w_{i1}\varepsilon_{i1} + w_{i2}\varepsilon_{i2} + w_{i3}\varepsilon_{i3}$$
$$+ \frac{\rho_{i1}}{\sigma_{i1}} \tilde{\theta}_{i1}^{\mathrm{T}} \theta_{i1} + \frac{\rho_{i2}}{\sigma_{i2}} \tilde{\theta}_{i2}^{\mathrm{T}} \theta_{i2} + \frac{\rho_{i3}}{\sigma_{i3}} \tilde{\theta}_{i3}^{\mathrm{T}} \theta_{i3} \qquad (8.4.27)$$

由 Young's 不等式可得

$$w_i \varepsilon_i \leqslant \frac{1}{2} w_i^2 + \frac{1}{2} \varepsilon_i^{*2}$$

$$\tilde{\theta}_i^{\mathrm{T}} \theta_i \leqslant - \frac{1}{2} \tilde{\theta}_i^{\mathrm{T}} \tilde{\theta}_i + \frac{1}{2} \theta_i^{*\mathrm{T}} \theta_i^*$$

可得

$$\dot{V}_{i3} = - \left(c_{i1} - \frac{1}{2} \right) w_{i1}^2 - \left(c_{i2} - \frac{1}{2} \right) w_{i2}^2 - \left(c_{i3} - \frac{1}{2} \right) w_{i3}^2$$
$$- \frac{\rho_{i1}}{2\sigma_{i1}} \tilde{\theta}_{i1}^{\mathrm{T}} \tilde{\theta}_{i1} - \frac{\rho_{i2}}{2\sigma_{i2}} \tilde{\theta}_{i2}^{\mathrm{T}} \tilde{\theta}_{i2} - \frac{\rho_{i3}}{2\sigma_{i3}} \tilde{\theta}_{i3}^{\mathrm{T}} \tilde{\theta}_{i3} \qquad (8.4.28)$$
$$+ \frac{3}{2} \varepsilon_i^{*2} + \frac{\rho_{i1}}{2\sigma_{i1}} \theta_{i1}^{*\mathrm{T}} \theta_{i1}^* + \frac{\rho_{i2}}{\sigma_{i2}} \tilde{\theta}_{i2}^{*\mathrm{T}} \theta_{i2}^* + \frac{\rho_{i3}}{\sigma_{i3}} \tilde{\theta}_{i3}^{*\mathrm{T}} \theta_{i3}^*$$

令

$$C = \min\left\{\left(c_{i1} - \frac{1}{2}\right),\ \left(c_{i2} - \frac{1}{2}\right),\ \left(c_{i3} - \frac{1}{2}\right),\ \frac{\rho_{i1}}{2\sigma_{i1}},\ \frac{\rho_{i2}}{2\sigma_{i2}},\ \frac{\rho_{i3}}{2\sigma_{i3}}\right\}$$

$$D = \frac{3}{2}\varepsilon_i^{*2} + \frac{\rho_{i1}}{2\sigma_{i1}}\theta_{i1}^{*\mathrm{T}}\theta_{i1}^{*} + \frac{\rho_{i2}}{\sigma_{i2}}\tilde{\theta}_{i2}^{*\mathrm{T}}\theta_{i2}^{*} + \frac{\rho_{i3}}{\sigma_{i3}}\tilde{\theta}_{i3}^{*\mathrm{T}}\theta_{i3}^{*}$$

可得

$$\dot{V} \leqslant - CV + D \tag{8.4.29}$$

根据一阶线性微分方程 $\dfrac{\mathrm{d}y}{\mathrm{d}x} + P(x)y = Q(x)$ 的通解

$$y = C\mathrm{e}^{-\int P(x)\mathrm{d}x} + \mathrm{e}^{-\int P(x)\mathrm{d}x}\int Q(x)\mathrm{e}^{\int P(x)\mathrm{d}x}\mathrm{d}x \tag{8.4.30}$$

则微分方程 $\dot{V} \leqslant - CV + D$ 的解为

$$V(t) \leqslant V(0)\mathrm{e}^{-Ct} + \frac{D\mathrm{e}^{-Ct}(\mathrm{e}^{Ct} - 1)}{C} = \left(V(0) - \frac{D}{C}\right)\mathrm{e}^{-Ct} + \frac{D}{C} \tag{8.4.31}$$

进而可知 $t \to + \infty$，$D \to 0 \Rightarrow V(t) \to 0$。

无人机姿态控制器设计过程与无人机相对位置子系统控制器设计过程相同，经过变量转换无人机姿态子系统也可视为一类多输入多输出仿射非线性系统，如下：

$$\begin{cases} \dot{\chi}_{11} = \chi_{12} \\ \dot{\chi}_{12} = u_2 - \dfrac{k_4 l}{J_{zz}}\chi_{12} \\ \dot{\chi}_{21} = \chi_{22} \\ \dot{\chi}_{22} = u_3 - \dfrac{k_5 l}{J_{xx}}\chi_{22} \\ \dot{\chi}_{31} = \chi_{32} \\ \dot{\chi}_{32} = u_4 - \dfrac{k_6 l}{J_{yy}}\chi_{32} \end{cases} \tag{8.4.32}$$

设 $u_2 = \mu_1$，$u_3 = \mu_2$，$u_4 = \mu_3$，$h_1(\chi_{12}) = -\dfrac{k_4 l}{J_{zz}}\chi_{12}$，$h_2(\chi_{22}) = \dfrac{k_5 l}{J_{xx}}\chi_{22}$，$h_3(\chi_{32}) = -\dfrac{k_6 l}{J_{yy}}\chi_{32}$，则原式可表示为

$$\begin{cases} \dot{\chi}_{l1} = \chi_{l2} \\ \dot{\chi}_{l2} = \mu_l + h_l(\chi_{l2}) + d_l(\chi_l, t) \end{cases} \tag{8.4.33}$$

式中，$l = 1, 2, 3$。

采用与相对位置子系统相同的方法设计控制器，首先设计误差变量为

$$\xi_{l1} = \chi_{l1} - \chi_{ld}, \quad \nu_{l1} = \xi_{l1} - \omega_{l1}$$
$$\xi_{l2} = \chi_{l2} - \chi_{l2}^c, \quad \nu_{l2} = \xi_{l2} - \omega_{l2} \tag{8.4.34}$$

式中，ξ_{li} 为误差面；χ_{li}^c 为滤波器输出；ν_{li} 为补偿后的跟踪误差信号；ω_{li} 为滤波器误差补偿信号；χ_{ld} 为参考信号。

设计控制函数为

$$\alpha_l = -c_{l1}\xi_{l1} + \dot{\chi}_{ld} \tag{8.4.35}$$

$$\mu_l = -c_{l2}\xi_{l2} - \xi_{l1} - \theta_l^T\varphi_l - h_l(\bar{x}_l) + \dot{\chi}_{l2}^c \tag{8.4.36}$$

$$\dot{\theta}_l = \sigma_l\varphi_l\nu_{l2} - \rho_l\theta_l \tag{8.4.37}$$

$$\dot{\omega}_{l1} = -c_{l1}\omega_{l1} + \left[(\chi_{l2}^c - \alpha_l) + \omega_{l2}\right] \tag{8.4.38}$$

$$\dot{\omega}_{l2} = -c_{l2}\omega_{l2} - \omega_{l1} \tag{8.4.39}$$

构造如下 Lyapunov 函数进行稳定性分析：

$$V_l = \frac{1}{2}\nu_{l1}^2 + \frac{1}{2}\nu_{l2}^2 + \frac{1}{2\sigma_l}\tilde{\theta}_l^T\tilde{\theta}_l \tag{8.4.40}$$

对该 Lyapunov 函数进行微分，则

$$\dot{V}_l = \nu_{l1}\dot{\nu}_{l1} + \nu_{l2}\dot{\nu}_{l2} + \frac{1}{\sigma_l}\tilde{\theta}_l^T\dot{\tilde{\theta}}_l$$

$$= \nu_{l1}(-c_{l1}\nu_{l1} + \nu_{l2}) + \nu_{l2}(-c_{l2}\nu_{l2} - \nu_{l1}) + \nu_{l2}\varepsilon_l + \frac{\rho_l}{\sigma_l}\tilde{\theta}_l^T\theta_l \tag{8.4.41}$$

$$\leqslant -c_{l1}\nu_{l1}^2 - \left(c_{l2} - \frac{1}{2}\right)\nu_{l2}^2 - \frac{\rho_l}{2\sigma_l}\tilde{\theta}_l^T\tilde{\theta}_l + \frac{\rho_l}{2\sigma_l}\theta_l^{*T}\theta_l^* + \frac{1}{2}|\varepsilon_l^*|^2$$

$$\leqslant -C_lV_l + D_l$$

式中，$C_l = \min\left\{c_{l1}, \left(c_{l2} - \dfrac{1}{2}\right), \dfrac{\rho_l}{2\sigma_l}\right\}$，$D_l = \dfrac{1}{2}|\varepsilon_l^*|^2 + \dfrac{\rho_{l1}}{2\sigma_{l1}}\theta_{l1}^{*T}\theta_{l1}^*$。

8.5　数值仿真试验验证

首先利用阶跃信号进行分析，通过 MATLAB 共仿真 30 s，无人机相关参数与第

7 章相同,得到仿真结果如图 8.5.1~图 8.5.4 所示。图 8.5.1 为无人机视线坐标系下的跟踪轨迹,控制器的输入曲线如图 8.5.2 所示,图 8.5.3 给出的是描述导引关系的状态变量,包括无人机与目标的相对速度及视线倾角和视线偏角的角速度,图 8.5.4 为描述无人机姿态变量的轨迹。由仿真结果可知,在无人机需要与目标保持相对位置不变(便于监视目标),采用基于命令滤波的神经网络 Backstepping 控制可以准确地使相对坐标到达期望位置。

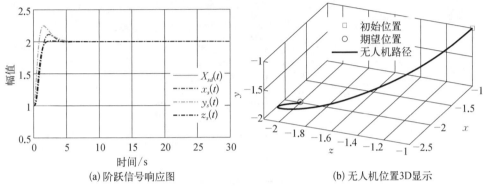

(a) 阶跃信号响应图　　　　　　　　　(b) 无人机位置3D显示

图 8.5.1　一体化模型阶跃信号响应轨迹

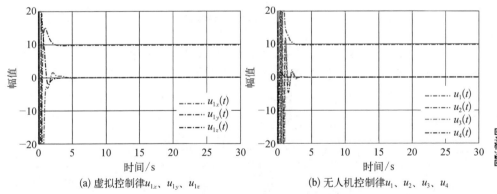

(a) 虚拟控制律 u_{1x}、u_{1y}、u_{1z}　　　　　(b) 无人机控制律 u_1、u_2、u_3、u_4

图 8.5.2　一体化控制律

由图 8.5.3 可知,无人机可以较平稳地到达目标位置,且为了满足实际要求,无人机的控制输入始终限制在 $[-20, 20]$,且到达目标位置后,无人机相对速度及视线角速度均收敛到零附近,满足实际情况。

与此同时,无人机姿态变量也可在到达目标位置后收敛到零附近,如图 8.5.4 所示。

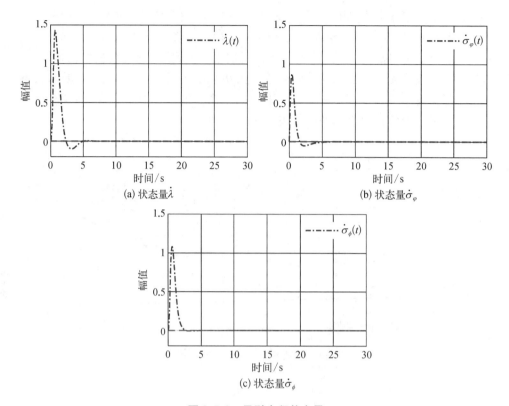

图 8.5.3　导引方程状态量

设计正弦信号为参考信号,并且考虑实际环境中会存在各种未知扰动,因此在无人机相对位置子系统中考虑 $d = 0.5\sin t$ 的扰动,仿真结果如图 8.5.5 所示。由图 8.5.6 可知,无人机可以较好地实现与目标保持时变距离监测,且控制输入仍能保持在 $[-20, 20]$。

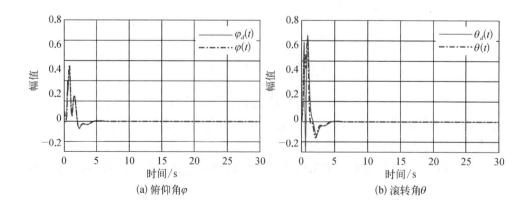

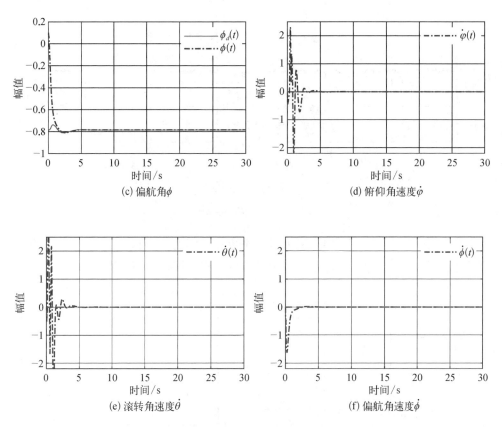

(c) 偏航角ϕ

(d) 俯仰角速度$\dot{\varphi}$

(e) 滚转角速度$\dot{\theta}$

(f) 偏航角速度$\dot{\phi}$

图 8.5.4 无人机姿态环状态量

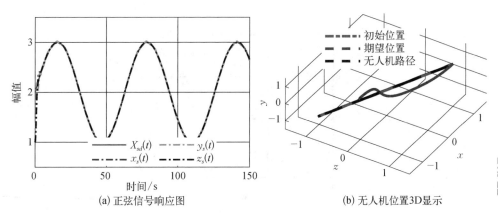

(a) 正弦信号响应图

(b) 无人机位置3D显示

图 8.5.5 一体化模型正弦信号响应轨迹

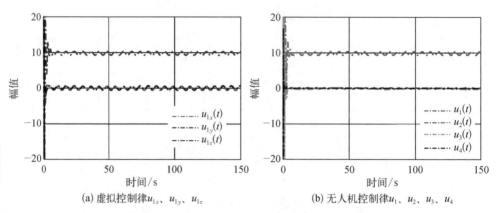

(a) 虚拟控制律u_{1x}、u_{1y}、u_{1z} (b) 无人机控制律u_1、u_2、u_3、u_4

图 8.5.6 一体化控制律

由于参考信号为时变信号,无人机状态也随时间变化,因此导引方程的状态变量轨迹如图 8.5.7 所示,无人机相对速度及视线角速度在零附近振荡变化。

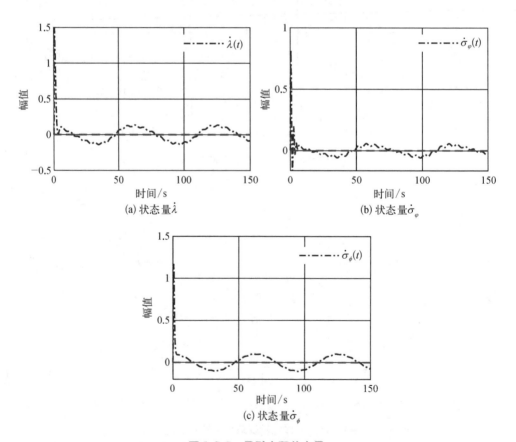

(a) 状态量$\dot{\lambda}$ (b) 状态量$\dot{\sigma}_{\varphi}$

(c) 状态量$\dot{\sigma}_{\phi}$

图 8.5.7 导引方程状态量

无人机姿态角及姿态角速度轨迹如图 8.5.8 所示。

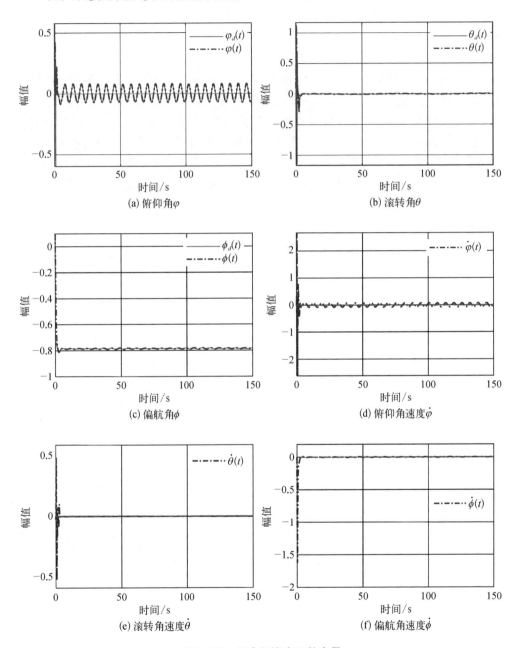

图 8.5.8 无人机姿态环状态量

由以上数值仿真结果可以得到,基于命令滤波的神经网络 Backstepping 控制技术设计一体化控制律也可较好地实现阶跃信号、正弦信号的跟踪。

8.6 小结

本章针对全状态耦合一体化模型提出了一种基于命令滤波的神经网络 Backstepping 控制器。所考虑的一体化模型包含状态耦合及未知非线性干扰。命令滤波技术用于避免反演设计过程中产生的"微分爆炸"以及连续获得虚拟控制律的导数,同时也可避免对非线性系统下三角形式的严格约束。系统中的未知非线性扰动由 RBF 神经网络逼近。基于 Lyapunov 稳定性理论,证明了所提控制方法可以确保跟踪误差的收敛,并且所有状态在闭环系统中保持有界。仿真结果表明所提方法的可行性。

（四）

验证与结语篇

第 9 章

针对非合作目标的无人机
追踪试验验证与分析

9.1 引言

    本章为本书进行综合试验的章节,与针对理论完成的数值仿真不同,本章主要针对非合作目标-无人机追踪试验进行硬件在环仿真、实机试验。由于一体化简化模型极度依赖无人机位姿和视觉传感器的高精度,本章考虑到放牧成本及草场环境的多变性,选用基于纯视觉信息建立的全状态耦合一体化模型,并针对该模型,考虑放牧任务的长作业性,以及放牧环境的复杂多变性,选用基于滑模导引律的自抗扰控制技术设计分离式控制律;其次考虑放牧任务需尽可能长时间作业,选用能最大限度降低能耗的 SDRE 控制技术设计一体化控制律。基于以上一体化模型及两种控制律设计试验,进行硬件在环仿真,本书硬件在环仿真借助虚幻引擎搭建牧场数字孪生系统,聚焦于视觉系统的实现,满足硬件在环仿真中对无人机追踪任务的数字孪生式实现。对于牧场数字孪生系统的搭建,借助虚幻引擎 5 以及庞大的线上数字资源,以牧场地面、水体等环境要素以及树木、灌木、草地等实体要素为基础,基于环境资源完成牧场的搭建。而对于牲畜、牧群,以绵羊为对象,利用虚幻引擎非玩家角色(non-player character, NPC)系统,编程实现牲畜个体、牧群的采食、反刍、休憩等牧食行为。对于硬件在环仿真系统,以 Pixhawk 无人系统自驾仪硬件搭载 PX4 飞控固件,以 Rlysim 平台实现硬件在环仿真,并在牧场数字孪生系统中实现非合作目标-无人机追踪任务,分别对牲畜个体、牧群,基于全状态耦合一体化模型,采用一体化控制律完成硬件在环仿真。针对实机试验,以北京市顺义区太平庄村的小型牧群作为非合作目标验证对象,以搭载 Pixhawk 自驾仪与 PX4 固件的轴距为 680 mm 的无人机作为试验平台,对小型牧群进行追踪验证。最后用试验结果证明一体化控制律设计对无人机追踪任务的有效性。

9.2　基于虚幻引擎的牧场数字孪生系统搭建

　　围绕智能放牧需求,本章所搭建的数字孪生牧场,主要服务于以机器视觉为核心的技术验证、数据获取。因此,本节借助虚幻引擎,搭建牧场环境,并根据 NPC 系统构建牲畜个体、牧群,以虚幻引擎"蓝图"可视化编程、行为树系统、场景查询系统为基础搭建牲畜个体、牧群"人工智能"系统,模拟采食、反刍、休憩、群居、跟随等在放牧过程中所表现的行为。

9.2.1　牧场虚拟现实环境搭建

　　牧场虚拟现实环境的搭建结果如图 9.2.1 所示。

图 9.2.1　牧场虚拟现实环境搭建结果

　　搭建牧场数字孪生系统的静态环境,基本要素有两个:① 环境资源,如水体、牧场地面、天空等;② 实体要素,如树木或灌木、牧草、岩石等。得益于虚幻引擎开发生态逐渐完善,搭建牧场数字孪生系统的两个要素均可从虚幻引擎商城中付费或免费获取。

　　针对环境资源,本书使用的是由德国 STF‐3D 公司制作并发布于虚幻引擎商城中的 Landscape Pro2/3 环境资源,其中除草地景观中所需的草地与沙地混合地面、水体以外,还具有带泥土的草、纯草、泥垢、岩石、潮湿的岩石、草地景观特殊岩层等实体要素。针对实体要素,参考我国主要牧区生物种类,在牧草模型的选择上,力求在距离较远、俯视遥感角度下视觉差距最小,因此选择美国 Quixel Megascans 公司的 Wild Grass、Dry Grass 集合,以及 Project Nature 公司制作的 Grass Landscape Material Vol. Ⅰ集合作为模拟牧草的实体要素。以上要素展示如图 9.2.2 所示。

(a) Landscape Pro2/3 环境资源

(b) Wild Grass、Dry Grass、Grass Landscape Material Vol.Ⅰ等牧草要素资源

图 9.2.2　静态场景构建要素概览

9.2.2　虚拟牲畜非玩家角色个体搭建

完成静态环境的搭建后,进行非合作目标的动态 NPC 搭建。对于牲畜个体的模拟,选用 Protofactor 公司 Farm Animals Pack 集合中的绵羊、山羊、奶牛等模型进行模拟,以绵羊模型为例,其具有采食、奔跑、卧、转弯等动画,如图 9.2.3 所示。

其中,采食、奔跑、卧等放牧过程中的牧食行为会在模拟放牧采食时,基于虚幻引擎的蓝图编程、行为树等,构建牲畜个体的“人工智能(AI)”系统,达到模拟放牧

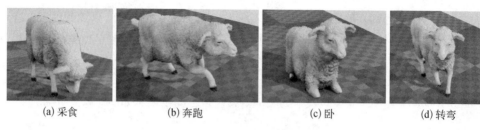

(a) 采食　　　　　(b) 奔跑　　　　　(c) 卧　　　　　(d) 转弯

图 9.2.3　绵羊模型行为部分动画

过程中的群聚、采食等行为,满足本章视觉仿真等需求。首先,构建牲畜个体 NPC 系统,需要用到虚幻引擎中的"人工智能"(AI)技术,此 AI 仅特指在虚幻引擎中由虚幻引擎行为树、虚幻引擎导航系统、虚幻引擎场景查询系统、虚幻引擎角色感知系统等搭建的,可以与玩家或其他 NPC 产生特定互动的行为的 NPC 系统。目前, 行为树的搭建仅可执行"感知"、"判断"、"执行"三步,所有 NPC 产生的行为均由感知与判断产生,虚幻引擎 AI 系统智能水平目前较低。行为树为虚幻引擎 AI 系统的顶层逻辑,对于牧群中不同牲畜,行为树设置如图 9.2.4 所示。

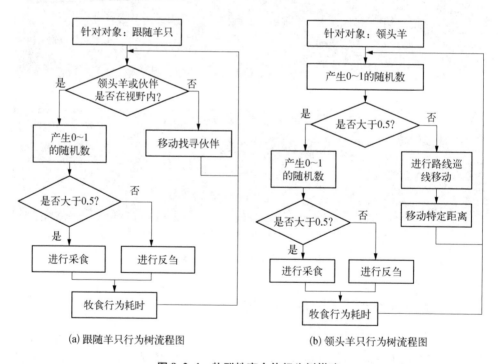

(a) 跟随羊只行为树流程图　　　　　(b) 领头羊只行为树流程图

图 9.2.4　牧群牲畜个体行为树搭建

其中,跟随羊只 NPC 进行领头羊或伙伴是否在视野内的检测,由 AI 感知模块实现,AI 感知模块作用直观展示如图 9.2.5 所示。

图 9.2.5　虚幻引擎 AI 感知示意图

　　而跟随羊只的随机生成，由美国 Game-Ready Blueprints 公司搭建的 Advance AI Spawn System 生成，以图 9.2.4(a)所展示跟随羊只搭建完成羊只角色后，使用随机生成系统，在划定范围内随机生成跟随羊只，如图 9.2.6 所示，并按照角色行为树以及各行为编程运行，模拟放牧过程中的采食、休息、咀嚼等行为。而

(a) Advance AI Spawn System生成牧群　　　　　　　　(b) 领头羊巡线

图 9.2.6　Advance AI Spawn System 生成牧群及领头羊巡线示意图

领头羊采用在环境中人为布置羊只角色进行添加,并执行图 9.2.4(b)行为树,进行巡线。

针对领头羊的巡线功能,利用产生随机数的方法,尽量以随机数模拟"非合作"特性,决定其进行采食、反刍、休息等行为,还是根据绘制既定路线进行巡线,依靠领头羊定向移动带领牧群在放牧过程中缓慢移动。至此,基于虚幻引擎的牧场及牧群 NPC 系统搭建完毕。

9.3   基于牧场数字孪生系统的硬件在环仿真试验

将基于虚幻引擎的牧场数字孪生导入硬件在环仿真系统后,基于 Python 进行编程实现。分别对分离式设计、一体化设计进行验证,通过 QGroundControl 软件导出飞行记录数据。首先,硬件在环仿真试验中,羊只个体的移动轨迹如图 9.3.1 所示。

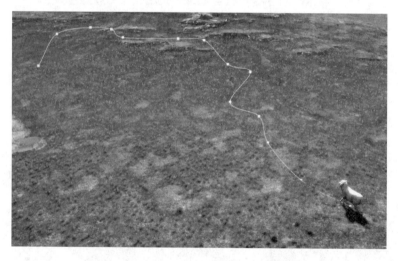

图 9.3.1   硬件在环仿真目标羊只运动轨迹

羊只运动主要由下坡、上坡、转弯、多次急转弯构成,共移动 48 s,无人机在追踪过程中通过设定期望 z,保持相对距离。以一体化控制律控制无人机对羊只个体进行跟踪,得到无人机第一视角关键帧结果如图 9.3.2 所示。

通过已经记录的视觉信息,得到追踪过程中滤波零阶输出如图 9.3.3 所示。

估计得到的速度与加速度(一阶与二阶估计)如图 9.3.4 所示。

利用 QGroundControl 软件导出飞行记录数据得到无人机位置如图 9.3.5 所示。

(a) 无人机悬停得到目标初始化3D边界框

(b) 无人机提升高度进行追踪

(c) 羊只发生转向，无人机持续追踪

(d) 达到接近条件，追踪停止

图 9.3.2　分离式设计硬件在环仿真第一视角关键图像

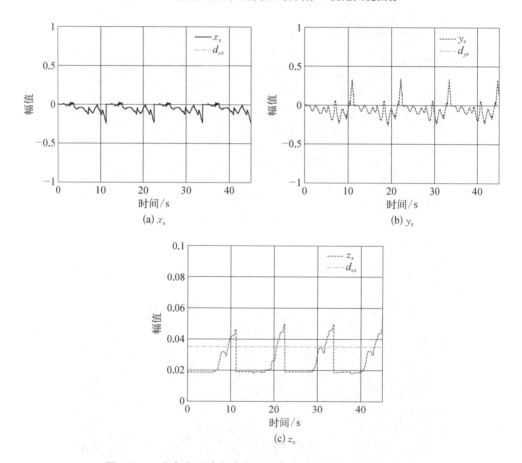

(a) x_s

(b) y_s

(c) z_s

图 9.3.3　分离式设计硬件在环仿真追踪过程中滤波零阶输出

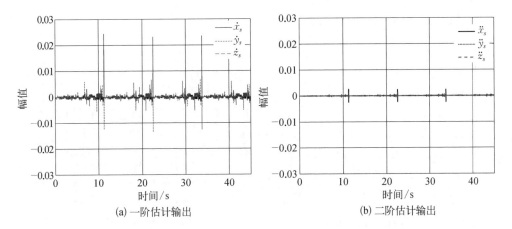

(a) 一阶估计输出　　　　　　　　　　　(b) 二阶估计输出

图 9.3.4　分离式设计硬件在环仿真追踪过程中滤波一阶、二阶输出

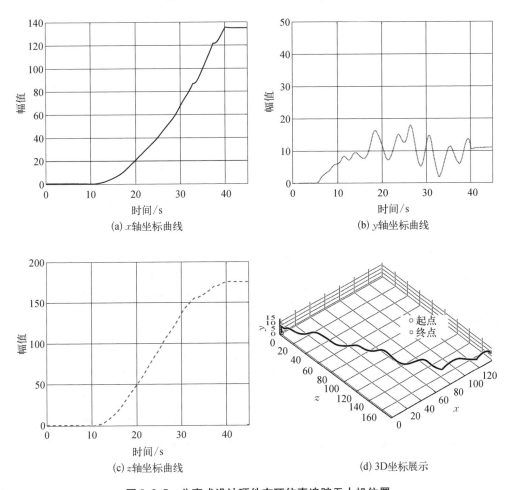

(a) x 轴坐标曲线　　　　　　　　　　　(b) y 轴坐标曲线

(c) z 轴坐标曲线　　　　　　　　　　　(d) 3D坐标展示

图 9.3.5　分离式设计硬件在环仿真追踪无人机位置

导出无人机姿态如图 9.3.6 所示。

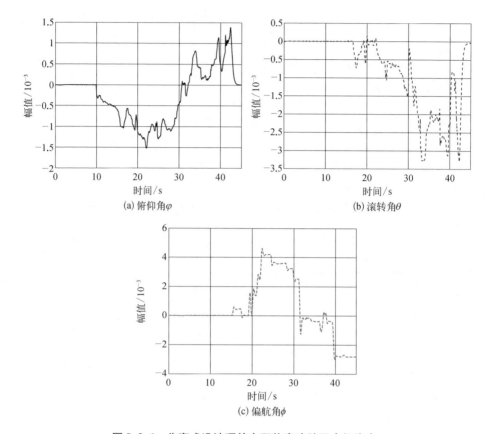

图 9.3.6　分离式设计硬件在环仿真追踪无人机姿态

而经过归一化句柄得到的 actuator_controls_0 的输出,并以控制参考信息句柄 actuator_controls_3 导出参考控制信号如图 9.3.7 所示。

以一体化控制律设计同样对图 9.3.1 所示羊只个体进行追踪,其中追踪过程中第一视角关键帧如图 9.3.8 所示。

由图 9.3.8 结果可以明显看出,对比图 9.3.2(c)结果,一体化控制律更加明显符合平行接近规则。

追踪过程中滤波零阶输出如图 9.3.9 所示。

估计得到的速度与加速度(一阶与二阶估计)如图 9.3.10 所示。

由一阶估计输出、二阶估计输出也可以看出,一体化控制律对比分离式设计,在追踪过程中,目标估计的速度、加速度变化更加平缓且平均值较小。

利用 QGroundControl 软件导出飞行记录数据得到一体化控制律无人机位置如图 9.3.11 所示。

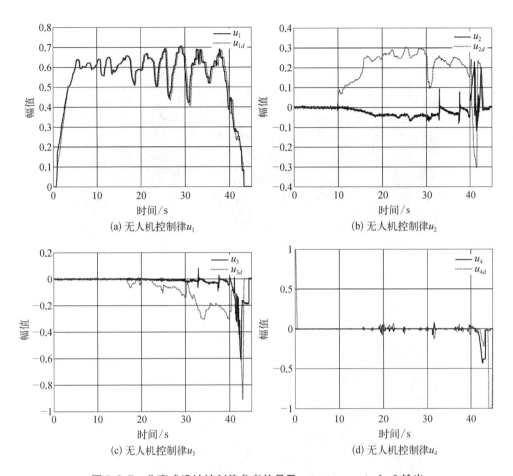

图 9.3.7　分离式设计控制律参考信号及 **actuator_controls_0** 输出

(a) 目标出现运动状态变化(*T*时刻)

(b) 目标出现运动状态变化(T+1时刻)

(c) 目标出现运动状态变化(T+2时刻)

图 9.3.8   一体化控制律硬件在环仿真关键帧

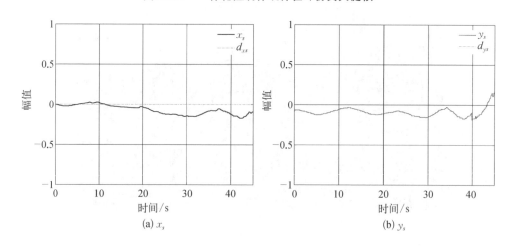

(a) x_s

(b) y_s

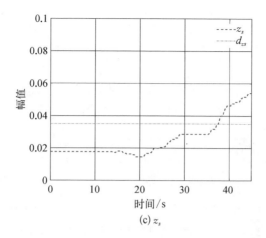

(c) z_s

图 9.3.9 一体化控制律硬件在环仿真追踪过程中滤波零阶输出

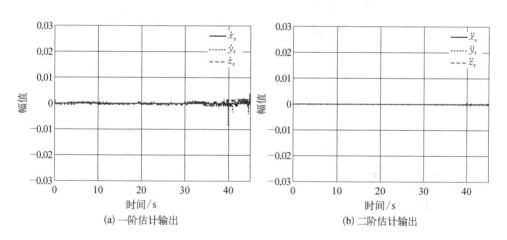

(a) 一阶估计输出   (b) 二阶估计输出

图 9.3.10 一体化控制律硬件在环仿真追踪过程中滤波一阶、二阶输出

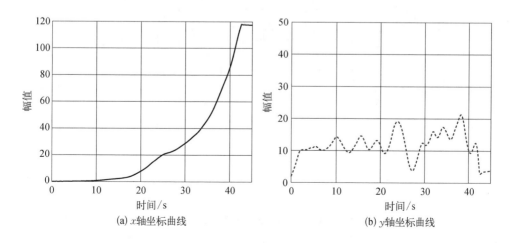

(a) x 轴坐标曲线   (b) y 轴坐标曲线

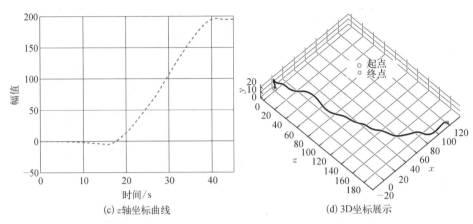

(c) z轴坐标曲线 　　　　　(d) 3D坐标展示

图 9.3.11 一体化控制律硬件在环仿真追踪无人机位置

将图 9.3.11 与图 9.3.5 比较,从 3D 轨迹中易得一体化控制律所得轨迹更加接近于平行接近。同样,导出得到无人机姿态如图 9.3.12 所示。

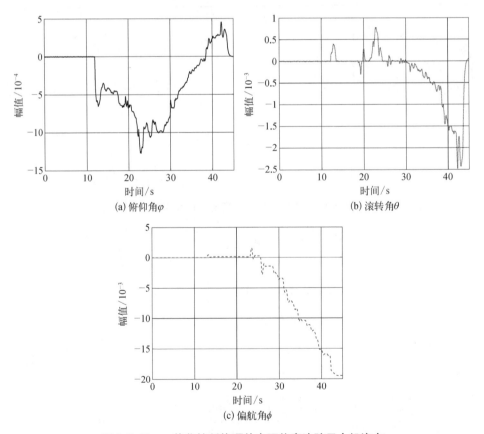

图 9.3.12 一体化控制律硬件在环仿真追踪无人机姿态

经过归一化句柄得到 actuator_controls_0 的输出,并以控制参考信息句柄 actuator_controls_3 导出参考控制信号如图 9.3.13 所示。

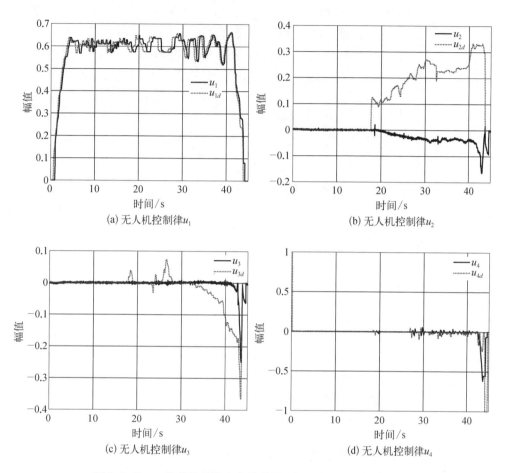

(a) 无人机控制律u_1

(b) 无人机控制律u_2

(c) 无人机控制律u_3

(d) 无人机控制律u_4

图 9.3.13　一体化控制律参考信号及 actuator_controls_0 输出

将分离式设计硬件在环仿真得到的 actuator_controls_0 句柄输出与一体化控制律硬件在环仿真得到的 actuator_controls_0 句柄输出,利用式(7.5.1)计算控制消耗,如表 9.3.1 所示,单位为 actuator_controls_0 句柄归一化量纲。

表 9.3.1　硬件在环控制消耗

控 制 方 法	控 制 消 耗
分离式设计 actuator_controls_0 句柄输出	476.908 0
一体化控制律 actuator_controls_0 句柄输出	403.472 6

相较于分离式设计,一体化控制律设计导出的 actuator_controls_0 句柄输出计算控制消耗降低 15.40%,与数值仿真结果(表 7.5.2)一致,证明本书第 7 章所提出的滤波、导引与控制一体化设计,对于无人机追踪任务的经济性的提升有显著的效果。值得注意的是,在硬件在环仿真中,不管是图 9.3.5(b)还是图 9.3.11(b),即纵轴运动曲线,均随追踪过程小幅振荡,经过飞行数据分析,产生此处不期望的振荡由传感器安装角与无人机姿态耦合变化导致,如图 9.3.14 所示。

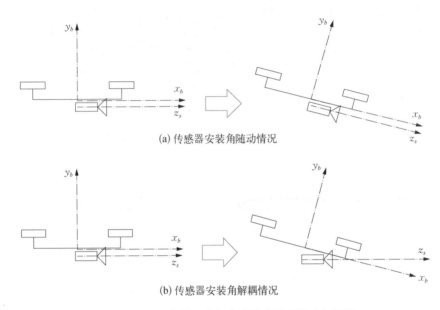

(a) 传感器安装角随动情况

(b) 传感器安装角解耦情况

图 9.3.14　四旋翼无人机传感器安装角随动与解耦

如图 9.3.14(a)所示,在本例硬件在环仿真中,由于四旋翼无人机欠驱动特性,机载传感器随无人机姿态变化而变化,特别是基于俯仰角变化而产生的沿 x 轴的飞行移动,使得随动安装角变化,导致传感器坐标系内目标位置变化,因控制律实时调整而产生纵轴运动曲线的小幅振荡。若将传感器搭载在自适应云台上,则安装角与无人机姿态角呈现解耦情况,如图 9.3.14(b)所示,此小幅振荡将会缓解,理想情况下,可将振荡幅值抑制至零值。

9.4　林下经济养殖模式小规模牧群无人机追踪试验

9.4.1　静止目标追踪试验

首先,针对实机试验,作为典型的非合作目标,羊群或羊只个体的行进轨迹无法严格复现,即无法沿着同一轨迹,以相同姿态多次完成移动、采食。所以,实机试验以限制移动的羊只,本章提出不同无人机追踪策略进行实机验证。同时,针对不同追踪方案的动态追踪验证,以长时间、多次采样的方法综合对比移动中的羊只,进行统计验证。本章针对非合作目标的无人机追踪实机试验开展于北京市顺义区太平庄村,以小规模混合养殖户、林下经济模式养殖的小规模小尾寒羊为非合作目标进行,试验环境如图 9.4.1 所示。

(a) 第三视角　　　　　　　　　　　　　　　(b) 无人机第一视角

图 9.4.1　实机试验开展环境

试验用无人机选用轴距为 650 mm 的无人机,搭载云台,以单目摄像头为机载传感器,使用机载图传电台,将图像数据传输至地面站,并利用 PX4 Offboard 模型,通过数传电台将处理后完成的控制律传送至数传电台接收端。无人机飞行平台如图 9.4.2 所示。

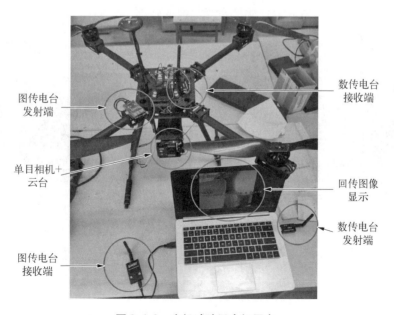

图 9.4.2　实机试验无人机平台

其中,实机试验无人机平台关键部件型号及其参数如表 9.4.1 所示。

表 9.4.1　实机试验无人机平台关键部件型号及其参数

关 键 部 件	型 号 及 参 数
自驾仪及其固件	Pixhawk4,PX4 1.12.3Stable
单目相机	飞萤运动相机 8,分辨率 720 像素
云台	CNC 金属无刷 2 轴迷你云台,俯仰角 ±90°、滚转角 ±45°
图传电台发射端	TS832,共 48 个频道,5.8 GHz
图传电台接收端	EWRF,5.8 GHz
数传电台发射端	Radio Telemotry Ground,433 MHz
数传电台接收端	Radio Telemotry Air,433 MHz
地面站 CPU 处理器	Intel Core i5 9400,RAM 16 GB
地面站 GPU 处理器	Nvidia RTX 2070,RAM 8 GB

注: CPU 指中央处理器。

由于实机试验环境为以林下经济思路进行散养的牧群,在 y 轴上的变化很可能导致无人机碰触障碍物坠机,对于单目相机摄像头,试验通过设置较小的期望 z_s,以保持相对较远的接近距离,保证无人机安全飞行。

首先,针对定点羊只,使无人机距离羊 15 m 起飞,起飞至相同高度后进行追踪,相对距离满足要求后停止追踪,分别比较分离式设计与一体化控制律,如图 9.4.3 所示。

(a) 分离式设计定点追踪初始化　　　　　(b) 一体化设计定点追踪初始化

图 9.4.3　定点追踪初始化

得到追踪初始化后,分别起飞并完成定点追踪,追踪过程中的关键帧如图 9.4.4 所示。

其中,在羊圈内完成定点追踪时,羊只会群聚于角落,但是在追踪过程中,羊只仍有交换位置等改变姿态的行为,而如图 9.4.4(b) 所示,3D 边界框很好地屏蔽了

(a) 分离式设计定点追踪关键帧　　　　　(b) 一体化控制律定点追踪关键帧

图 9.4.4　定点追踪关键帧

羊只交换位置、改变姿态导致的相对位置不准确的情况。得到追踪过程中滤波零阶输出如图 9.4.5 所示。

估计得到的速度与加速度（一阶与二阶估计）如图 9.4.6 所示。

利用 QGroundControl 软件导出飞行记录数据得到分离式控制无人机位置，如图 9.4.7 所示。

导出基于分离式控制律设计，定点追踪过程中无人机姿态变化如图 9.4.8 所示。

同样，导出经过归一化句柄 actuator_controls_0，并以控制参考信息句柄 actuator_controls_3 导出参考控制信号，如图 9.4.9 所示。

对于一体化控制律，得到追踪过程中滤波零阶输出如图 9.4.10 所示。

估计的速度（一阶估计）与加速度（二阶估计）如图 9.4.11 所示。

同样导出飞行记录数据，绘制出无人机位置如图 9.4.12 所示。

与图 9.4.7 分离式设计得到结果相比，一体化控制律得到无人机位置相对平滑。同时，导出无人机姿态如图 9.4.13 所示。

同样，导出经过归一化句柄 actuator_controls_0，并以控制参考信息句柄 actuator_controls_3 导出参考控制信号如图 9.4.14 所示。

将分离式设计定点追踪得到的 actuator_controls_0 句柄输出与一体化控制律定点追踪得到的 actuator_controls_0 句柄输出，利用式（7.5.1）计算控制消耗，结果如表 9.4.2 所示，单位为 actuator_controls_0 句柄归一化量纲。

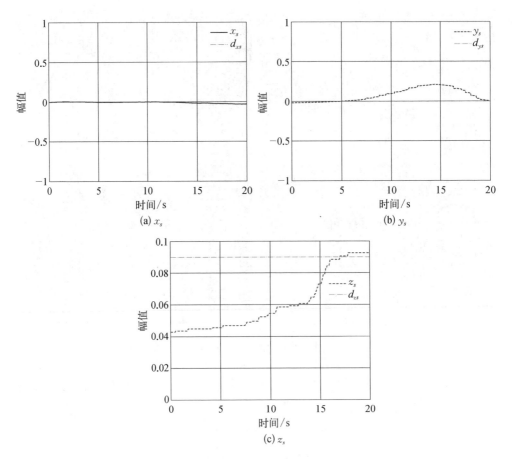

图 9.4.5 定点追踪过程中滤波零阶输出(分离式)

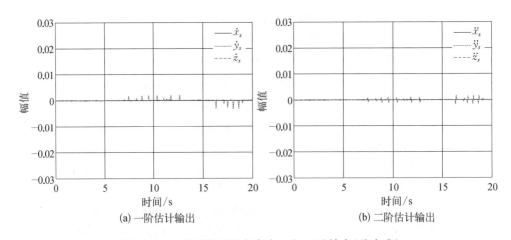

图 9.4.6 定点追踪过程中滤波一阶、二阶输出(分离式)

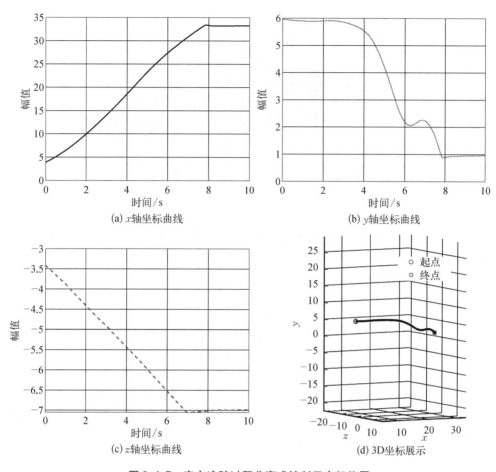

(a) x 轴坐标曲线　　　　　　　　(b) y 轴坐标曲线

(c) z 轴坐标曲线　　　　　　　　(d) 3D 坐标展示

图 9.4.7　定点追踪过程分离式控制无人机位置

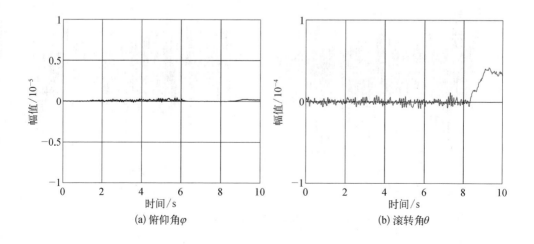

(a) 俯仰角 φ　　　　　　　　　(b) 滚转角 θ

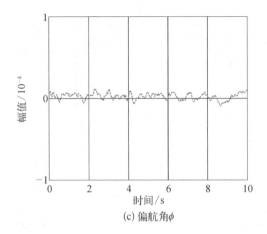

(c) 偏航角ϕ

图9.4.8 定点追踪过程分离式控制无人机姿态

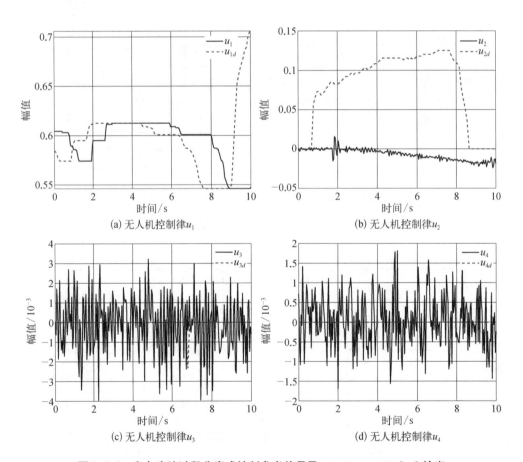

(a) 无人机控制律u_1

(b) 无人机控制律u_2

(c) 无人机控制律u_3

(d) 无人机控制律u_4

图9.4.9 定点追踪过程分离式控制参考信号及 actuator_controls_0 输出

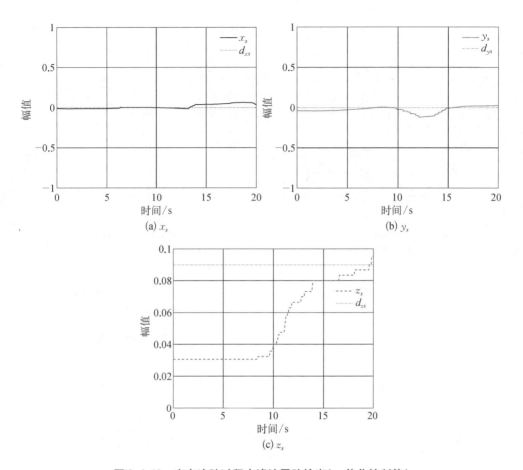

图 9.4.10　定点追踪过程中滤波零阶输出(一体化控制律)

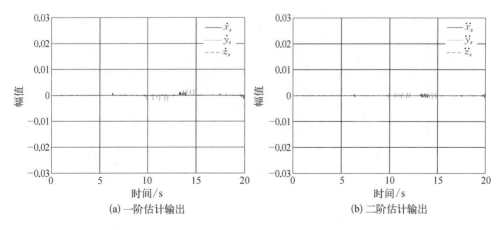

图 9.4.11　定点追踪过程中滤波一阶、二阶输出(一体化控制律)

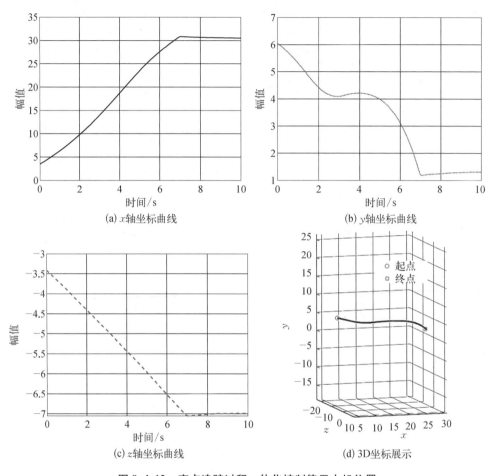

(a) x轴坐标曲线

(b) y轴坐标曲线

(c) z轴坐标曲线

(d) 3D坐标展示

图 9.4.12   定点追踪过程一体化控制律无人机位置

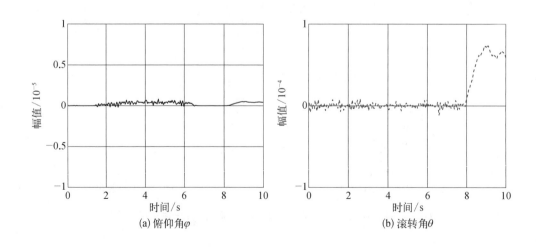

(a) 俯仰角φ

(b) 滚转角θ

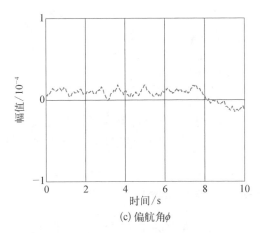

(c) 偏航角 ϕ

图 9.4.13　定点追踪过程一体化控制律无人机姿态

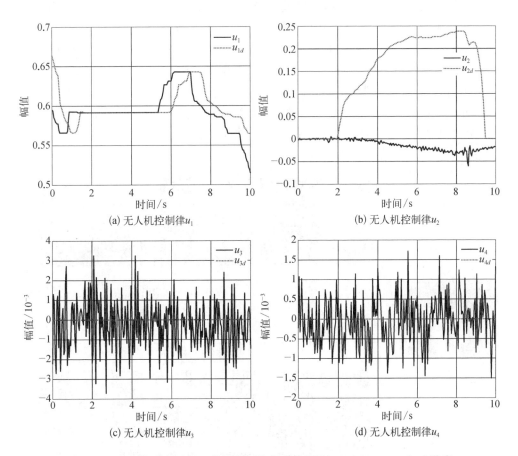

(a) 无人机控制律 u_1　　　　　　(b) 无人机控制律 u_2

(c) 无人机控制律 u_3　　　　　　(d) 无人机控制律 u_4

图 9.4.14　定点追踪过程一体化控制律参考信号及 actuator_controls_0 输出

表 9.4.2   定点追踪控制消耗对比

控 制 方 法	控 制 消 耗
分离式设计 actuator_controls_0 句柄输出	88.701 4
一体化控制律 actuator_controls_0 句柄输出	80.334 6

在定点追踪阶段,一体化控制律相较于分离式控制,控制消耗减少 9.43%,所得结果与仿真结果一致,定点追踪实机试验证明一体化控制律相较于分离式控制在能效上有显著提升。

9.4.2   动态目标长时段追踪试验

因为羊群或羊只个体的行进轨迹无法严格复现,即无法沿着同一轨迹以相同姿态多次完成移动、采食,所以本节以长时段持续监测并采用统计采样的方法,对不同控制律设计进行对比试验。试验开展于北京市顺义区太平庄村另一养殖户,所养殖的羊只数量为 22 只,采用"放牧+补饲"方式饲养的山羊、绵羊混合牧群,每天于 14:00 左右进行放牧采食(回避采食晨露引起羊群消化问题),于 17:30 左右结束放牧驱赶回圈进行补饲,在春季平均每天放牧 3.5 h。长时段持续监测试验分两天进行,针对同一牧群、同一放牧地点,分别以分离式控制律设计与一体化控制律设计,完成长时段追踪试验,其中以分离式控制实施试验当天,放牧持续 3.8 h,于 14:05 开始,17:53 结束;以一体化控制律实施试验当天,放牧持续 3.5 h,于 14:15 开始,17:45 结束,如图 9.4.15 所示。

	分离式设计	第1天
驱赶羊群进入指定地点	持续采食	驱赶羊群回圈,结束放牧

一体化控制律		第2天

图 9.4.15   长时段追踪试验示意图

　　长时段追踪中包含羊群沿路转移、采食、休憩等牧食行为,对整个试验中相对类似的行进追踪片段进行展示如图9.4.16所示。

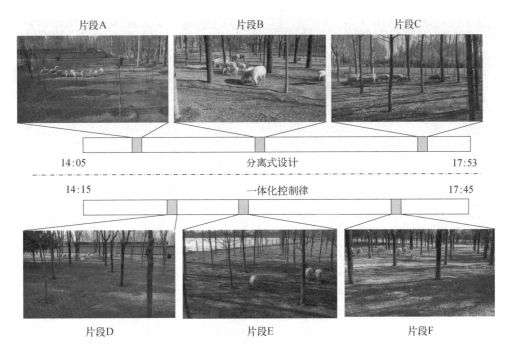

图9.4.16　长时段追踪试验部分类似追踪片段

　　分别针对片段A、B、D、E、F导出飞行记录数据,截取并绘制片段对应的无人机位置如图9.4.17~图9.4.21所示。

　　图9.4.16~图9.4.21中代表性片段均展示了羊只个体在匀速、慢速移动,且视觉追踪难度适中的条件下,两种设计方法均能较好地完成追踪。对于片段A与片段D,不同追踪控制方法都完成了快速跟上目标的任务;而对于片段B与片段E,针对羊只采食的持续观测,两种控制方法都随着羊只小幅度移动而跟随移动;对于片段C与片段F,不同追踪方法都以图5.3.2方式进行调整,通过同时调整偏航角与z轴控制量进行调整,对于羊只横向移动从横移逐渐转向正对前进,通过同时调整提高了对横移羊只的追踪能力。

　　针对图9.4.15同一群羊群进行长时段无人机追踪试验,对整个长时段追踪过程进行随机采样(换电过程等不采样,仅针对无人机位于空中时进行采样),采样追踪片段时长为60 s,共随机采样10个样本,随机采样3次取平均值进行统计分析,得到一体化控制律与分离式设计在长时段追踪任务中的控制消耗对比如表9.4.3所示,单位为归一化量纲。

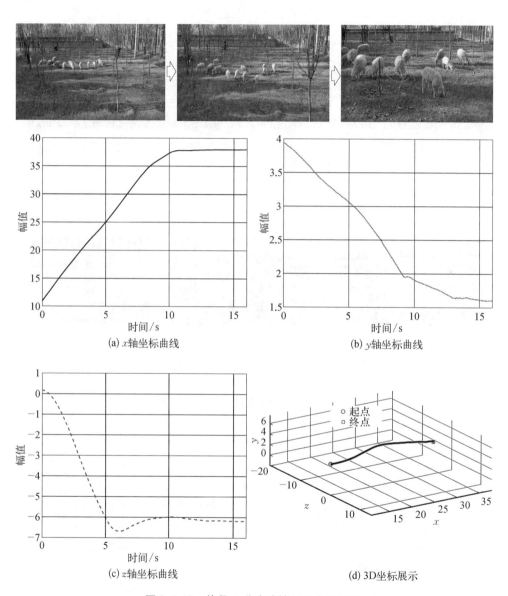

(a) x 轴坐标曲线

(b) y 轴坐标曲线

(c) z 轴坐标曲线

(d) 3D坐标展示

图 9.4.17   片段 A 分离式控制无人机位置

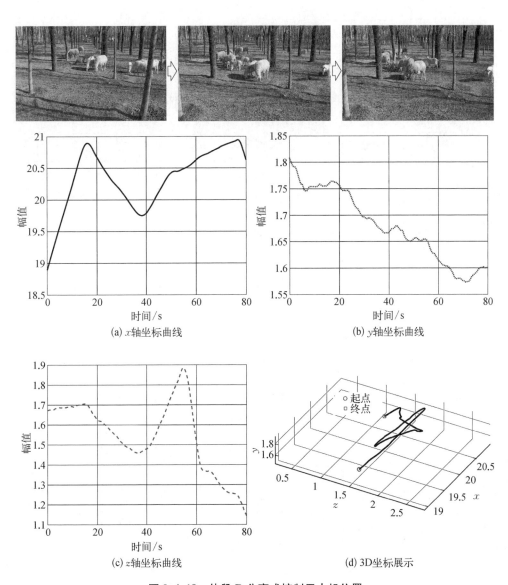

(a) x 轴坐标曲线

(b) y 轴坐标曲线

(c) z 轴坐标曲线

(d) 3D坐标展示

图 9.4.18 片段 B 分离式控制无人机位置

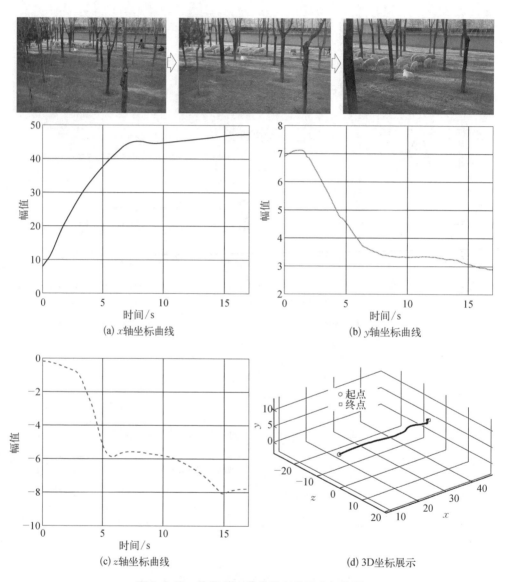

图 9.4.19　片段 D 一体化控制律无人机位置

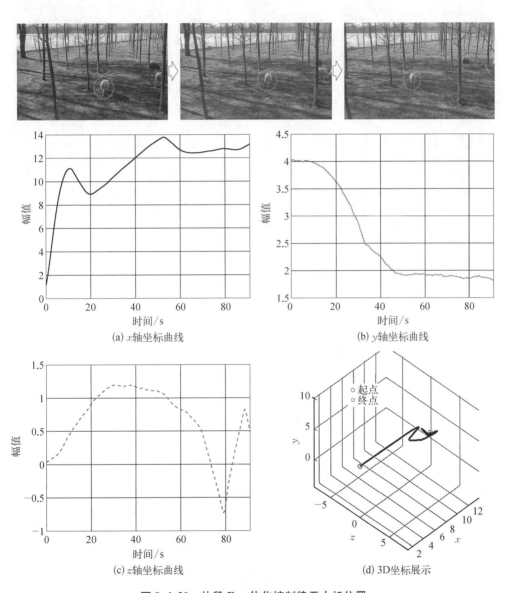

(a) x 轴坐标曲线

(b) y 轴坐标曲线

(c) z 轴坐标曲线

(d) 3D坐标展示

图 9.4.20　片段 E 一体化控制律无人机位置

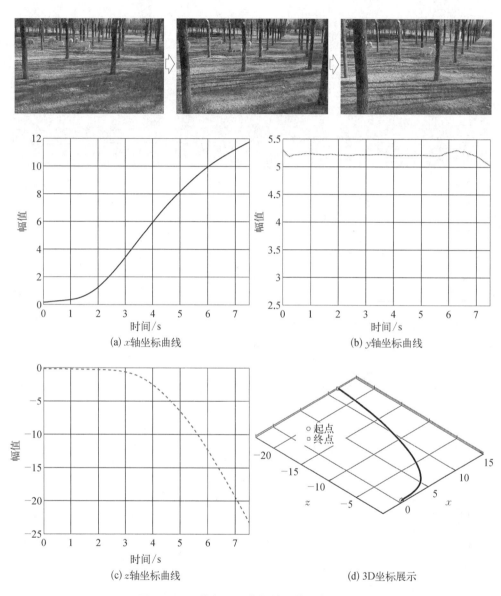

(a) x 轴坐标曲线

(b) y 轴坐标曲线

(c) z 轴坐标曲线

(d) 3D坐标展示

图 9.4.21　片段 F 一体化控制律无人机位置

表 9.4.3　长时段追踪控制消耗对比

控　制　方　法	控　制　消　耗
分离式设计采样输出	5 963.483 2
一体化控制律采样输出	5 332.862 1

　　由采样对比结果可知,一体化控制律对于无人机追踪控制消耗有着显著优势,相较于分离式设计控制消耗降低 10.57%。随着试验的进行,我们还注意到,羊群对于无人机的应激反应与应激适应性也逐步提高,如图 9.4.22 所示。

警觉　　　　　　　　　　应激反应　　　　　　　　　奔跑拉开距离

(a) 羊只个体对无人机的应激反应

(b) 羊群对无人机的应激适应

图 9.4.22　羊对无人机的应激反应与应激适应

　　图 9.4.22(a)为于试验开展之前进行的预试验,羊只在较远距离便对无人机产生警觉,无人机继续靠近则产生应激反应并快速奔跑拉开距离,而经过数天的试验后,羊群已然能够在无人机非常靠近的情况下继续采食,不产生应激行为,证明应激适应已经生效。根据羊群的应激适应情况,可进一步探究以悬挂更具吸引力的食材的"吸引法则"完成对羊群的交互,将羊群向着合作、可交互目标方向推进。

9.4.3　面向典型视觉追踪挑战的一体化控制律试验验证

　　9.4.2 节中,长时段追踪试验证明两种方法的可行性与一体化控制律的能效优势,本节主要关注一体化控制律针对面向典型视觉追踪挑战的试验。实机追踪时间共导出绘制 152 s 典型样例进行展示,包含牧群移动、关键个体运动姿态突变、目标重叠等典型视觉追踪难点问题。以无人机第一视角(主图)、地面羊群第三视角(子图)展示实机试验结果关键帧如图 9.4.23 所示。

　　由图 9.4.23(a)初始化得到目标初始 3D 边界框后,随后进入持续追踪阶段,在目标发生姿态变化时,3D 边界框在目标姿态变化后,未根据目标变化导致 z_s 值突变,成功屏蔽了目标姿态变化导致的相对位置误差。而图 9.4.23(e)展示了羊

(a) 3D边界框初始化

(b) 牧群运动持续跟踪

(c) 目标姿态变化

(d) 3D边界框屏蔽目标姿态变化

(e) 关键目标个体重叠

(f) 无人机持续追踪

图 9.4.23　实机试验无人机关键帧

只关键目标个体在牧群中处于重叠情况时,追踪器在重叠时仍能顺利完成追踪,随后,无人机持续追踪。由于飞行安全的考虑,不以 z_s 值达到某些值为追踪结束标志,无人机保持飞行并完成持续追踪。得到追踪过程中滤波零阶输出如图 9.4.24 所示。

　　如图 9.4.24 所示,滤波零阶输出在传感器坐标系内呈现伺服状态,输出结果围绕期望信号不停调整,呈现一定规律性与周期性。试验当日北京顺义风力为 3~4 级,导致 x_s、y_s 轴结果呈现小幅振荡。估计得到的速度与加速度(一阶与二阶估计)如图 9.4.25 所示。

　　同样,在无人机完成追踪任务后,降落并连接 QGroundControl 软件,导出飞行记录数据及实机试验无人机飞行数据,位置数据如图 9.4.26 所示。

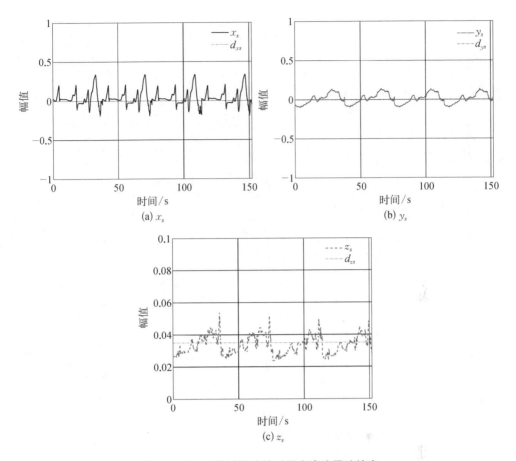

(a) x_s　　　　(b) y_s

(c) z_s

图 9.4.24　实机试验追踪过程中滤波零阶输出

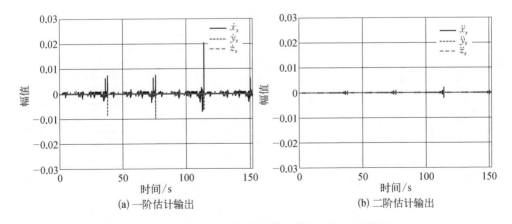

(a) 一阶估计输出　　　　(b) 二阶估计输出

图 9.4.25　实机试验追踪过程中滤波一阶、二阶输出

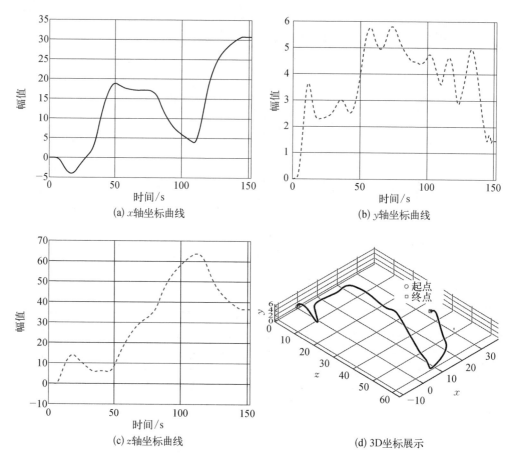

图 9.4.26　实机追踪试验无人机位置

图 9.4.27 为导出得到的无人机姿态轨迹。

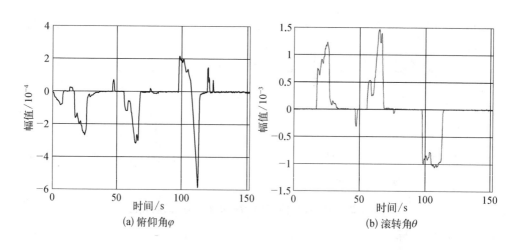

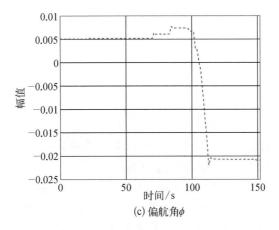

(c) 偏航角ϕ

图 9.4.27　一体化控制律实机试验追踪无人机姿态

而经过归一化句柄得到 actuator_controls_0 的输出,并以控制参考信息句柄 actuator_controls_3 导出参考控制信号如图 9.4.28 所示。

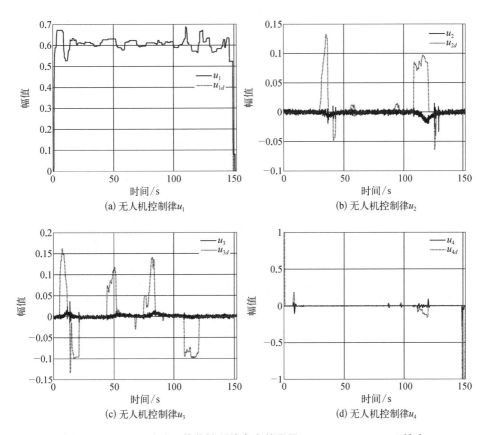

图 9.4.28　实机试验一体化控制律参考信号及 actuator_controls_0 输出

至此，基于一体化控制律得到的无人机实机试验成功，并且克服了在牧群移动过程中所面对的视觉追踪挑战。

9.5　小结

本章针对的非合作目标–无人机追踪试验进行硬件在环仿真更具真实性，其数据不经积分、微分等数值处理，而是经过自驾仪直接导出，更具可信度。且硬件在环仿真所得结果，即控制消耗数据，分离式设计与一体化控制律设计得到的控制消耗差值与第 7 章所得的数值仿真结果相符合，进一步证明了本书核心理论，即"一体化建模并一体化控制"与基于最优控制理论的 SDRE 控制方法的有效性，能够有效减少控制消耗。对于实机试验，本书通过定点追踪、长时段追踪并抽样统计的方法，对比了分离式设计与一体化控制律在控制消耗上的对比，验证了一体化控制律的能效优势，并针对典型视觉追踪挑战环境完成了一体化控制律无人机的追踪验证。

第 *10* 章

结论与展望

本书针对智能放牧系统研发需求,面向基于无人机为放牧执行平台、放牧遥感与监测平台的共性技术,即无人机追踪技术,以牲畜关键个体、牧群等非合作目标为追踪目标进行了系统性的研究。由于牲畜关键个体运动状态建模难度大,很难准确估计其运动状态,且无人机与牲畜个体建立交互对牲畜关键个体运动需要具有一定预测能力的问题,本书提出了基于数据驱动(3D 卷积孪生网络)与模型驱动(交互式多模型滤波)的混合驱动运动状态估计方法,将数据驱动得到的预测观测作为数据模型,代入交互式多模型滤波器中进行滤波,得到基于混合驱动的牲畜关键个体运动状态预测估计。对于牧群运动状态估计,以集中式信息滤波为基础,利用信息滤波加和式更新方法,将牧群各牲畜运动状态进行加和式更新,得到牧群滤波估计。考虑到在智能放牧系统中无人机作为执行平台,在放牧任务执行过程中,由于携带负载、风扰等关键扰动参数的加入,无法准确测出此类关键参数,并由此导致建模不精确。本书分离式设计的思路中采用的是基于滑模变结构控制方法设计导引律,并以模糊逻辑自适应调节导引律关键参数。得到导引律后,以自抗扰控制技术设计无人机控制律,控制无人机跟踪导引律指令输入,从而以面向不基于模型的设计思路,完成分离式导引与控制设计问题。针对非合作目标-无人机追踪任务,建立了两种全状态一体化模型,明确了无人系统滤波、导引、控制各个部分的任务,并且基于已建立的一体化模型,分别采用最优控制理论、SDRE 控制方法、基于命令滤波的 Backstepping 控制方法,完成一体化控制律的设计,并经过数值仿真验证,证明一体化控制律设计方法能够实现追踪任务。针对 SDRE 控制方法,在解析法求系统矩阵会导致奇异性与可控性冲突时,本书以数值解法保证不发生奇异的情况下,满足可控性条件,完成一体化 SDRE 控制律设计,并且通过硬件在环仿真证明了能够在以尽可能低的控制消耗的条件下实现控制目标。本书详细研究结论如下:

(1)针对关键个体与牧群运动状态估计的滤波方法。本书所针对非合作目标,主要为牲畜关键个体与牧群。针对牲畜关键个体,本书利用基于 3D 卷积的孪生网络得到数据驱动的目标预测位置与当前位置,通过交互式多模型卡尔曼滤波的方法,估计出牲畜个体位置(零阶)、速度(一阶)、加速度(二阶)状态的一步预测,在均方根误差相较于滤波值较低的情况下,可以获得目标 0.1 s 的预测提前量;针对牧群,基于集中式信息滤波,以加和式新息更新的方式,对牧群运动状态进行滤波,并采用方根无迹滤波的方法进行滤波,给出牧群的位置(零阶)、速度(一阶)、加速度(二阶)状态。针对以上不同非合作目标,得到本书提出方法可稳定完成牲畜关键个体稳定的预测追踪以及状态估计,可稳定提供牧群稳定的滤波追踪以及状态估计的结论。

(2)针对简化模型的分离式及一体化控制律方法。针对非合作目标-无人机全状态耦合一体化模型,提出一种建模简化思路。并针对一体化简化模型,首先采用 PD 控制和 LQR 方法设计导引律、控制律,实现分离式控制设计。然后针对耦合严重、形式复杂的一体化位置环,采用反馈线性化的方法,将非线性耦合模型转变为线性非耦合的简单形式,再采用 LQR 控制方法,实现一体化控制设计。在数值仿真阶段,以阶跃、正弦两组信号完成对分离式设计和一体化设计的验证,证明了基于简化模型的设计方法的可行性。

(3)基于 Model-free 设计方法的无人机追踪导引与控制方法。考虑到在智能放牧系统中,无人机作为执行平台,在放牧任务执行过程中,携带负载、风扰等关键扰动参数的加入,并且无法准确测出此类关键参数,本书基于滑模变结构控制方法,结合模糊逻辑,提出了对参数依赖较小的自适应导引律。对于无人机控制,基于 ADRC 控制器,以"基于偏差调整偏差"的 Model-free 控制思想,完成了滤波、导引与控制的分离式设计。在数值仿真阶段,分别以阶跃信号、正弦信号完成对分离式设计的验证,得到了基于 Model-free 设计的无人机追踪导引与控制方法能够稳定完成目标追踪任务的结论。

(4)针对全状态耦合一体化模型的一体化控制律方法。除了基于 Model-free 的设计方法达成的任务完成"底线思维",本书主要方法创新即针对全状态耦合一体化模型的一体化控制律设计方法。首先,一体化控制律设计,力求以尽量低的控制消耗,完成无人机追踪任务。本书以最优控制理论为基础的 SDRE 控制律进行设计,以达成代价函数最小化的目标,进行一体化控制律设计。在数值仿真阶段,相较于分离式设计,跟踪阶跃信号与正弦信号,分别降低了 15.07% 与 21.61% 控制消耗,证明了基于 SDRE 控制方法的一体化控制律设计,达到了以尽量低的控制消耗完成无人机追踪任务的目标。然后,针对全状态耦合一体化模型提出了一种基于命令滤波的神经网络 Backstepping 控制器,所考虑的一体化模型包含状态耦合及未知非线性干扰。命令滤波技术用于避免 Backstepping 设计过程中产生的"微分爆炸"以及连续获得虚拟控制律的导数,同时也可避免对非线性系统下三角形式的严格约束。系统中的未知非线性干扰由 RBF 神经网络逼近。基于 Lyapunov 稳定性理论,证明了所提控制方法可以确保跟踪误差的收敛,并且所有状态在闭环系统中保持有界。仿真结果表明所提方法的可行性。

　　(5) 基于数字孪生牧场的硬件在环试验验证与基于林下经济养殖模式的无人机追踪实机验证。本书通过虚幻引擎搭建了牧场数字孪生系统,主要针对视觉系统进行仿真,为智能放牧系统提供硬件在环仿真环境的同时,也提供了牧群的数据集采集数字孪生环境。将环境挂载至 Rflysim 硬件在环仿真平台,分别以分离式设计与一体化控制律设计方法完成对羊只关键个体的追踪,由自驾仪导出数据计算控制消耗,得到控制消耗降低 15.40% 的结果,符合数值仿真得到的理论结果。基于一体化控制律设计方法,以数传电台、图传电台建立无人机与地面站通信,对林下经济养殖模式的小型小尾寒羊牧群进行定点追踪、长时段追踪等无人机追踪试验,验证了一体化控制律设计方法的有效性。

　　本书在"一体化建模并一体化控制"设计思想的指导下,完成了针对非合作目标的滤波导引控制一体化无人机追踪研究,在农业、畜牧业应用中,追踪任务的完成仅是不同的农业生产作业中的先决条件。例如,自动化采摘,执行机构完成对目标的追踪是完成整个采摘任务的前提,而一体化建模完全可以扩展至采摘动作的建模,同时可以根据进一步设计的一体化模型完成一体化控制设计。本书着重讨论的是以无人机为终端执行机构完成的追踪任务,作者认为以"一体化建模并一体化控制"思想为指导,在农业无人系统领域还有广阔的发展空间。然后,智能放牧系统的开发,作业对象是牲畜、牧群等生物体非合作目标,在实机试验开展的过程中,每个试验细节都无不让作者感受到大自然的伟大与变幻莫测。从试验开展之初,牧群对人、无人机的强烈应激反应,使得前期试验开展极其不顺利。但是随着试验的开展,在羊群适应无人机噪声以及人类的相伴后,试验开展越显顺利。在后续试验开展中,影响羊群行为的因素不只是牧食行为以及应激反应,如何获取此类因素,并加以研究,是未来智能放牧系统发展的必然方向,随着针对牲畜的可穿戴设备研究的深入,配合无人系统等执行平台,必定使得智能放牧系统更加丰满。同样,针对牧场数字孪生系统的开发,本书仅专注于视觉信息,而牧群作为生物,可获取的信息远不止视觉信息,因此对于牲畜、牧群的可用信息还有进一步挖掘的空间。最后,本书研究最直观的是,对于状态估计任务,多源信息融合技术还有进一步开发的空间。本书所构造的混合驱动状态估计技术,正是来源于多源信息融合的思想,因此本书在进行状态估计时,引入了牲畜运动状态与姿态耦合的视觉信息,以及利用数据驱动方法通过训练习得预测能力,但是这些"多源信息"仅停留在视觉层面。因此,以多源信息融合的思想,融合声学传感器,或者热红外等其他光学传感器,进一步获取非合作目标的状态信息,并对状态估计任务进行进一步开发,有着广阔的发展空间。